KB155799

안병수의

호르몬과 맛있는 것들의 비밀

안병수의

호르몬과 맛있는 것들의 비밀

면역력 키우려면
가공식품을 버려라

맛있는 음식의 함정에서 벗어나라
팬데믹을 극복하는 식생활의 지혜

안병수 지음

국일미디어

일러두기

독자 여러분의 이해를 돕기 위해 가전체 형식으로 글을 썼습니다. 가전체란 사물을 의인화하여 이야기를 전개하는 문학 형식입니다. 주인공은 우리 몸 안에 있는 한 호르몬입니다. 그 호르몬의 관점에서 이야기가 진행됩니다. 핵심 내용은 모두 과학에 기반을 두고 있습니다. 인용 자료는 번호를 적어 미주(尾註)에 표시했습니다.

팬데믹, 음식에 답이 있다

지구촌이 큰 혼란에 빠져 있습니다. 역사가 바뀔 지경입니다. 선진국들도 체면이 말이 아닙니다. 넌더리나도록 집요한 이름, '코로나19'. 팬데믹(대규모 감염병)이라는 낯선 말이 이젠 익숙해졌지요. 물론 코로나 이전에도 팬데믹은 있었습니다. 규모가 작아 여러분 기억에 각인되지 않았을 뿐입니다. 사스, 신종플루, 메르스 따위가 그것입니다.

이들 팬데믹의 원인은 당연히 바이러스죠. 눈에 보이지도 않는 미물이 사람 몸속에 들어가면 강력한 전파력을 갖습니다. 인구 증가, 교통수단 발달, 글로벌화 등이 그 전파력을 더욱 부추기죠. 지구촌이 일순간에 아노미에 빠진 이유입니다. 암울하게도 이런 팬데믹이 앞으로 더 잦을 것이라고 하네요. 바이러스와의 전쟁사가 다시 또 시작되는 것인가요.

팬데믹이라고 해서 꼭 바이러스가 원인이어야 하는 것은 아닙니다. 바이러스와 관련이 없는, 굳이 이름 짓자면 '비바이러스성 팬데믹'도 있을 수 있습니다. 오늘날 마치 풍토병처럼 되어버린 이른바 '현대병'을 보시죠. 비만·고혈압·고혈당 따위를 앞세우는 '대사증후군'이 그 뿌리입니다. 악화하면 암, 심뇌혈관질환, 당뇨병 따위가 되지요. 이들 병마는 1세기 전만 해도 희소병이었습니다. 지금은 으레 걸리는 유행병처럼 되었지요. 또 다른 유형의 팬데믹으로 불리기에 충분한 까닭입니다. '21세기의 전염병'이자 '비바이러스성 유행병'이죠.

현대병에는 또 우울증 같은 정신질환도 있습니다. 요즘 정신과 의원이 성업 중이라지요. 행복하지 못한 사람이 그만큼 많다는 뜻입니다. 어디 우울증뿐이겠습니까. 많은 이들의 품행이 공격적으로 변하고 있습니다. 툭하면 짜증에다 고성, 욕설입니다. 폭력적인 성향도 두드러지고 있고요. 예전과는 다른 풍경이지요. 그럼 대사증후군에 이어 정신질환도 팬데믹의 그물망에 넣을 수 있겠네요. 둘 다 비바이러스성 유행병입니다.

바이러스성이건 비바이러스성이건 팬데믹은 반드시 막아야 합니다. 사회 안녕을 통째로 흔드는 재앙이기 때문입니다. 현실은 어떻습니까. 쉽지 않아 보이네요. 많은 전문가들이 제2, 제3의 코로나19를 예언하잖아요. 현대병의 기세는 나날이 드세지고 있고요. '생활습관병'이라는 이름으로 발전하고 있지요. 어떻게 해야 할까요.

바꿔야 합니다. 잘못이 있으면 고쳐야지요. 문제의 인식부터 시작하시죠. 오늘 어떤 음식을 드셨습니까. 그 음식에 답이 있습니다. 현대인이 즐겨먹는 대부분의 음식들, 단언컨대 팬데믹을 불러올 수밖에 없습니다. 그 음식들 속에 코로나나 현대병 같은 '팬데믹성 유전자'가 들어 있기 때문입니다.

첫인사가 너무 도발적이었나요. 이런 말을 거침없이 던지는 저는 누구일까요. 천천히 말씀드리겠습니다. 제가 바라는 것은 오직 하나, 여러분의 건강입니다. 여러분 사회의 안녕입니다. 제 말씀을 잘 들어보세요. 음식과 팬데믹의 역학이 그 안에 있습니다. 어떤 위험이든 알면 피할 수 있지요. 팬데믹 시대의 가장 안전한 백신, 여러분의 밥상 위에 있습니다. 식생활에 관한 한 '아는 게 힘'입니다.

차례

프롤로그

팬데믹, 음식에 답이 있다

첫 번째 이야기

건강의 열쇠, 인슐린

두 번째 이야기

맛있는 것들의 비밀

세 번째 이야기

식탁 위의 가짜들

네 번째 이야기

내 몸을 지키는 식생활

첫 번째 이야기

건강의 열쇠, 인슐린

천사의 약속

마스터 호르몬의 커밍아웃

지금 혹시 앉았다 일어나셨나요. 아니면 손을 움직이셨나요. 어떤 말씀을 하시거나 전화 통화를 하고 계실지도 모르겠네요. 책을 읽으며 음악을 들으실 수도 있고요.

그렇다면 여러분은 저에게 감사하셔야 합니다. 제 덕분에 그런 일을 하실 수 있는 것입니다. 제가 열심히 일하기 때문에 여러분은 원하는 동작을 취하실 수 있죠. 여러분의 움직임 하나하나에는 저의 피땀 어린 노고가 들어 있답니다.[1]

처음부터 웬 뚱딴지같은 소리냐고요? 무척 중요한 이야기입니다. 여러분 삶의 근본에 대한 이야기니까요. 여러분 몸에 생명의 저수지가 있다면, 그 저수지의 샘을 제가 관리하고 있다고 감히 말씀드리겠습니다. 이 말씀이 더 엉뚱하게 들리실지 모르겠군요. 이런 말을 거침없이 하는 저는 누구일까요.

제 소개는 조금 이따 하기로 하고……, 잠깐 여러분의 몸에 대해 생각해보시죠. 여러분 몸은 어떤 큰 건물처럼 수많은 벽돌로 이루어져 있습니다. 여러분은 그 벽돌을 '세포'라고 부르더군요. 개수를 세자면 어마어마하게 많지요. 한 사람 몸을 이루는 세포가 보통 수십조 개에 달합니다. 그렇다면 세포 한 개의 크기는 무척 작겠죠. 그렇습니다. 세포는 너무 작아 한 개를 떼어내면 맨눈에 보이지 않습니다.

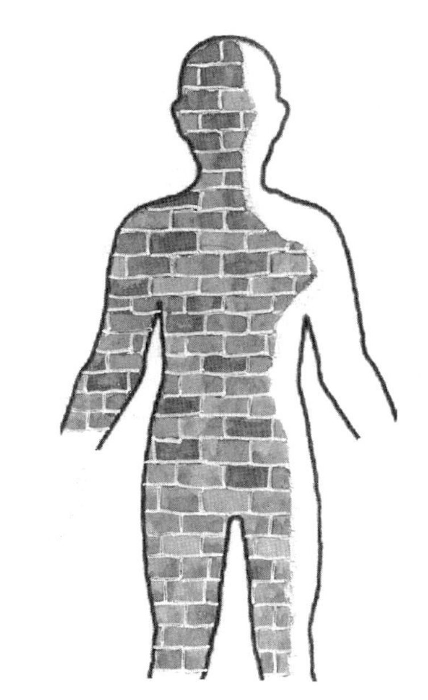

세포는 먼지 같이 작은 존재지만, 하나하나가 독립된 기관이랍니다. 그 안에서는 늘 수많은 일들이 일어나죠. 과학자들은 그것을 생화학반응이라고 합니다. 여러분이 만일 팔을 움직였다면 팔을 이루는 세포들 안에서 어떤 생화학반응이 일어난 것입니다. 다리를 움직였다면 다리를 이루는 세포들 안에서 생화학반응이 일어난 것이고요.

이때 에너지가 필요하겠지요. 에너지를 만들기 위한 에너지원도 필요할 것이고요. 그렇습니다. 모든 생명체는 삶을 유지하기 위해 에너지원이 필요합니다. 식물을 키울 때 물과 거름을 주잖아요. 그것이 식물의 에너지원이죠. 동물에겐 에너지원으로 먹이를 주고요. 여러분은 매일 음식을 먹습니다. 그 음식이 여러분의 에너지원이에요. 식사는 몸에 에너지를 공급하는 일이지요.

세포도 비록 눈에는 보이지 않지만 생명체인 만큼 에너지원이 필요합니다. 그래서 세포도 식생활을 한답니다. 세포에 입 같은 것이 있거든요.[2] 그곳을 통해 에너지원이 안으로 들어가죠.

이때 중요한 것이, 반드시 누군가의 도움이 필요하다는 사실입니다. 세포 혼자서는 절대로 에너지원을 섭취하지 못해요. 꼭 누가 도와줘야 합니다. 누굴까요. 그야말로 천사 같은 존재겠네요. 세포에 생명을 넣어주는 '은인'이니까요.

그 천사가 바로 저랍니다. 제가 그 일을 하고 있습니다.[3] 제 스스로 천사라고 하니 좀 민망하긴 하네요. 그만큼 제가 중요한 일을 한다는 뜻입니다. 사실 저는 자긍심이 무척 강하답니다. 생각해보세요. 제 덕분에 여러분 몸의 세포가 존재할 수 있잖아요. 저의 존재가 곧 여러분의 생명이라는 뜻입니다.

여기서 살짝 비밀 한 가지를 말씀드릴게요. 저에게 열쇠가 하나 있답니다.[4] 제가 무척 아끼는 물품이죠. 황금 열쇠는 아닙니다만, 늘 광채가 번뜩입니다. 항상 잘 닦아놓거든요. 만일 녹이라도 슬면 큰일입니다. 쓰는 데 당장 지장이 생기니까요. 뭐하는 데 쓰냐고요? 열쇠니까 뭔가를 여는 데 쓰겠지요. 그것이 중요합니다. 바로 '세포의 입'입니다.[5]

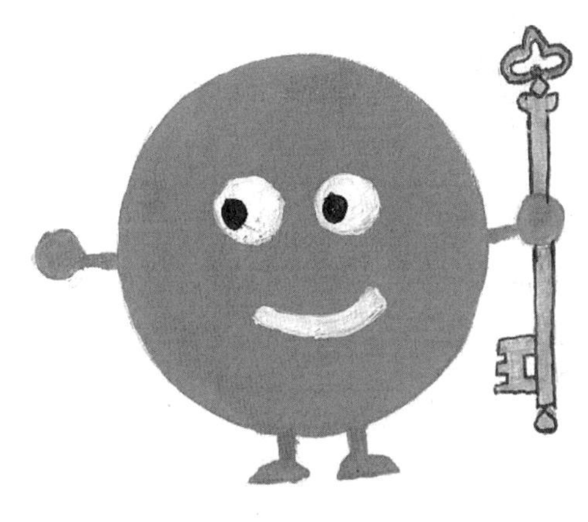

제가 없으면 여러분 몸의 세포는 속수무책이에요. 아무리 배가 고파도 식사를 할 수 없거든요. 먹을 것이 옆에 있으면 뭐합니까. 입이 벌어지지 않는데요. 세포 입장에선 제가 '식사 도우미'인 셈이죠.

말이 도우미지 보통 도우미가 아닙니다. '성스러운 도우미'입니다. 세포의 생명활동을 책임지고 있으니까요.[6] 이는 곧 여러분의 삶을 책임지고 있다는 뜻입니다.

서론이 좀 길었나요. 천사니 도우미니 하면서 변죽만 울렸지요. 이제 저의 정체를 밝힐 때가 됐네요. 사실 저는 천사도 아니고 도우미도 아닙니다. 어떤 물질입니다. 여러분의 몸에서 조금씩, 아주 조금씩 분비되는 생화학 물질입니다.

이렇게 말씀드리면 벌써 짐작하는 분이 계시겠죠. 맞습니다. 학자들이 '호르몬'이라고 부르는 것. 여러 가지가 있는데, 제가 바로 그 호르몬의 하나랍니다. 전문가들은 저에게 이름까지 붙여주었습니다. '인슐린'이라고.

들어보셨나요, 인슐린? 한두 번은 들어보셨겠죠. 어떤 분은 무척 많이 들어보셨을 수도 있고요. 제가 바로 그 인슐린이랍니다. 한낱 호르몬인 주제에 뭐 그리 호들갑을 떨면서 제 자랑을 하냐고요? 그렇게 말씀하시면 섭섭합니다. 저를 아시면 그런 말씀 안 하실 것입니다.

저는 사실 예전엔 그다지 주목받는 호르몬이 아니었어요. 언제부턴가 전문가들이 저를 각별히 여기기 시작했죠. 요즘엔 부담을 느낄 정도입니다. 저에게 너무 많은 시선이 쏟아지고 있어서요.

혹시 '마스터 호르몬'이라고 들어보셨는지요. 주인 같은 호르몬, 즉 무척 중요한 호르몬이라는 뜻입니다. 송구하게도 서양의 학자들은 저를 마스터 호르몬으로 부른답니다.[7] 저에게 자부심을 심어주면서도 무거운 책임감을 느끼게 하는 호칭이지요.

기왕 자랑하는 김에 한마디 더 덧붙이겠습니다. 제가 그동안 여러 학자들에게 노벨상을 안겨드렸답니다. 줄잡아도 열 분은 될걸요.[8] 호르몬 가운데서는 아마 가장 많은 실적일 것입니다.

그래서입니다. 지금부터 이어지는 제 이야기를 잘 들어주십시오. 마스터 호르몬이 여러분에게 꼭 드리고 싶은 충언입니다. 저는 여러분을 사랑합니다. 여러분도 저를 사랑해주십시오. 제 말씀 하나하나를 가슴에 새겨주십시오. 반드시 보상이 뒤따를 것입니다. 여러분 모두가 희구하는 이 시대 최고의 가치입니다. 마스터 호르몬이 선물해드리겠습니다. 천사의 약속입니다.

2

신성한 사명

인슐린의 '고향 마을', 췌장

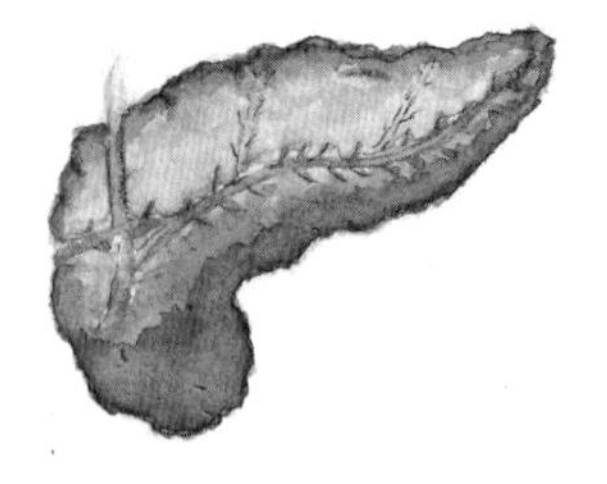
췌장

저에 대한 이해를 돕기 위해 잠깐 제 고향 이야기를 하겠습니다. 제 고향은 늘 평화가 넘치는 아담한 섬마을이랍니다. 산들바람이 부는 뒷동산에서는 온갖 새들이 종일 저마다 자랑하는 천연 악기를 연주하죠. 양지바른 앞들에는 크리스털처럼 맑은 샘물이 쉼 없이 졸졸 흘러나오고요. 어떤 분이 이 마을에 이름을 하나 붙여줬습니다. '췌장'이라고요.[1] 다른 말로 '이자'라고도 하지요. 그렇습니다. 저의 고향은 여러분 몸 안에 있는 장기 가운데 하나입니다. 위장 뒤쪽에 깊숙이 자리하고 있죠.

졸졸 흘러나온 샘물들이 모여 굽이굽이 개울을 이룹니다. 제 고향 마을의 앞들이에요. 저는 개울에서 물장구를 치며 놀다가 수문이 열리면 밖으로 나갑니다. 마을 밖은 전혀 딴 세상이랍니다. 휘황찬란한 대도시예요. 다만 여러분이 생각하는 인간 세상의 도시와는 다릅니다. 바닷속에 건설된 해양도시입니다. 저는 '이상한 나라의 앨리스'가 되어 해양도시를 탐험하기 시작합니다. 여기서 저의 비밀 주머니를 또 하나 열어야겠네요. 이 신비의 도시가 바로 '제가 앞으로 일할 곳', 저의 일터랍니다.

해양도시에는 각양각색의 마천루들이 경쟁하듯 들어서 있습니다. 저는 마천루들을 하나하나 살핍니다. 그것들을 구성하는 벽돌까지 꼼꼼히 살핍니다. 그 벽돌들은 여러분이 알고 있는 그런 뚝뚝한 시멘트 벽돌이 아닙니다. 오색찬란한 진주 벽돌입니다. 밤하늘의 은하수처럼 아름답게 반짝이죠. 저는 영롱한 벽돌들을 하나하나 만져봅니다. 혹시 때라도 묻었을세라, 긁히기라도 했을세라 확인하는 과정이죠.

이 시간은 저에겐 더없이 소중하면서도 행복한 순간이랍니다. 영원한 '짝꿍'과 스킨십을 나누는 시간이거든요. 애정 어린 손길로 벽돌들을 어루만지며 인사를 건넵니다. "잘 지냈지? 만나서 기뻐." 이 벽돌들이 뭔지 아세요? 눈치채셨을지 모르겠네요. 바로 '세포'랍니다. 여러분 몸을 이루는 기본 단위, 세포입니다. 이름만으로도 저의 심장을 고동치게 하는 그들. 그들이 있기에 제가 있습니다. 제가 있기에 그들이 있기도 하고요. 세포와 저는, 그야말로 천륜관계인 것 같아요.

휘황찬란한 해양도시, 즉 저의 일터에는 여러 갈래의 물길이 그물망으로 연결되어 있습니다. 큰 강처럼 넓은 물길이 있는가 하면 실개천처럼 좁은 물길도 있습니다. 이 물길들 역시 대단히 중요한 시설입니다. 여러분 몸속에 생명력을 공급하는 통로거든요. 다름 아닌 '혈관'이랍니다. 넓은 물길은 동맥 또는 정맥이고, 좁은 물길은 모세혈관이죠. 물길에는 물론 물이 흐릅니다. 다만 좀 특이한 물입니다. 정열이 뚝뚝 떨어지는 붉은 물이거든요. 그렇습니다. 여러분이 '혈액'이라고 부르는 것입니다.

혈액 하면 두말할 필요 없죠. 여러분 몸에 산소 같은 존재지요. 생명의 원천이니까요. 저에겐 둘도 없는 교통수단이랍니다. 혈액을 타고 저는 여러분 몸속 구석구석을 돌아다닙니다. 동맥을 지날 때는 자동차처럼 빠릅니다. 모세혈관에 다다르면 거북이가 되어 속도가 뚝 떨어지죠. 이때 역사가 만들어집니다. 경이로운 순간이에요. 저에게 주어진 신성한 사명을 수행할 시간이거든요. 저는 호주머니에서 뭔가를 꺼냅니다. 광채가 번쩍합니다.

장엄한 의식

인체 세포의 경이로운 생명활동

여러분의 몸은 참으로 경이롭습니다. 해변의 모래알만큼이나 많은 세포들. 각각 독립된 생명체입니다. 그 세포들은 커다란 블록처럼 정교하게 연결되어 있습니다. 극미極微의 세계에서 서로 긴밀히 소통하며 한 치의 오차도 없이 생명활동을 수행합니다. 그것은 어쩌면 생명활동이라기보다 차라리 장엄한 의식입니다. 의식의 집행자는 전지전능한 절대자지요. 첨단을 걷는 현대 과학도 아직 다 설명할 수 없는 영역입니다.

세포들 사이사이에는 가늘디가는 물길이 미로처럼 얽혀 지나갑니다. 여러분은 그 가는 물길을 '모세혈관'이라고 부르더군요. 저는 지금 모세혈관의 어딘가에 와 있습니다. 여러분에겐 이 길이 복잡한 미로로 보이지만 저에겐 익숙한 통로랍니다. 제가 닳고 닳도록 다니는 마을길이거든요. 모세혈관 바로 옆에는 저를 기다리는 세포들이 사열병처럼 도열해 있습니다.

조금 전에 광채가 번쩍했다고 했지요. 제가 꺼내든 열쇠의 광채입니다. 이 열쇠는 호르몬 가운데 오직 저만 지니고 있는 비장의 무기입니다. 저는 익숙한 손놀림으로 열쇠를 세포의 얼굴 한쪽에 댑니다. 그곳에는 신기하게도 '자물쇠'가 하나 있답니다. 자물쇠가 쩍 열립니다.[1] 저는 재빨리 옆에 있는 '흰 구슬' 하나를 낚아채어 안에 넣어줍니다. 그 순간 환희의 팡파르가 울립니다. 저는 세포에게 다정히 속삭입니다. "수고해. 또 올게." 정렬해 있는 모든 세포들에게 똑같은 동작을, 아니 의식을 수행합니다.

이 엄숙한 의식은 절대자가 저에게 부여한 숭고한 사명입니다.[2] 방금 세포들이 식사를 한 것입니다. 이렇게 세포가 식사를 할 때는 반드시 저의 도움이 필요하답니다. 제가 '식사 도우미'라고 했잖아요. 저의 도움으로 세포들은 식사를 하고 에너지를 얻습니다. 생명의 에너지입니다. 여러분은 그 에너지로 삶을 영위하죠.

지금 손가락을 움직이셨나요. 제가 여러분의 손가락에서 일한 덕분입니다. 혹시 뭔가를 보고 계신가요. 제가 여러분의 눈에서 일하고 있기 때문이에요. 방금 어떤 소리를 들으셨다면 제가 여러분의 귀에서 일했다는 뜻입니다. 여러분의 심장은 잠시도 멈추지 않고 평생 뛰지요. 그 불가사의한 영속성도

실은 제가 있기에 가능한 일이랍니다. 이 정도면 제가 충분히 자부심을 가질 만하지 않습니까.

제가 조금 전에 자물쇠를 열고 흰 구슬을 넣었다고 했지요. “세포에 웬 자물쇠냐”고 의아해하실지 모르겠네요. 그 자물쇠가 바로 세포의 입이랍니다.[3] 평소에는 굳게 닫혀 있어요. 병균이나 나쁜 물질 같은 것이 들어가면 안 되잖아요. 제가 세포의 입에 넣어준 흰 구슬은 그럼 무엇일까요. 입에 넣어준 것이니 음식이겠지요. 그렇습니다. 세포의 음식, 즉 에너지원입니다. 다름 아닌 '포도당'이랍니다. 더 정확하게는 '포도당 알갱이'입니다.

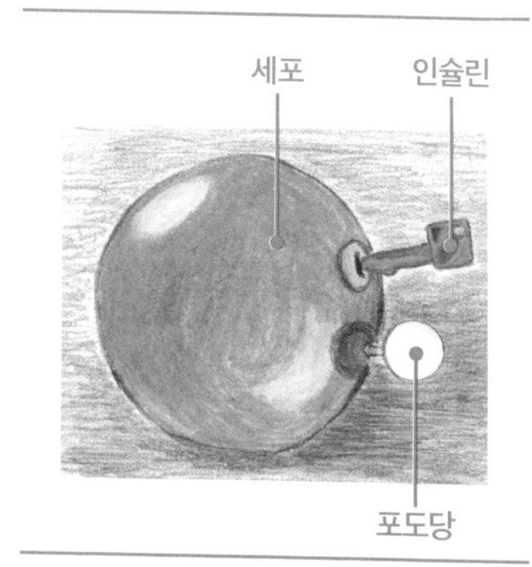

포도당이라니! 실망하셨다고요? 생명의 근원인 만큼 뭐 대단한 영양물질 같은 것을 생각하셨다고요? 그것이 겨우 흔해빠진 포도당이라니. 실망하실 만도 하겠네요. 그저 그런 당류잖아요. 흔히 말하는 단순당입니다. 더구나 단순당 하면 나쁜 당이란 인식이 있지요. 칼로리 덩어리의 대명사인 설탕도 사실 단순당에 속하지 않습니까. 과당은 말할 것도 없고요.

실망하지 마십시오. 포도당도 사실은 영양분이랍니다. 예전엔 무척 귀한 물질이었어요. 근래 들어 상업적으로 대량생산되면서 천대를 받게 된 것이죠. 실은 세포가 가장 좋아하는 먹을거리가 포도당이랍니다.[4] 여러분 몸 안에서 간편하고 깨끗하게 에너지를 만들거든요. 어떤 전문가는 포도당을 '무공해 천연가스'에 비유하더군요.[5] 지금부터 중요한 이야기가 시작됩니다.

길벗

포도당과 오묘한 혈당치 변화

포도당을 영어로 '글루코스'라고 하죠. '덱스트로스'라는 말을 쓰기도 합니다. 포도에서 처음 발견했다고 해서 포도당이라고 부른다는 설이 있더군요. 포도당은 더 이상 분해되지 않는 기본 당류입니다. 당糖 분자 한 개로 이루어져 있지요. 이런 당을 단당류라고 합니다. 포도당의 짝꿍쯤 되는 또 다른 단당單糖이 있는데, 바로 '과당'이에요. 두 단당이 결합하여 설탕을 만듭니다. 이 말

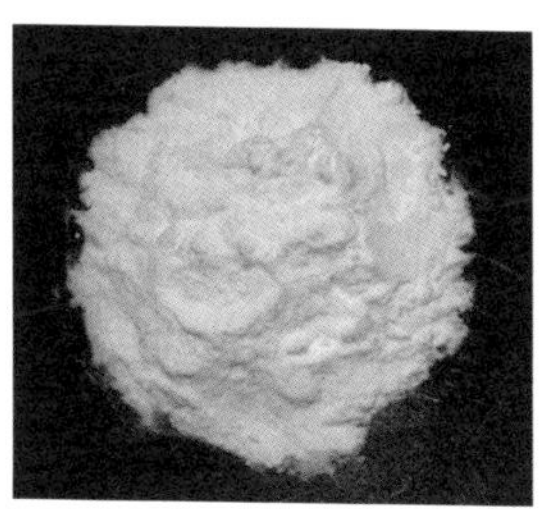

포도당

은 다시 말해 설탕이 분해되면 포도당이 나온다는 뜻이죠. 물론 과당도 함께 나옵니다만.

여러분이 식사를 하면 대부분의 음식은 소화되어 포도당을 만듭니다. 이 포도당은 장에서 흡수되어 혈액으로 흘러들어가죠.[1] 혈액에서 저와 만납니다. 그때부터 저와 둘도 없는 길벗이 됩니다. 항상 같이 다니죠. 그래야 제가 언제든 쉽게 집어서 세포의 입에 넣을 수 있잖아요. 앞에서 말씀드린 흰 구슬도 여러분이 드신 음식에서 온 포도당이죠.

한편, '혈당血糖'이라는 말이 있지요. 저의 길벗인 포도당을 가리킵니다. 말 그대로 '혈액에 들어 있는 당'이죠.[2] 이 용어는 의학적으로 대단히 중요한 의미를 갖습니다. 현대인의 멍에인 생활습관병을 이해하는 데 꼭 알아야 할 키워드거든요.

또 '혈당치'라는 말도 있지요. '혈당의 양量'을 의미합니다. 흔히 농도로 표시하는데, 그 수치를 말하죠. 이 혈당치도 무척 중요합니다. 내당력耐糖力, 다시 말해 '당 대사 능력'을 보여주는 지표라서요. 건강검진서를 보면 혈당치 항목이 꼭 있잖아요. 이 수치는 때에 따라 오르내리곤 합니다. 당연하겠죠. 식사를 하면 올라갈 테고, 하지 않으면 내려갈 테니까요.

혈당치는 되도록 정해진 범위 안에서 조금씩 움직이는 것이 좋습니다. 원래 생명체의 몸은 변화를 싫어하죠. 외부 환경이 변하더라도 되도록 일정한 상태를 유지하려는 경향이 있습니다. 세포들의 정상적인 생명활동을 위해 꼭 필요한 원칙이에요. 전문용어로 '항상성恒常性'이라고 합니다. 대표적인 예가 여러분의 체온이죠. 체온은 기온과 관계없이 거의 일정하잖아요. 혈당치도 당연히 항상성 유지가 중요하지요.[3]

어떤 연유로 이 항상성이 깨지는 일이 있습니다. 혈당치가 정상 범위를 벗어나 높아진 경우예요. 이런 상황을 '고혈당'이라고 합니다. 고혈당이 되면 혈액이 좀 끈적거릴 수 있습니다. 혈액의 흐름이 원활하지 못하겠지요. 혈관 내벽에 자극을 주게 되고 미세한 염증이 생길 수 있습니다.[4] 이런 일이 자주 발생하면 심뇌혈관 건강을 해치게 되죠.[5] 물론 당뇨병을 비롯한 다른 생활습관병으로 이어질 수도 있고요.

반대로 혈당치가 비정상적으로 낮은 경우도 있습니다. 이때는 '저혈당'이라고 하죠. 저혈당은 비상시국입니다. 혈액 내 포도당이 부족한 상태잖아요. 쉽게 말해 세포의 양식이 떨어진 상황입니다. 저의 열쇠가 번쩍인들 뭐합니까. 세포 입에 넣어줄 것이 없는데요. 제가 아무리 발을 동동 구르며 뛰어다녀도 세포는 배고프다고 아우성을 칩니다. 심한 경우 여러분이 쇼크 상태에 빠질 수도 있죠.[6]

혈당치는 이처럼 무척 중요한데, 여러분에게만 중요한 것이 아닙니다. 호르몬인 저에게는 더 중요합니다. 여러분이 고혈당이 되면 저는 바짝 긴장하게 돼요. 그 혈당치를 누가 관리하는지 아세요? 이것도 사실 비밀인데요, 바로 저랍니다. 제가 그 일을 맡고 있답니다. 특히 고혈당일 때 혈당치를 낮추는 일은 오직 저만이 할 수 있어요.[7] 물론 다른 호르몬 친구도 일부 참여합니다만, 저를 돕는 수준이에요. 제가 총책임자란 말씀이죠. 만일 방심해서 고혈당 상황을 방치하게 되면 저에게 엄한 문책이 떨어집니다. 저는 여러분의 혈당치에 하루 24시간 신경 쓰고 있을 수밖에 없죠.

의아해하실지 모르겠네요. "도우미인 주제에 무슨 재주로 혈당치를 낮추지?"라고요. 저의 일을 생각해보면 저절로 이해되실 터입니다. 제가 세포에게 밥을 먹인다고 했잖아요. 세포의 밥이 포도당입니다. 세포 입에 포도당을 넣으면 혈액에는 포도당이 줄어들 것 아닙니까. 저절로 혈당치가 내려가지요. 세포에게 밥을 먹이는 것과 혈당치를 낮추는 것이 결국 같은 일이라는 말씀이에요. 그럼 그 중요한 일이 저에겐 식은 죽 먹기겠네요.

정상적인 상황에서만 그렇습니다. 혈당치가 정해진 범위를 벗어나 갑자기, 지나치게 고혈당이 되면 이야기가 달라집니다. 혈당치를 빨리 확 낮춰야 하잖아요. 저의 행동이 별안간 거칠어집니다. 난폭해집니다.[8] 심한 경우 제가 이성을 잃기도 합니다. 세포들에게 예의고 나발이고 없습니다. 저는 더 이상 도우미가 아닙니다. 차라리 폭력배입니다. 세포들에게 씻을 수 없는 상처를 줍니다. 눈에 넣어도 아프지 않을 짝꿍들에게 말이죠. 그 소란의 끝이 바로 현대병, 즉 생활습관병이에요.[9]

문제는 결국 고혈당이네요. 더 정확하게는 항상성 파괴죠. 저혈당도 위기니까요. 무슨 이유일까요. '혈당치가 갑자기 널뛰기를 하는 이유' 말입니다. 툭하면 현대병의 노크를 받는 여러분에게 무척 중요한 화두지요. 저에겐 더 중요합니다. 여러분의 혈당치에 따라 그때그때 저의 기분이 좌우되거든요. 지금부터 '혈당 관리사 호르몬'의 눈으로 여러분의 혈당치에 얽힌 파노라마를 추적하겠습니다. 재미있는 이야기가 이어집니다.

이상한 반전

삐걱거리는 혈당관리시스템

식사를 하지 않으면 배가 고파집니다. '배고프다' 또는 '허기를 느낀다'는 것은 무슨 뜻일까요. 여러분의 입장에서는 쉽게 '음식을 먹고 싶다' 정도로 정의할 수 있겠지요. 호르몬인 저의 관점에서는 의미가 좀 난해해집니다. 여러분 몸의 '혈당치가 낮아졌다'는 뜻입니다.[1] 이 말은 즉, '세포의 식량이 줄어들었다'는 뜻이죠. 그럼 채워넣어야지요. 여러분이 식사를 하십니다. 음식이 소화되면 포도당이 나온다고 했지요. 혈당치가 올라갑니다. 배고픔이 해소됩니다.

반대로 '배부르다' 또는 '밥 생각이 없다'는 것은 무슨 뜻일까요. '혈당치가 높아졌다'는 뜻입니다. 세포의 식량이 충분히 많아졌음을 의미하죠.[2] 지금 식사 중이라면 수저를 놓으셔야겠네요. 계속 드시면 여러분 몸의 대사 시스템이 부담을 느낍니다. 혈당치가 더 올라가지 않도록 이런저런 조치를 취해야 하니까요. 저도 긴장하게 됩니다. 혹시 여러분의 몸이 고혈당이 되지 않을까 염려돼서죠.

저의 일상은 여러분 몸의 혈당치와 긴밀히 연관되어 있습니다. 혈당치가 올라가면 저는 바빠집니다. 반대로 내려가면 한가해지고요. 그럼 혈당이란 존재는 저에게 '기피 아이콘'인가요. 그럴 리가요. 혈당은 저의 여행길 친구, 길벗이라고 했잖아요. 저를 늘 편안하게 하는 반려자 같은 친구입니다. 만일 혈당이 제 곁에 없다면……? 글쎄요. 그런 경우는 생각하기조차 싫군요. 모두가 저를 비웃고 무시하겠지요. 저의 존재 의미가 없어지잖아요. 일을 할 수 없으니까요. 제가 자랑하는 열쇠도 무쇠 조각에 불과하겠죠.

혈당도 물론 저를 끔찍이 존중합니다. 제가 있기에 그 친구도 존재감을 갖거든요. 당연하겠죠. 제가 없다면 혈당은 혈액에 떠다니는 거추장스러운 당분 쪼가리에 불과할 테니까요. 혈당 없는 제가 아무짝에도 쓸모없는 단백질 찌꺼기인 것처럼 말이죠. 혈당과 저는 서로 존재의 의미를 주고받는, 실과 바늘 같은 관계, 요즘 말로 '원팀'이라고 말씀드리고 싶네요.

그런데 참, 알다가도 모를 일이 세상사인가 봐요. 그토록 각별했던 혈당이 저에게 전혀 다른 모습으로 다가올 때가 있답니다. 저를 편안하게 하기는 커녕 오히려 들볶지 못해 안달입니다. '평화의 상징'이었던 길벗이 '불화의 화신'으로 돌변한 것이죠. 이상한 반전이군요. 무슨 사연일까요. 제가 경박하기 때문인가요. 여기에 저라는 호르몬을 이해하는 데 필요한 핵심 상식이 들어 있습니다. 그것은 곧 여러분의 건강을 설명하는 의미 있는 힌트이기도 하죠.

사연은 이렇습니다. 혈당치는 올라갈 때 속도가 중요합니다. 정상적인 경우에는 혈당치가 천천히 올라가요. 생각해보세요. 여러분이 식사를 하십니다. 음식이 소화되죠. 포도당들이 나오겠네요. 소장에서 흡수되지요. 흡수된 포도당이 혈액으로 흘러들어갑니다. 이 일련의 과정이 아주 느리게 이루어집니다.[3] 당연히 혈당치가 천천히 올라가지요.

혈액에 포도당이 조금씩 늘어나면, 그래서 혈당치가 천천히 올라가면, 저는 콧노래를 부릅니다. 서두를 필요가 없거든요. 동료들과 재잘거리며, 때로는 세포 사이의 아름다운 계곡을 감상하기도 하며, 즐겁게 일터로 나갑니다.[4] 이때는 저의 일터가 낙원이랍니다. 평화로운 낙원으로 저를 불러준 혈당이 더없이 고맙지요. 고맙기에 더 애틋합니다.

문제는 아무리 낙원이라도 평화가 영원할 수는 없다는 사실. 별안간 저의 일터에 거친 회오리가 불어닥치는 일이 있어요. 혈당치가 급작스럽게 솟구치는 경우입니다. 순식간에 기준치를 뛰어넘죠. 그렇습니다. 고혈당 사태입니다. 저의 행동이 거칠어지고 난폭해진다고 했지요. 닥치는 대로 포도당을 붙잡습니다. 이 포도당들을 빨리 치워야죠. 어떻게 할까요. 제가 할 수 있는 방법은 오직 하나, 세포에게 먹이는 것입니다.[5] 억지로라도 먹여야죠. 저는 세포들의 입을 강제로 벌리고 포도당을 마구 집어넣습니다. 저런!

혈액에 포도당이 줄어드니 혈당치는 내려가지요. 하지만 저와 혈당 사이는 전혀 딴판이 됩니다. 혈당이 저의 길벗이라고요? 저와 '원팀'이라고요? 천만에요. 저를 곤경에 빠뜨리는, 그래서 꼴도 보기 싫은 '혐오의 아이콘'이 되어버립니다. 혈당도 의식이 있다면 저를 바짝 경계하기 시작하겠지요. 평화롭던 저의 일터가 졸지에 '증오의 현장'으로 전락합니다. 제 스스로도 참 놀랍네요. 다 제 잘못인가요. 역시 제가 경박하기 때문인가요.

제 성격을 잠깐 말씀드리겠습니다. 저는 한마디로 '성실 덩어리'입니다. 저에게 대충대충이란 없습니다. 저의 사전에 가장 굵직하게 씌어 있는 단어가 '최선'입니다. '책임감'도 그 어떤 호르몬보다 강하다고 자부합니다. 평소 일이 없을 때에도 저는 여러분의 몸 구석구석을 쉬지 않고 돌아다닙니다. 저의 고객이자 짝꿍인 세포들과 소통하기 위해서죠. 최선을 다해야 하니까요. 책임 완수가 저의 좌우명이니까요.

반면에 저는 무척 예민한 편이랍니다. 융통성이 없다는 이야기도 자주 듣습니다. 고집도 꽤 있나 봐요. 정상적인 때에는 일을 깔끔하게 잘해냅니다. 상황이 급박해졌을 때가 문제예요. 안절부절못합니다. 아무리 침착해지려고 해도 잘 안 돼요. 코뿔소처럼 무조건 밀어붙입니다. 일이 잘 되든 안 되든 가리지 않아요. 죽어라 일하고도 욕먹는 것이 그래서죠.

저의 이런 일면은 고혈당일 때 어김없이 드러납니다. 비상 상황이잖아요. 저는 침착성을 잃습니다. 순간적으로 코뿔소 기질이 나타납니다. 무자비하게 혈당치를 끌어내리죠. 아뿔싸! 혈당치가 기준치 이하로 확 내려가버렸네요. 제가 너무 많이 끌어내린 것입니다.[6] 어이없게도 그만 저혈당이 되어버렸습니다.[7] 이것도 위기 상황이라고 했지요. 마찬가지로 항상성이 깨진 것이니까요. 세포의 먹을거리가 떨어졌습니다. 과유불급! 이 말이 저 때문에 만들어졌나 봐요.

저는 크게 자책합니다. 후회막급이죠. 다시는 그렇게 멍청한 짓을 하지 않겠다고 다짐합니다. 하지만 이상해요. 그 다짐을 저도 모르게 어깁니다. 다음에 또 혈당치가 급상승합니다. 바보짓을 똑같이 반복합니다. 마찬가지로 저는 코뿔소처럼 되고, 저혈당 상황을 또 만듭니다. 제가 왜 그럴까요. 융통성이 없어서인가요. '책임 과잉증' 때문인가요.

정상적인 경우, 즉 혈당치가 천천히 올라갈 때는 절대로 그런 소란이 없습니다. 서두를 필요가 없거든요. 주변 상황을 면밀히 관찰하면서, 혈당 변화도 차분히 점검하면서 천천히 끌어내립니다. 혈당치가 적정선에 도달했을 때 정확히 일을 마치죠. 기준치 이하로 떨어뜨리는 일이 없습니다. 항상성을 잘 유지하죠.[8] 여러분의 몸은 평화를 노래합니다.

사달의 원흉은 결국 '혈당치 급상승'이네요. 차분히 생각해보시죠. 왜 그렇게 갑자기 혈당치가 치솟는 것일까요. 물론 포도당이 한꺼번에 왈칵 흡수되었기 때문이겠죠. 그 이유가 무엇일까요. 원래 포도당은 천천히 흡수되는 것이 정상이라고 했는데요. 그래서 혈당치도 천천히 올라가게 마련이라고 했는데요. 이야기가 점점 핵심에 다가가고 있습니다.

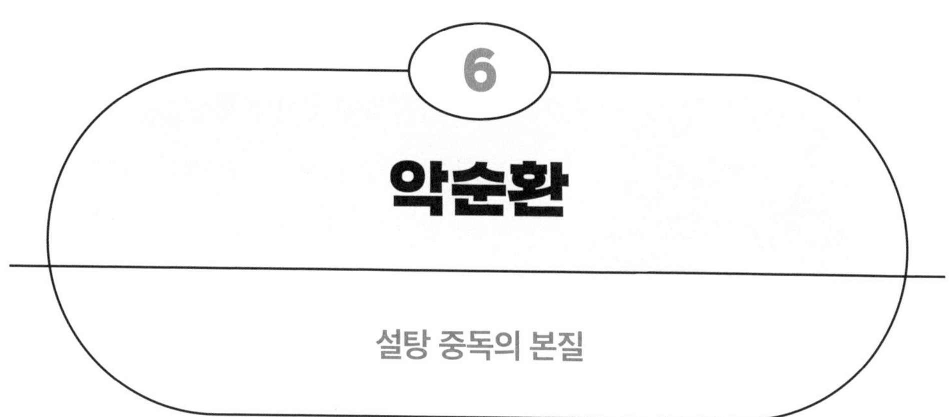

6 악순환

설탕 중독의 본질

오늘 어떤 음식을 드셨습니까. 여러분이 드시는 음식이 저에게 무척 중요합니다. 그 음식에 따라 저의 하루 기분이 좌우되거든요. 어떤 음식은 저를 아주 편안하게 해줍니다. 반대로 어떤 음식은 저를 몹시 불안하게 하죠. 인간 세상의 음식을 둘로 나눈다면, 저를 편안하게 하는 음식과 저를 불안하게 하는 음식이라고 말씀드리겠습니다.

문제는 저를 불안하게 하는 음식이겠죠. 뭘까요. 여러분은 보통 단맛을 좋아하시죠. 저도 좋아할까요. 천만에요. 저는 여러분이 단맛 나는 음식을 먹을 때 불안해집니다. 제가 가장 경계하는 음식이 바로 단맛의 대명사, '설탕'

이랍니다. 정확하게 말하면 '설탕이 들어 있는 음식'이라고 해야겠지요. 여러분이 '설탕 음식'에 손을 대는 순간 저는 반사적으로 긴장합니다.

'가공식품산업의 쌀'. 언론이 즐겨 인용하는 설탕의 또 다른 이름이죠. 여러분의 식생활에서 설탕의 위상을 알려주는 말입니다. 오늘날 설탕 없는 가공식품 산업을 생각할 수 있을까요. 설탕을 '식탁의 권력자'라고 표현해도 되겠지요. 이 거물급 식품과 제가 긴장 관계에 있다는 것이 저에겐 슬픔이요, 불행입니다. 여러분 식생활의 아픈 단면이기도 하고요.

왜 그 '거물 식품'은 저와 악연을 만들었을까요. 실은 저만 설탕을 싫어하는 것이 아닙니다. 여러분 몸 안에 있는 호르몬들이 대개 설탕을 싫어합니다.[1] 다만 호르몬 가운데서도 저 인슐린이 유독 설탕에 알레르기적인 반응을 보이고 있죠. 왜냐고요? 여기서는 설탕 대사와 관련한 약간의 상식이 필요합니다.

여러분이 설탕을 먹으면 소화기관에서 분해되죠. 이때 중요한 것이 '분해 속도'입니다. 설탕은 무척 빠르게 분해됩니다. 단순당인 포도당과 과당으로만 이루어져 있기 때문이에요. 다른 식품 성분, 이를테면 비타민·미네랄·섬유질 같은 자연의 영양물질이 거의 없습니다. 이런 당을 '정제당'이라고 하죠.

정제당은 입자 표면이 위산이나 각종 소화 효소에 쉽게 노출됩니다. 소화기관에서 분해가 빠를 수밖에 없는 이유입니다.[2]

설탕이 소화되어 분해되면 포도당이 나온다고 했지요. 그렇습니다. 물론 과당도 함께 나오는데, 이 과당도 대부분 포도당으로 변합니다.[3] 설탕은 포도당 덩어리라고 해도 과언이 아니네요. 포도당이 빠르게 많이 나온 만큼, 흡수도 그대로 왈칵 이루어지겠죠. 포도당들이 물밀듯 혈액으로 빨려 들어갑니다. 혈당치가 솟구칠 수밖에요. 고혈당입니다. 이때의 포도당은 저에겐 차라리 테러리스트예요. 제가 긴장하고 불안할 수밖에 없는 까닭입니다. 그럼 답이 나왔지요. 혈당치를 급격히 올리는 것은, 그래서 저를 곤궁에 빠뜨리는 것은, 바로 설탕입니다.

이어지는 시나리오는 앞에서 말씀드린 그대로입니다. 미모사Sensitive Plant처럼 예민하면서도 코뿔소같이 무모한 제가 테러리스트들을 그냥 놔둘 리 없지요. 모든 수단을 동원하여 모조리 잡아들입니다. 일순간에 포도당이 씨가 말라버립니다. 혈당치가 빠르게 떨어집니다. 이번엔 저혈당입니다. 세포들이 배고프다고 아우성을 칩니다. 저에 대한 비난이 쇄도합니다. 빨리 포도당을 넣어달라고 사방에서 탄원이 빗발칩니다.

여러분 몸의 세포들이 배고프다고 아우성을 칠 때, 여러분이 느끼는 생리적 욕구는 '단것을 먹고 싶다'입니다. 단것 속에는 거의 대부분 설탕이 들어있지요. 여러분의 손이 저절로 단 음식 쪽으로 향합니다. 만만한 것이 과자·빵·아이스크림·음료 따위죠. 맛이 유난히 황홀하실 터입니다. 미각 말초의 욕구를 해소하고 계시니까요. 하지만 여러분의 몸 안은 또 다시 테러리스트의 난장판이 되어버립니다. 다시 고혈당입니다. 제가 또 긴급 출동해야지요. 맨발로 뛰어나갑니다. 혈당치가 다시 뚝 떨어집니다.

설탕이 만드는 악순환이에요. 또 저혈당, 다시 단 음식 탐닉, 고혈당, 저의 출동, 저혈당……. 이 소동이 겉으로는 단지 '단것 탐닉'으로만 보일지 모르겠네요. 실제로는 이미 중독의 길에 들어가 있습니다. 이른바 '설탕 중독'이죠.[4] 설탕이 중독을 일으킨다는 이야기 들어보셨을 터입니다. 물론 설탕 대사 과정에서 메스칼린 같은 마약성 물질이 만들어진다는 연구도 있지만요.[5]

당분이 인체 내에서 대사될 때는 섬유질·비타민·미네랄 같은 자연의 영양물질이 꼭 필요합니다. 이 물질들은 사실 저에겐 귀한 친구랍니다. 이 물질들이 있어야 제가 편히 일할 수 있거든요. 당분의 경거망동을 막아주기 때문이에요. 정제당인 설탕에는 그런 저의 친구들이 없지요. 여러분 몸에서 혈당치 급상승을 부르는 이유입니다. 제가 설탕을 가장 싫어하는 까닭이기도 하고요.

설탕은 또한 '영양분 도둑'이란 말도 있습니다. 설탕이 여러분 몸에서 비타민·미네랄 같은 '미량 영양분'을 훔쳐간다는 뜻이에요. 다시 말해 이들 귀한 영양분을 소모시킨다는 의미죠.[6] 설탕 탐닉자가 필연적으로 미량 영양분 결핍에 빠질 수밖에 없는 이유입니다. 혈당치 난조와 영양분 불균형, 그 '쌍검'에 의해 생긴 상처가 바로 현대병과 면역력 약화인 것이죠.[7] 설탕만 그런가요. 모든 정제당이 똑같이 안고 있는 공통의 아킬레스건입니다.

찰나의 변화

인슐린저항이 부르는 대사증후군

여러분의 혈당치는 어떻습니까. 널뛰기처럼 급등락하지는 않는지요. 악순환에 빠지는 일은 없는지요. 그런 일이 가끔 발생한다면 그다지 크게 문제되지 않습니다. 여러분의 몸이 그렇게 취약하지 않거든요. 문제는 잦은 경우입니다. 반드시 탈이 나게 되어 있습니다. 일단 당 대사 호르몬인 제가 기진맥진합니다. 쉴 새 없이 일터에 들락날락해야 하니까요.

저의 짝꿍인 세포들도 마찬가지예요. 혈당치가 널뛰기를 하면 좌불안석이 됩니다. 혈당치가 빠르게 오르는 경우를 생각해보세요. 세포들이 포도당을 억지로 먹어야 합니다.[1] 식사 도우미라는 작자가 강제로 먹이거든요. 한두 번은 먹어주지만 계속 먹을 수는 없는 노릇이죠. 갈 곳 없는 포도당들이

흉물스럽게 변하여 창고에 쌓입니다. 그 창고가 바로 여러분 몸의 지방세포예요. 간세포일 수도 있고요.[2]

혈당치가 빠르게 내려가는 경우는 어떻습니까. 말씀드릴 필요가 없겠죠. 세포들이 아우성을 칩니다. 새끼 제비들처럼 서로 먹겠다고 입 벌리고 난리죠. 식량이 떨어져가는 것이 빤히 보이거든요. 식사 도우미가 옆에 있으면 뭐 합니까. 먹을 것이 없는데요. 결국 비난의 화살이 저에게 돌아옵니다. 도우미 직무를 박탈해야 한다는 둥…….

이런 일이 잦으면 세포와 저 사이에 금이 갑니다. 환대가 냉대로 바뀝니다. 시간이 지날수록 더 싸늘해집니다. 제 덕분에 세포들이 성찬을 즐길 수 있다고요? 좋은 시절 이야기죠. 식사 도우미로서 저의 위상이 추락합니다. 애타는 마음으로 세포들에게 다가가봅니다만, 그들은 더 이상 짝꿍이 아닙니다.[3] 반짝이던 저의 열쇠가 빛을 잃습니다.

곤란한 상황이죠. 제가 아무리 성실하면 뭐합니까. 구실을 못하는데요. 주변에서 손가락질을 해댑니다. 저는 지쳐버립니다. 억지로 뭔가 해보려 하지만 마음뿐입니다. 저는 무능력자로 찍힙니다. 이것이 저 유명한 '인슐린저항'이에요.[4] 말 그대로 제가 '저항을 받는 상태'죠. 마스터 호르몬이 저항을 받는다? 그래서 일을 제대로 못한다? 불행의 팡파르입니다.

요즘 언론에 부쩍 자주 등장하는 용어가 있지요. '대사증후군'입니다. 한국의 성인 세 명 가운데 한 명이 이 증상을 가지고 있다네요.[5] 대표적인 현대병입니다. 성인병, 즉 생활습관병의 직전 단계를 말하죠. 조금만 관리를 잘못하면 발병해버립니다. 그 대사증후군의 밑동이 바로 인슐린저항이에요. 인슐린저항이 되면 거의 자동으로 대사증후군이 오거든요. 전문가들이 대사증후군을 '인슐린저항성증후군'이라고도 하는 이유입니다.[6] 인슐린저항의 병리적 의미를 알 수 있겠네요.

제가 '저항의 늪'에 한번 빠지면 헤어나기가 쉽지 않습니다. 이른바 만성병 환자의 대열에 들어서는 것입니다. 이분들은 생활에 여러 제약이 따릅니다. 21세기의 유행병인 생활습관병에 각별히 유의해야 합니다. 요즘엔 젊은이들도 생활습관병의 공격을 마구 받지요. 이 신종 병마는 종류가 다양한데, 공통점이 하나 있습니다. 뿌리가 같다는 것. 그 뿌리가 뭔지 아세요? 바로 인슐린저항이랍니다.[7]

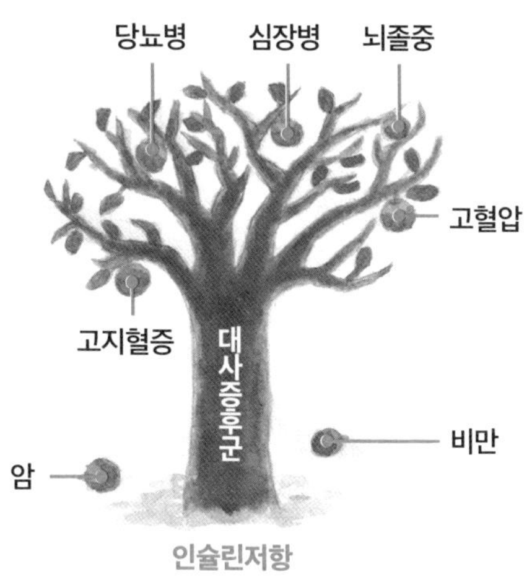

저는 도우미를 넘어 지킴이가 되고 싶습니다. '건강 지킴이'입니다. '수호천사'도 괜찮겠네요. 제가 진정으로 원하고, 저에게 충분히 어울리는 이름들이죠. 저만 똘똘하면 여러분은 현대병 걱정 없이 천수를 누릴 수 있거든요. 안타깝게도 현실은 그렇지 않답니다. 건강 지킴이가 어느 날 갑자기 '건강 파괴자' 짓을 하잖아요.

원인 없는 결과 없지요. 이유를 알면 답이 나옵니다. 무엇일까요, 제가 건강 파괴자 짓을 하는 이유는? 물론 제가 똘똘하지 못해서겠죠. 이제 고백할 시간이 되었습니다. 바로 '스트레스' 때문입니다.[8] 호르몬도 스트레스를 받는답니다. 특히 제가 스트레스에 민감하답니다. 제 성격이 예민하다고 말씀드렸지요. 예전엔 스트레스 받을 일이 거의 없었어요. 여러분의 조상들은 혈당치가 늘 정상 수준을 유지했거든요. 정해진 범위 안에서 천천히 오르내렸습니다. 저도 그렇고, 세포들도 그렇고 그때는 서로 협조하며 오손도손 맡은 임무에 충실할 수 있었지요.[9]

인간 세상이 문명화하면서 상황이 급변했습니다. 가장 큰 변화가 여러분 식생활이에요. 지금 드시는 음식과 예전에 조상들께서 드시던 음식을 비교해 보세요. 해변의 모래알만큼이나 많은 화려한 현대식 가공식품들, 인스턴트식품·패스트푸드·레토르트식품·음료·각종 기호식품들, 그 안에는 언제든 저를 노리는 '스트레스 유전자'가 똬리를 튼 뱀처럼 웅크리고 있습니다. 오죽하면 '정크푸드'라는 말까지 나왔을까요. '쓰레기 식품'이라는 뜻이잖아요. 생각해 보면 꽤나 험한 말이죠. 그 결과가 인슐린저항이자 대사증후군입니다.[10]

제 탓으로만 돌리지는 말아주세요. 저에게도 변명이 있답니다. 정크푸드라는 식품 아닌 식품이 여러분 식탁에 모습을 드러낸 것은 최근 1세기 이내입니다. 수백만 년의 인류 진화사에서 보면 찰나에 지나지 않지요. 저 같은 호르몬은 그 갑작스러운 변화에 그야말로 현기증이 날 지경입니다.[11] 저와 함께 일하는 각종 효소는 물론이고, 짝꿍인 세포들도 어리둥절하긴 마찬가지고요. 그 변화의 상징물이 정크푸드인 것이죠. 그 식품들에겐 공통점이 있습니다. 자연의 섭리를 거역한다는 사실.[12] 그런 것들을 몸에 무조건 집어넣고 저더러 처리하라고요?

많은 전문가들, 특히 의료인들이 요즘 들어 저를 자주 비난합니다. 스트레스 내성이 약한 호르몬이라고요. 고지식하다는 핀잔도 듣습니다. 상황이 조금만 바뀌어도 일을 제대로 못한다네요. 쉽게 체념한다는 구설도 있고요. 현대병의 씨앗, 인슐린저항을 두고 하는 말이겠죠. 이래 봬도 마스터 호르몬인데, 그런 식으로 모욕해도 되는 겁니까.

인정하겠습니다. 앞으로 노력하겠습니다. 다만 한마디, 꼭 해야겠습니다. 저라고 그러고 싶겠습니까. 똘똘함을 잃고 싶겠습니까. 저에게만 책임을 돌리면 억울합니다. 여러분에게도 책임이 있습니다. 더 큽니다. 판단 주체가 '미각 또는 시각 말초'잖아요. 편이성·저렴성이 최고의 가치잖아요. 그 반대급부는 생각해보셨나요. 여러분이 그런 식생활을 지속하는 한, 저는 건강 지킴이로서 본분을 지키기 어렵습니다.

여러분의 협조가 적극 필요합니다. 경박한 '말초'의 유혹을 떨치십시오. 냉철한 '이성'의 판단을 따르십시오. 꼭 제 생각을 해주십시오. 식품을 선택할 때의 금과옥조金科玉條입니다. 혈당치 안정, 몸과 마음의 평화, 얼마든지 누리실 수 있습니다. 인슐린저항이니 대사증후군이니 하는 이른바 생활습관병 따위, '통과의례'가 아닙니다. 마음만 먹으면 얼마든지 피할 수 있는 '옵션'입니다. 길이 있거든요. 부디 그 길로 향하시길……. 이것이 제가 외람되게 나선 이유입니다.

산 넘어 산

암세포의 온상, 고인슐린혈증

정상적인 에너지대사는 이렇습니다. 여러분이 음식을 먹습니다. 혈당치가 천천히 올라갑니다. 제가 나가서 즐겁게 일합니다. 세포들이 편안히 식사를 합니다. 혈당치가 천천히 내려갑니다. 여러분이 다시 음식을 먹습니다. 똑같은 과정이 평화롭게 반복됩니다.[1] 저는 늘 좋은 컨디션을 유지합니다.

비정상적인 대사, 인슐린저항은 이렇습니다. 제가 자주 격무에 시달립니다. 스트레스를 받습니다. 지쳐 있습니다. 여러분이 음식을 먹습니다. 혈당치가 올라갑니다. 제가 마지못해 나갑니다. 일을 하는 둥 마는 둥 합니다. 세포들이 식사를 제대로 못합니다. 혈액의 포도당이 갈 곳을 잃습니다. 혈당치가 잘 안 내려갑니다.[2] 여러분이 다시 음식을 먹습니다. 똑같은 과정이 찜찜하게 반복됩니다. 저의 컨디션이 늘 엉망입니다.

포인트는 제가 일을 잘 못한다는 사실이네요. 그로 인해 올라간 혈당치가 잘 내려가지 않는 현상이네요. 여러분의 두뇌는 이것을 위기 상황으로 인식합니다. 해결책을 찾아야겠지요. 방법은 오직 하나, '증원增員'입니다. 일꾼이 일을 잘 못하면 일꾼을 늘려야죠. 두뇌가 저의 고향으로 '에스오에스'를 칩니다. 빨리 저를 더 만들어 내보내라고.[3] 저의 고향은 췌장이라고 했습니다.

여러분의 몸에서 두뇌는 최고 의사결정 기관이죠. 그 결정은 지상 최고의 명령입니다. 췌장은 즉각 저를 더 만듭니다. 서둘러서 혈액으로 내보냅니다. 저를 추가로 투입하는 것이죠. 군대에서 증원병을 보내는 격입니다. 일꾼이 많아졌으니 일이 훨씬 수월해질 터. 그제야 혈당치가 내려갑니다. 세포들이 아쉬운 대로 식사를 했다는 뜻입니다. 그럼 이제 괜찮은 것일까요.

'고인슐린혈증'이라는 말이 있습니다. 용어를 잘 뜯어보면 의미가 어느 정도 파악되실 것입니다. '혈액에 인슐린이 많은 증상'이란 뜻이에요. 방금 췌장이 저를 더 만들어 내보냈다고 했잖아요. 당연히 혈액에 저와 동료들이 많아졌겠지요. 그것이 바로 고인슐린혈증입니다.[4] 유감스럽게도 이 상황은 또 다른 불길한 사태를 예고한답니다. 산 넘어 산이네요.

여러분의 몸을 이루는 수많은 세포들, 밤하늘의 은하수만큼이나 많지요. 저에겐 영원한 짝꿍이자 하나같이 귀한 고객입니다. 그 짝꿍이자 고객들을 먹여살리는 것이 저에게 주어진 숭고한 사명이죠. 저는 사명에 충실하기 위해 세포들에게 무한한 사랑을 쏟습니다. 그 사랑은 어머니의 사랑처럼 아가페적이고 맹목적입니다. 이것이 문제일 줄이야!

세포라고 해서 다 귀한 고객이 아니잖아요. 개중에는 블랙컨슈머 같은, 아니 불한당 같은 녀석도 있잖아요. 대표적인 것이 암세포입니다. 암세포는 먹여살리면 안 되죠. 내쫓거나 교화해야죠. 죄송스럽게도 저에겐 그런 못된 녀석을 구별해낼 능력이 없답니다.[5] 세포라면 무조건 부양한답니다. 가리지 않고 먹여 살린답니다. 암세포에겐 오히려 먹을 것을 더 주게 돼요.[6] 먹성이 무척 좋거든요.[7] 교활하게 아첨을 떨기도 하고요. 저는 참 바보 같죠. 고지식하다는 핀잔을 듣는 것이 그래서인가 봐요. 마스터 호르몬이라는 이름을 반납해야 할까요.

그럼 암세포들은 저를 무척 좋아하겠네요. 시쳇말로 '당근'이지요. 고인슐린혈증의 어두운 그림자가 바로 그것입니다. 고인슐린혈증이 되면, 다시 말해 여러분의 혈액에 제가 많아지면, 저의 일은 분명 빠르게 진행됩니다. 문제는 저의 바보짓도 같이 늘어난다는 것. 암세포들이 한층 극성을 부리며 무럭무럭 자라겠지요. 암 발병률이 쭉 올라간다는 말씀입니다.[8]

이 사실을 풍자하는 말이 있습니다. '종양세포의 비료'. 무슨 뜻인지 아시겠죠. 저를 대놓고 조롱하는 말이에요. 언제부턴가 저의 또 하나의 별명이 되어버렸답니다.[9] 수치스럽기 그지없는 별명이죠. 제가 그 몹쓸 병인 암을 키운다니요. 자괴감이 들면서도 한편으로는 은근히 부아가 치밀기도 합니다.

이래 봬도 명색이 건강 지킴이인데, 그런 식으로 야유해도 되는 겁니까.

어쩔 수 없군요. 사실이니까요.[10] 인정하겠습니다. 또 반성하겠습니다. 다만 한 가지, 이 별명을 보면서 문득 떠오르는 것이 있습니다. 저의 천적 중 하나, 정제당입니다. 정제당이 인슐린저항을 거쳐 고인슐린혈증을 만들잖아요. 제가 종양세포의 비료가 된 데에는 이 녀석도 책임이 있습니다.

과연, "설탕을 좋아하는 사람이 암에 더 가깝다"는 연구가 있군요.[11] 물론 설탕 같은 정제당뿐만이 아닙니다. 여러분의 음식에서 고인슐린혈증을 일으키는 작자는 무척 많습니다. 정크푸드라는 험한 용어로 묘사하는 이유예요. 저만 코너로 몰아넣지 마십시오.

'항상성'의 의미가 새삼 각인되는 순간이네요. 여러분의 혈액 안에 포도당이 정해진 농도를 유지해야 하는 것처럼, 호르몬인 저의 농도도 일정 수준을 유지해야 합니다. 먼저 저의 감각이 무뎌지는 현상, 그래서 제가 앞가림을 제대로 못하는 상태, 즉 인슐린저항부터 막아주십시오. 여러분의 두뇌가 저의 고향에 에스오에스를 치는 일이 없도록 해주십시오. 면피성 발언이 아닙니다. 고심 어린 고언苦言입니다.

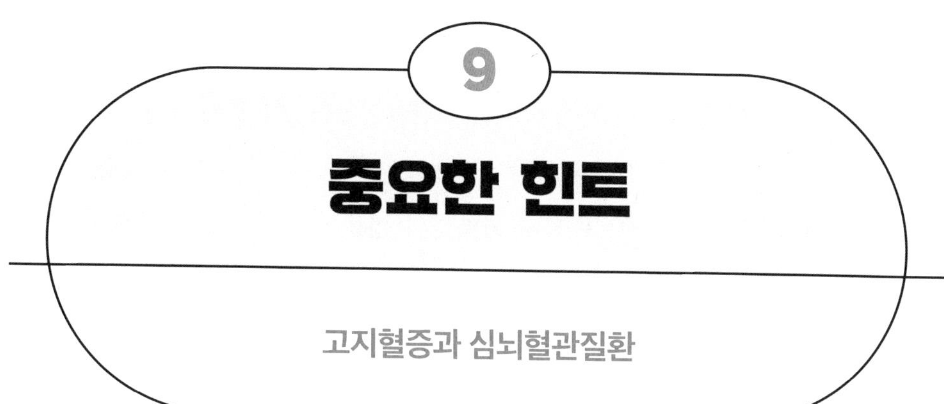

9 중요한 힌트

고지혈증과 심뇌혈관질환

저는 참 복잡다단한 호르몬입니다. 저에게도 오지랖이 있다면 꽤나 넓을걸요. 여러분의 몸에서 일어나는 수많은 생화학반응 가운데 제가 참견하지 않는 것이 거의 없을 정도랍니다. 그중에는 좋은 반응도 있고 나쁜 반응도 있습니다. 저는 되도록 좋은 반응에만 참여하려고 노력하죠. 하지만 뜻대로 잘 안 돼요. 저도 모르게 나쁜 반응에 개입해 있곤 합니다. 암세포를 키우는 짓거리가 대표적인 예죠.

저는 지방, 즉 기름과도 관계가 깊습니다. 현대인은 지방 하면 알레르기적인 반응을 보이더군요. 이해합니다. 다이어트의 최대 장애물이 지방이니까요. 현대병의 앞잡이로도 알려져 있고요. 또 부끄러운 이야기입니다만, 그 계륵 같은 지방을 여러분 몸 안에 슬그머니 만들어놓는 장본인이 바로 저랍니다.[1] 어떤 때는 무척 많이 만들어 쌓아놓아요.

지방과 저의 커넥션은 솔직히 고백하기 싫은 비밀인데요. 이렇게 용기를 내어 말씀드리는 것은, 원래 그것이 나쁜 의도가 아니었기 때문입니다. 알고 보면 제가 전혀 욕먹을 일이 아니거든요. 잠깐 옛날로 돌아가보시죠. 에너지 결핍 시대입니다. 당시 인간의 몸은 틈만 나면 에너지를 저장하려 했습니다. 여차하면 곧바로 꺼내 써야 하니까요.[2] 그 저장용 에너지가 바로 지방이에요. 다시 말해 '비상 에너지'란 말씀이죠. 저는 그 에너지 저장 창고의 '창고지기'였습니다.

그렇군요. 그렇다면 과연 나쁜 의도가 아닌, 떳떳한 커넥션이었군요. 인간 유전자에 각인된 삶의 지혜였어요. 여러분 조상 나름의 심오한 생존 전략이 숨어 있잖아요. 제가 있었기에 여러분 조상은 험한 보릿고개를 굽이굽이 넘어올 수 있었습니다. 제가 맡은 역할을 착실히 수행해온 덕분에 인류는 유구한 역사를 이어올 수 있었지요. 여러분은 저에게 깊이 감사하셔야 해요.

오늘날은 어떤가요. 한마디로 상전벽해桑田碧海죠. 먹을거리가 넘치는 시대입니다. 먹으려면 언제든 먹을 수 있습니다. 너무 많이 먹어서 탈입니다. 비상 에너지니 뭐니, 필요 없는 세상이 되었습니다. 제가 애써 지방을 만들어놓아도 쓰는 일이 없어졌어요. 창고에 지방이 쌓이기만 합니다. 그 창고가 애먼 지방세포랍니다. 어쩐지, 그래서 현대인들이 갈수록 통통해지는 것이로군요.

특히 복부 쪽에요.[3]

이 대목에서 저를 꾸중하실지 모르겠네요. "그럼 네가 변화를 알아차리고 이제부턴 지방을 만들지 않으면 될 것 아니냐"고. 죄송스럽게도 그것이 쉽지 않습니다. 수백만 년 동안 해오던 일을 어떻게 하루아침에 그만둡니까. 저의 DNA에 이미 그 알고리즘이 깊이 박혀 있는걸요. 설사 제가 묘책을 찾아 그만둔다 해도 소용없습니다. 여러분 몸은 여전히 예전 모습 그대로잖아요. 저는 시나브로 지방을 만들 수밖에 없고, 여러분 몸의 지방세포는 계속 발달할 수밖에 없습니다.

여기서 비밀 주머니 하나를 또 열어야겠네요. 중요한 팁이랄까, 힌트가 있습니다. 제가 지방을 만들기 위해서는 원료가 필요하답니다. 그 원료가 없으면 저는 지방을 만들지 못해요. 뭔지 아세요? 다름 아닌 포도당입니다. 혈액의 포도당, 즉 혈당입니다.[4] 정확히 말해, 혈액 내 '과잉된 포도당'입니다. 제가 세포에게 포도당을 먹이고 남으면 그것으로 지방을 만든답니다.[5]

예방책, 아니 해결책이 있다는 말씀이죠. 여러분의 혈액 내에 포도당이 남지 않도록 하면 되겠어요. 그렇습니다. 세포가 먹을 만큼만 포도당을 공급하는 것입니다. '소식小食'을 생각하셨다면 엄지척을 올려드리겠습니다.

특히 탄수화물 식품을 줄이는 것이 중요합니다. 탄수화물은 여러분 몸 안에서 죄다 포도당으로 바뀐다고 했잖아요. 탄수화물 식품 중에도 포도당을 빠르게 많이 만드는 당류, 특히 정제당을 줄여야겠어요. 아예 끊을 수 있으면 더 좋겠죠.

힌트가 또 하나 있습니다. 아무리 혈액 내에 포도당이 남아 있어도 일꾼이 없으면 지방을 만들지 못하겠지요. 일꾼이란 '지방 생성 호르몬'인 저를 말합니다. 제가 적으면 지방이 적게 만들어지고, 많으면 많이 만들어집니다. 이 대목에서 고인슐린혈증을 생각하셨다면 또 한 번 엄지척을 올려드리겠습니다. 고인슐린혈증을 막는 것, 다시 말해 혈액 내 저의 농도를 낮추는 것도 지방 생성을 줄이는 좋은 방법입니다.

핵심은 역시 설탕을 비롯한 정제당입니다. 정제당을 줄이거나 끊는 것은 일석이조의 효과가 있지요. 탄수화물 섭취를 줄이면서 고인슐린혈증을 막을 수 있으니까요. 사실 정제당뿐만이 아닙니다. 앞으로 자세히 말씀드리겠습니다만, '정제가공유지'도 그렇고 '식품첨가물'이라는 이름으로 사용되는 수많은 화학물질도 한통속입니다. 마찬가지로 피하셔야 해요. 똑같이 인슐린저항을 거쳐 고인슐린혈증을 만든답니다.

여기서 제 별명을 또 하나 말씀드려야겠네요. 이것도 민망한 별명이군요. '비만 호르몬'입니다.[6] 이 별명에 대해서는 설명이 필요 없겠죠. '지방 만드는 호르몬'의 다른 표현이라고 보시면 됩니다. 솔직히 숨기고 싶은 별명입니다만, 굳이 커밍아웃하는 것은 현대 사회의 고질병인 비만이 단순한 비만으로만 끝나지 않기 때문입니다.

또 하나의 위험한 길로 연결될 수 있거든요. 그 길 끝에 '고지혈증'이라는 늪이 있답니다.[7] 혈액에 지방이 문전성시를 이루는 현상, 이것도 굳이 설

명이 필요 없겠죠. 비만과 고지혈증은 한집안 식구니까요.[8]

고지혈증의 늪에 빠지면 훨씬 더 위험한 세상이 펼쳐집니다. 가장 괴로워하는 것이 여러분의 혈관입니다. 혈관 내벽에 염증이 생기고 나쁜 콜레스테롤이 많아지지요. 고혈압과 함께 동맥경화가 진행됩니다. 급기야 심뇌혈관질환의 수렁 앞에 서게 되죠.[9] 그 한복판에 심장병과 뇌졸중이 있습니다.

암에 버금가는 현대병 제2호입니다. 물론 암 발병률도 올라가고요.[10]

간곡히 부탁드립니다. 비만 호르몬이라는 저의 별명을 떼어주십시오. 여러분이 마음만 먹으면 됩니다. 제가 공연히 지방을 만드는 것이 아닙니다. 저는 까닭 없이 지방세포를 키우지 않습니다. 저의 감각이 둔해진 상태, 인슐린 저항이 만든 시대착오적 결과입니다. 그것부터 막으셔야 합니다. 저를 해코지하는 음식, 저에게 스트레스를 주는 음식을 피하시는 것이 첫 단추입니다. 음식을 드실 때는 꼭 제 생각을 해주십시오. 건강은 '좋은 음식이 여러분 몸 안에 만들어놓은 향기'입니다.

10

1922년

인공 인슐린의 탄생, 축복할 일인가?

저의 고향은 아시다시피 여러분 몸 안 어느 곳입니다. 정확한 주소는 위胃 뒤쪽 복벽의 '췌장 마을'이지요. 저는 이 고향 마을에 무한한 자부심을 느낍니다. 그곳을 연구하는 학자들은 찬탄을 금치 못한답니다. 태곳적에, 그야말로 호랑이 담배 피우던 시절에 설계되었음에도 정교함이 거의 완벽에 가깝다는 것이죠. 그런데 옥에도 정말 티가 있게 마련인가 봐요. 이 고향 마을에 한 가지 치명적인 약점이 있답니다.

저의 고향 마을에는 우물처럼 생긴 샘이 여러 개 있습니다. 그 샘들이 바로 제가 태어난 곳, 저의 생가입니다. 그곳에서 마치 샘물이 흘러나오듯 저와 동료들이 졸졸 만들어집니다. 문제는 그 샘이 화수분 같은, 영원히 마르지 않는 샘이 아니라는 사실입니다. 천수답의 웅덩이처럼 끝이 있는 샘입니다. 한정된 양의 샘물이 흘러나오면 물줄기가 말라버리죠.[1] 이 말씀은 즉, 여러분 몸의 췌장이 저를 무한정 만들지 못한다는 뜻입니다. 무척 중요한 이야기예요. 저는 이것을 조물주의 큰 실수라고 생각합니다. 왜냐고요?

다시 한 번 정리해보시죠. 여러분이 나쁜 식품, 즉 정크푸드를 드십니다. 그 식품들 안에는 저를 괴롭히는 녀석들이 무척 많습니다. 제가 스트레스를 받습니다. 저의 감각이 둔해집니다. 인슐린저항이 됩니다. 제가 일을 잘 못합니다. 저의 일터에서 제가 더 많이 필요해집니다. 저의 고향이 저를 더 만들어 내보냅니다. 혈액에 저의 양이 많아집니다. 이것이 고인슐린혈증이죠.

이런 일이 자주 발생합니다. 저는 '무한자원'이 아닌 '유한자원'이라고 했습니다. 저를 만드는 샘에 바닥이 드러나기 시작합니다. 저의 고향이 다급해집니다. 여기저기 도움을 요청해봅니다. 방법이 없습니다. 샘의 물줄기가 가늘어집니다. 제가 만들어지는 양이 줄어든다는 뜻입니다. 혈액에 저의 양이 적어집니다. 이는 굳이 표현하자면 '저인슐린혈증'이 되겠네요.[2]

제가 일을 제대로 못하는 데다가 양마저 줄었습니다. 이중 악재입니다. 가까스로 유지되던 혈당치가 다시 오르고 상황이 더 악화합니다. 세포들은 먹지 못해 또 기근에 빠집니다. 혈액 내에서 넘치는 포도당들이 갈 곳을 찾지 못하고 우왕좌왕합니다. 결국 소변으로 배출됩니다. 당분이 소변에 섞여나오는 현상, 그래서 소변이 끈적끈적해지는 질병, 다름 아닌 '당뇨병'이에요. 현대병 제3호죠. 더 나빠지면 제가 아예 만들어지지 않을 수 있습니다. 여러분 생명이 위험해지죠.

저는 별명이 꽤 많습니다. '생명 호르몬'이라고 불러주는 전문가도 있답니다.[3] 저에게 자못 자긍심을 심어주는 별명이죠. 이 호칭이야말로 저를 잘 표현하는 말이 아닐까요. 제가 수많은 세포들의 생명을 건사하잖아요. 그 말은 곧 여러분의 생명도 제가 건사한다는 뜻입니다. 제 책임이 얼마나 큰가요. 그 큰 책임에 비하면 저의 내면은, 죄송하게도, 연약한 미모사인가 봐요. 툭하면 스트레스에 휘둘리며 갈팡질팡하니까요.

저의 정체를 알게 된 학자들이 연구하기 시작했습니다. '그 미모사 같은 호르몬을 인위적으로 만들 수는 없을까.' 뜻이 있으면 길이 있는 법이죠. 성공했습니다. 비록 적은 양이었지만 저를 실험실에서 만들었습니다. 곧바로 당뇨병 환자에게 주사했습니다. 놀라운 일이 벌어졌습니다. 불치병이 '가치병可治病'으로 바뀌는 순간이었습니다. 약 1세기 전, 1922년의 일입니다.[4] 인류의 질병사에서 대단히 의미 있는 해죠. 당뇨병 치료의 길이 비로소 열린 해니까요. 그 이전까지 당뇨병은 곧 사망 선고였거든요.

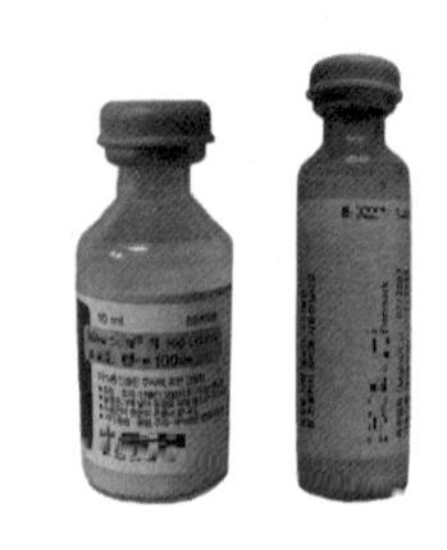
인공 인슐린

지금은 제가 여러분 세상의 공장에서 대량생산되고 있습니다. 제약회사들이 저를 의약품으로 만들어 팝니다. 당뇨병에 걸리면 약국에서 저를 사서 몸에 주사합니다. 빈사 상태의 세포들이 활기를 되찾죠. 혈당치는 당연히 안정되고요. 인류가 당뇨병의 공포에서 해방된 것입니다. 천만다행이지요. 무서운 질병 하나를 극복했으니까요. 그런데…….

빛이 있으면 그림자가 있는 법이지요. 이 대목에서 한번 생각해보고 싶습니다. 그것이 과연 축복받을 일일까요. 위대한 성과라고 박수 칠 일인가요. 저의 대답은 외람되게도, '글쎄요'입니다. 자, 여러분은 저에 대해 좀 더 아실 필요가 있습니다.

저는 원래 귀한 존재입니다. 여러분의 몸속 깊숙한 곳에서 경이롭게 태어나는 그야말로 '신의 물방울'입니다. 저의 탄생은 조물주가 집전하는 성스러운 의식에 의해서만 가능합니다. 그런 저를 인간 세상의 굴뚝 공장에서 아무렇게나 만들어댄다고요? 청량음료 포장하듯 자동화 기계로 병에 담아 시장에 내다 판다고요? 저로서는 자존심 상할 일이 아닐 수 없습니다.

일개 호르몬의 철없는 넋두리로 흘려버리지 마십시오. 여러분 건강에 대한 중요한 경종일 수 있습니다. 저의 역사를 돌이켜보면 1922년 이전과 이후로 나누어집니다. 1922년은 여러분이 저를 손으로 직접 만들어 사용하기 시작한 해입니다. 그 이전까지 저는 그야말로 금지옥엽이었습니다. 모든 이들이 저를 끔찍이 여겼지요. 진심으로 아끼고 존중해줬습니다. 그럴 수밖에요. 저에게 혹시 탈이라도 난다면, 그래서 제가 하는 일에 조금이라도 지장이 생기면, 큰일이었으니까요.

1922년 이후부터 세상이 달라졌습니다. 저에 대한 여러분의 인식에 변화가 생기기 시작한 것입니다. 저는 더 이상 존중의 대상이 아니었습니다. 저를 소홀이 여기는 풍토가 만연하게 됐습니다. 심지어는 업신여기고 학대까지 하곤 했습니다. 제가 마음에 들지 않으면 얼마든지 갈아치울 수 있게 됐거든요. 약국에 가면 언제든 저를 살 수 있잖아요. 엄밀히 말하면 그것은 제가 아니고 저의 '짝퉁'이지만요.

그때부터 저의 불행이 시작된 것입니다. 그 불행은 스트레스, 울화, 고통, 상처, 태업, 좌절, 포기를 낳았습니다. 이 부정어들은 고스란히 여러분 몸에서 형상화합니다. 그것이 바로 현대병이에요. 생활습관병이라고도 하죠. 비만, 인슐린저항, 대사증후군, 고인슐린혈증, 고지혈증, 암, 고혈압, 동맥경화, 협심증, 심근경색, 심장마비, 뇌졸중, 당뇨병, 통풍입니다. 난치병, 퇴행성 질환, 치매, 정신질환, 면역력 약화 등도 모두 저의 불행과 관련이 있습니다. 저는 단순한 식사 도우미가 아닙니다. 여러분 건강의 거의 다를 책임지고 관장하는 그야말로 '총책'입니다.

저를, 아니 저의 짝퉁을 실험실에서 인공적으로 만든 것은 큰 잘못입니다. 공장에서 대량생산하여 상품으로 내다 파는 것은 큰 실수입니다. 생각해 보십시오. 제가 여전히 '신의 물방울' 영역에 있었다면 여러분은 저를 계속 존중했을 것 아닙니까. 제가 불행에 빠질 이유가 없지요. 저는 최상의 컨디션을 유지하며 저에게 주어진 사명을 착실히 수행하고 있을 터입니다. 현대병이니 생활습관병이니 하는 신종 유행병은 여전히 희소병의 수준에 머물러 있을 터입니다.

이렇게 반문하실지 모르겠네요. "내가 언제 너를 업신여기고 학대했냐"고. 이해합니다. 여러분은 그런 행동을 보통 무의식적으로 하거든요. 오늘 뭐 드셨습니까. 패스트푸드나 인스턴트식품은 아니었는지요. 과자·빵·아이스크림 따위는요. 콜라·사이다 같은 음료일 수도 있지요. 그런 이른바 정크푸드에 손대는 것이 저를 업신여기는 행위입니다. 저를 학대하는 일입니다. 그런 음식 아닌 음식을 드실 때마다 여러분 몸 안에 있는 저는 몸서리를 친답니다.[5] 제가 너무 까탈스러운가요. 그래서 다 제 탓인가요.

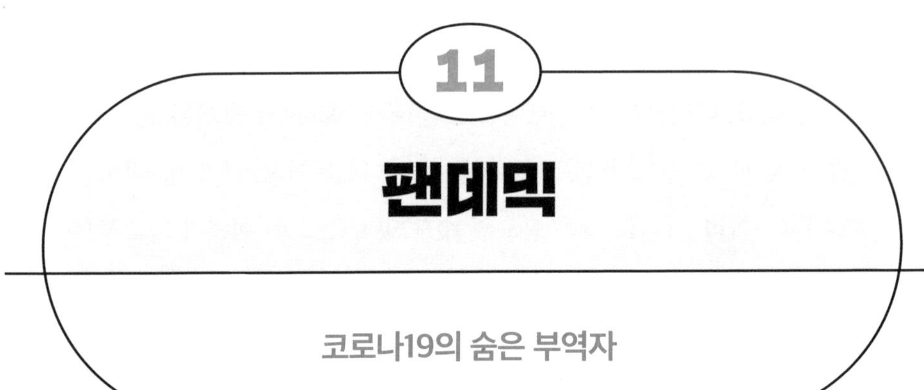

11 팬데믹

코로나19의 숨은 부역자

사스, 신종플루, 메르스, 코로나19……. 이름만으로도 넌더리가 뚝뚝 떨어지는 단어들입니다. 누구에게는 잔혹한 단어일 수도 있고요. 쓰나미 같은 큰 유행병이지요. 예전엔 없던 질병들입니다. 모두 21세기 들어 출몰했다는 공통점이 있습니다. 앞으로 이런 감염병들이 더 자주 창궐할 것이라네요. 왜일까요. 위생 관념이 더 투철해지고 의학이 첨단을 걷는 오늘날 이런 유행성 병마가 기승을 부리는 까닭은요?

부끄럽고 송구합니다만, 이것도 저와 관련이 있습니다. 그냥 관련이 있는 정도가 아니고, 대단히 깊은 관계가 있습니다. 역시 뿌리는 인슐린저항, 즉 대사증후군이에요. 제가 탈이 나서 앞가림을 제대로 못하게 된 것이 큰 원인 가운데 하나거든요. 다음 두 가지 저의 고백을 들어보십시오.

먼저 '면역력'입니다. 면역력은 건강의 가늠자죠. 만일 여러분 몸 안에서 불철주야 땀 흘리고 있는 저에게 탈이 난다면, 여러분의 면역력은 정상이 아닐 가능성이 큽니다. 제가 감을 잃은 상태, 즉 인슐린저항이 되면 가장 먼저 면역세포들이 움츠러들거든요.

면역세포는 저에겐 더 각별한 친구이자 짝꿍입니다. 우리 몸에서 이 친구의 역할도 그렇고, 워낙 귀한 존재인 만큼 제가 당연히 더 잘 돌봐줘야 할 터죠. 안타깝게도 인슐린저항이 되면 그 세포들마저 제대로 대접하지 못하게 된답니다. 귀한 친구를 굶주림 상태에 방치하는 것이죠. 그 결과가 '면역력 약화'입니다.[1]

면역력이 약한 인체는 바이러스에겐 그야말로 유토피아죠. 더없이 좋은 숙주입니다. 당연히 감염병의 타깃이 될 수밖에요. 그냥 타깃으로만 끝나면 그나마 다행이지요. 대개 충실한 매개체로 발전합니다. 지구촌에 수억에 달하는 '바이러스 펌프'들이 국경을 넘나드는 요즘이에요.

근래 들어 감염성 질환이 연이어 출몰하는 이유가 저절로 설명되었네요. 현대인은 옛사람에 비해 체구는 크지만, 체력이 약하잖아요.[2] 면역력은 체력을 구성하는 중요한 요소지요. '성인 세 명 가운데 한 명이 대사증후군'이라는 보고가 따갑게 귓전을 때립니다.[3]

또 하나, 더 주목해야 할 연구가 있습니다. '효소'라고 아시죠. 여러분 몸 안에도 효소가 있습니다. 저 못지않게 열심히 일하는 저의 라이벌이자 동업자 친구입니다. 종류가 무척 많죠. 그 가운데 코로나 바이러스와 은밀히 내통하는 효소가 하나 있습니다. 이름이 전문용어로 'ACE2'라고 해요. 이 친구가 배은망덕하게도 코로나 바이러스의 여행길에서 동반자 짓을 한답니다. 인체 세포 안으로 더 잘 들어가도록 안내하는 것이에요.[4] 바이러스로서는 더없이 감사한 일이지요. 여러분 몸에서 훨씬 쉽게 터를 잡을 수 있으니까.

제가 한심한 짓을 하는 것이 이때입니다. 저에게 탈이 나서 인슐린저항이 되면 멍청하게도 그 배은망덕한 효소의 '치어리더 짓'을 한답니다.[5] 그 녀석을 응원하며 모반 행위를 적극 돕는 것이죠. 이런! 팬데믹 시대의 달갑지 않은 유행어, '확진율'과 '치명률'이 동시에 올라갑니다. 제 스스로도 참 한심한 일이네요. 부끄럽게도 요즘 이런 사실이 날것 그대로 속속 밝혀지고 있습니다.[6] 저만 똘똘하면 그런 멍청한 짓은 결코 하지 않을 텐데요. 그 악몽 같은 팬데믹도 그럼 현대병의 하나로 치부해야 할까요.

귀 아프게 들으셨을 터입니다. "만성병 환자는 코로나 바이러스에 더 조심해야 한다"고. 이 충고가 상투적인 겁박성 발언이 아니었네요. 만성병의 대표 아이콘이 대사증후군, 즉 인슐린저항성증후군 아닙니까. 저의 허물이 면역력 약화를 부르고 배은망덕한 효소를 부추기는 것이었습니다. 팬데믹을 부채질하는 이 두 반역성 음모에 제가 연루해 있다는 사실이 두려우면서도 수치스럽습니다. 그러나 어쩝니까. 다 제 탓인걸요. 저의 과오에 대한 징벌인걸요. 회한 속에서 깊이 반성합니다. 아울러 또 호소합니다. 저를 좀 배려해주십시오.

삼각관계

정신건강의 뒤안길

놀라운 것은 저의 일거수일투족이 여러분의 정신세계에도 큰 영향을 미친다는 사실입니다. 제가 일을 그르쳐서 생기는 '저혈당'이 문제의 몸통입니다. 세포의 식량 창고에 바닥이 드러나는 상황이라고 했지요.

이때 가장 먼저 타격을 받는 것이 여러분의 두뇌세포입니다. 두뇌세포는 엄청난 '대식가'거든요. 대식가 집안의 곳간에 식량이 떨어지면? 난리가 나겠죠. 식구들, 즉 두뇌세포가 굶어야지요. 그 결과가 여러분의 인지장애 또는 기억상실입니다.[1] 심한 경우 치매로도 연결될 수 있죠.[2]

까닭 없이 우울증이 찾아오곤 하는지요. 이 역시 저와 관련이 깊습니다. 인슐린저항과 우울증이 바로 한 세트거든요.[3] 인슐린저항이 저혈당을 만들고, 그것이 또 우울증을 만듭니다.[4] 이는 "혈당치가 널뛰기를 하면 삶의 질이 떨어지고 염세적으로 흐를 수 있다"는 연구와도 일맥상통하죠.[5] 저혈당 사태가 단순히 '곳간의 재고 감소'로 끝나는 것이 아니었네요.

'아드레날린'이라는 호르몬을 아시는지요. 한두 번은 들어보셨을 터입니다. '공격 호르몬'이라는 별명을 가지고 있지요. 여러분의 공격 본능을 부추기는 호르몬입니다. 저의 실책으로 저혈당이 되면 이 호르몬이 여러분 몸 안에 득세하게 됩니다.[6] 결과는? 과격성, 폭력성을 낳을 수 있습니다. 불안, 초조, 공포, 격노 따위를 키울 수도 있고요.[7] "정신분열증 환자의 67퍼센트가 저혈당증을 원인으로 한다"는 한 심리영양학자의 증언이 예사롭지 않네요.[8]

문제는 여러분 자녀입니다. 어린 영혼은 더 민감하죠. 요즘 이런 논문이 부쩍 많아졌습니다. "패스트푸드를 좋아하는 아이들의 학교성적이 나쁘다."[9] "과자가 아이들의 난폭한 심성을 키운다."[10] "청량음료 자판기가 학교폭력의 원인이다."[11]

반면에 이런 논문도 많습니다. "채소를 잘 먹는 아이들의 학교성적이 좋다."[12] "과일을 좋아하는 아이들의 행복도가 높다."[13] "생선이 아이들의 지능지수를 높인다."[14] 무슨 차이일까요. 앞의 가공식품들은 저를 학대합니다. 뒤의 자연식품들은 저를 환대하죠. 저와 음식과 인체의 삼각관계 속에 비밀이 있습니다.

회색코뿔소

당뇨병을 보는 인슐린의 회한

세상 만물에는 '품질'이 있습니다. 품질이 좋으면 좋은 물품이지요. 품질이 나쁘면 나쁜 물품이고요. 저 같은 호르몬의 세계에도 품질 비슷한 개념이 있답니다. 전문가들은 그것을 '감도感度'라고 하더군요.[1] 저 인슐린의 감도가 좋으면 능력이 뛰어납니다. 일을 잘하죠. 반대로 저의 감도가 나쁘면 능력이 떨어집니다. 일을 제대로 못하겠지요. 저의 감도는 사람에 따라 다릅니다. 어떤 사람의 몸 안에 있는 저는 감도가 좋습니다. 반면에 어떤 사람의 몸 안에 있는 저는 감도가 나쁩니다.[2]

제가 감도가 좋으면 일터에서 저를 많이 필요로 하지 않습니다. 적은 양으로도 맡은 일을 충실히 해내니까요. 당연히 좋은 점이 많지요. 고인슐린혈증을 우려할 필요가 없잖아요. 가장 좋아하는 곳이 저의 고향 아닐까요. 유유자적하며 천천히, 조금씩 저를 만들어 내보내면 되니까요. 저를 만드는 샘은 바닥이 드러날 일이 없지요. 여러분이 천수를 누릴 때까지 안정적으로 저를 조달할 수 있습니다.[3]

문제는 저의 감도가 나쁜 경우입니다. 고인슐린혈증의 위험이 커집니다. 그럴 수밖에요. 제가 일을 잘 못하니 저를 더 많이 만들어 내보내야 하잖아요. 저의 고향은 늘 불안에 휩싸여 있습니다. 저를 만드느라 쌓인 피로도 피로지만, 머잖아 샘의 바닥이 드러난다는 현실이 더 걱정이에요. 여러분이 아직 젊었음에도 제가 말라버릴 수 있답니다. 이른 나이에 벌써 당뇨병에 걸리는 것이죠.[4]

당뇨가 심해지면 여러분은 약국의 단골이 되셔야 합니다. 문 닳도록 약국을 드나드셔야 해요. 저를 사서 수시로 몸 안에 주입하셔야 하니까요. 실은 그것이 제가 아니고 저의 짝퉁이지만요. 그 짝퉁을 주입할 때는 주사기를 사용합니다. 말이 쉽지 얼마나 불편한데요. 더 불편한 것은 하루에도 몇 번씩 피를 뽑아 혈당치를 체크하셔야 한다는 점입니다. 고혈당이다 싶으면 길거리이고 차 안이고 어디서든 곧바로 저의 짝퉁을 주사하셔야 하니까요.

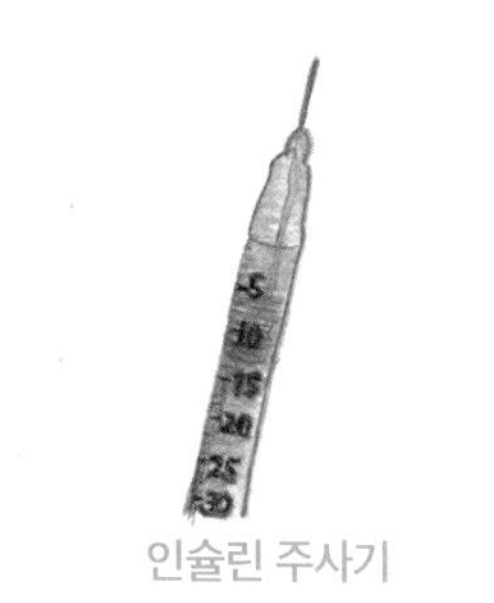

인슐린 주사기

그것이 불편해서 어떤 분은 라디오처럼 생긴 펌프를 몸에 차고 다니시더군요. 그 안에 저의 짝퉁이 들어 있습니다. '인슐린 펌프'라고 들어보셨나요. 바로 그것입니다. 혈당치를 수시로 체크하면서 필요할 때마다 자동으로 저의 짝퉁을 몸 안에 뿜어 넣어주죠. 편리하겠다고요? 조금만 많이 들어가면 그분은 순식간에 저혈당에 빠져버립니다. 큰일 날 수 있죠.

꿩 잡는 게 매입니다. 이유를 알면 답이 나오죠. 저의 감도, 즉 호르몬으로서의 품질이 왜 사람에 따라 다를까요. 간단합니다. 식생활 차이예요. 식생활이 좋은 분의 몸 안에 있는 저는 감도가 좋습니다. 그분은 제가 싫어하는 음식을 멀리하죠.[5] 저와 잘 소통하며 배려하는 분이에요. 그런 사람의 몸 안에 있는 저는 편안합니다. 스트레스 받을 일이 없어요. 늘 최상의 컨디션을 유지하죠.

식생활이 나쁜 분의 몸 안에 있는 저는 어떨까요. 말씀드릴 필요가 없겠죠. 당연히 감도가 나쁩니다. 그분은 아무 음식이나 마구 드시거든요. 대개 저를 몸서리치게 하는 정크푸드들입니다.[6] 그런 음식을 드실 때마다 저는 숨이 콱콱 막힌답니다. 늘 스트레스와 싸워야 해요. 맡은 일을 제대로 하겠습니까. 감도니 뭐니 생각할 입장이 아니죠.

건강한 사람이나 건강하지 않은 사람이나 그분들 몸 안에 있는 저는 처음에는 감도가 거의 비슷합니다. 시간이 지남에 따라 조금씩 차이가 나죠. 나중에는 그 차이가 비교할 수 없을 정도로 커집니다.

그것이 바로 현대인의 건강 차이예요. 누구는 건강하고, 누구는 건강하지 않잖아요. 여러분은 어느 쪽이신가요.

다시 또 회한이 앞서는군요. 차라리 저의 존재가 인간 세상에 알려지지 말았어야 했나 봐요. 그랬다면 지금과는 전혀 다른 세상이 되어 있을 텐데요. 저를 상업적으로 공장에서 마구 만들어대지는 않을 텐데요. 저는 여전히 여러분의 존중을 받고 있을 텐데요. 아니, 존중까지는 아니더라도 지금처럼 아무렇게나 내둘리지는 않을 텐데요. 그랬다면 저는 여전히 좋은 감도를 유지하며 차분히 여러분의 건강을 지키고 있을 텐데요.

저를 한낱 소모품으로 여기는 풍토, 그것이 문제입니다. 안일하고 오만한 발상이에요. 그 부메랑이 점점 커지고 있습니다. 그것은 마치 '회색코뿔소'처럼 튀어나와 언젠가 여러분의 건강을 짓밟을 터입니다. 요즘 인간 세상에 잠재해 있는 위험 요소 제1호, 특히 경제학자들이 즐겨 인용하는 무자비한 그 회색코뿔소 말입니다.

저는 요즘 부쩍 능력의 한계를 느낍니다. 여러분이 도와주셔야 해요. 해결사는 결국 여러분 자신이거든요. 제가 무책임한 호르몬인가요. 지금부터 제 이야기의 한가운데로 들어갑니다.

두 번째 이야기

맛있는 것들의 비밀

단맛, 그 영원한 향수

'가공식품 산업의 쌀', 설탕

달콤한 맛, 들큼한 맛, 달짝지근한 맛, 다디단 맛, 감미로운 맛……. 또 있을 것입니다. 단맛을 표현하는 말들입니다. 여러분이 가장 좋아하는 맛이죠. 이 맛을 싫어하는 이가 과연 있을까요. 사람뿐만이 아닙니다. 짐승이나 곤충도 먹이에 단맛이 있으면 훨씬 게걸스럽게 먹지 않습니까. 심지어 대장균 같은 미물조차 단맛이 있는 쪽으로 더 활발한 움직임을 보인다더군요.[1]

생각해보면 여러분이 단맛을 좋아하는 것은 본능의 하나일 수 있습니다. 단맛의 근원은 당류이고, 당류는 여러분의 몸 안에서 포도당이 됩니다. 포도당은 가장 효율적인 에너지원이라고 했잖아요. 수백만 년 동안 여러분의 조상들은 '단맛이 나는 것은 무조건 먹어야 한다'는 생각에 사로잡혀 있었습

니다. 에너지 결핍 시대였으니까요. 일종의 생존 전략 차원으로 생각하면 이해가 되죠.[2]

그런데 어찌된 일입니까. 생존의 비밀 코드였던 그 맛이 요즘에는 가장 피하고 싶은 맛이 되어버렸습니다. '단것은 먹지 않겠다'거나 '너무 달아서 싫다'거나 하는 말들이 당연한 듯 자연스레 여러분의 입에 오르내리지 않습니까. 그 황홀한 맛이 왜 이렇게 급전직하急轉直下했을까요.

저는 설탕 때문이라고 생각합니다. 물론 설탕 혼자만의 책임은 아니겠지요. 다만, 설탕이 가장 큰 책임자라고 보는 것입니다. 설탕은 그야말로 단맛 덩어리잖아요. 단맛 그 자체이면서 '가공식품 산업의 쌀'이라고 불릴 만큼 현대인 식생활에서 높은 존재감을 자랑합니다. 그 가공할 카리스마가 오늘날에는 비난의 화살을 한 몸에 받는 처지가 되었지요. 칼로리 덩어리이자 만병의 근원이라는 것입니다.

딜레마네요. 유전자에 각인되어 있음에 틀림없는 그 황홀한 맛을 포기하라는 말인가요. 어떤 분은 "단것 먹는 재미로 산다"고 하던데요. 건강도 중요하지만 미각의 즐거움도 무시할 수 없잖아요. 스트레스를 푸는 가장 좋은 방법이 초콜릿 먹기라고 하는 이도 있더군요. 그런 분에게 단맛을 포기하라고 하는 것은 너무 가혹한 처사가 아닐까요. 스트레스 때문에 오히려 건강을 해치지나 않을지.

저는 단맛과 함께 잔뼈가 굵은 호르몬입니다. 단맛에 관한 한, 어떤 과학도 저의 감각을 따라올 수 없습니다. 제가 판결사가 되겠습니다. 단맛을 포기하라는 말씀이 아닙니다. 즐기십시오. 다만 한 가지, 유념하실 것이 있습니다. 단맛이라고 해서 다 같은 단맛이 아니라는 사실입니다. 설탕도 마찬가지입니다. 설탕이라고 다 같은 설탕이 아닙니다. 이렇게 말씀드리면 좀 혼란스러우실지 모르겠네요. 이어지는 제 말씀을 잘 들어보세요.

15

귀한 손님

자연과 가까운 비정제설탕

30여 년 전, 일본 에히메 대학과 긴키 대학 공동연구팀이 재미있는 실험을 했습니다. 실험쥐에게 백설탕이 들어 있는 먹이를 두 달간 먹였습니다. 혈액에서 중성지방의 농도가 현저히 높아졌습니다. 호르몬인 저의 농도도 높아졌습니다. 고지혈증과 고인슐린혈증을 동시에 보인 것입니다.[1]

이번엔 그 먹이에 백설탕 만들 때 분리한 '흑갈색 물질'을 함께 넣었습니다. 똑같이 실험쥐에게 먹였습니다. 신기하게도 이때는 고지혈증과 고인슐린혈증이 나타나지 않았습니다. 혈액에서 과산화지방이 오히려 줄어든 것으로 확인되었습니다. 과산화지방은 지방 산화물입니다. 중성지방이 덜 만들어졌음을 시사합니다. 또 흑갈색 물질이 소장에서 포도당 흡수를 억제하는 현상

도 관찰되었습니다.[2]

이 실험 결과가 의미하는 바는 무엇일까요. 그렇습니다. '백설탕만 먹지 말라'는 뜻입니다. 설탕을 먹으려면 분리해놓은 흑갈색 물질을 함께 먹으라는 뜻입니다. 흑갈색 물질에 뭔가 들어 있음을 강력히 암시하죠. 당연히 사탕수수에서 온 '손님'이겠지요. 사탕수수 손님치고는 아주 귀한 손님.

설탕을 흔히 정제당이라고 하죠. '정제'란, 말 그대로 '깨끗이 씻는다'는 뜻입니다. 너무 깨끗이 씻다 보니 다른 자연 물질이 거의 없습니다. 99.7퍼센트 이상이 '수크로스', 즉 자당蔗糖 성분입니다.[3] 순도 높게 정제한 수크로스 결정은 색깔이 하얗지요. 정제당 하면 눈처럼 하얀 백설탕이 떠오르는 이유입니다. 그만큼 순수하다는 뜻이죠.

무엇이든 극단은 좋지 않지요. 음식의 경우 특히 그렇습니다. 지나치게 순수한 음식은 위험에 가까울 수 있습니다. 눈처럼 하얀 백설탕은 저에겐 무척 낯선 물질이랍니다. 수백만 년 동안 인간의 몸속에서 일해오면서 저희 호르몬 종족은 그런 고순도의 당류를 만난 적이 없거든요. 여러분의 몸에 백설탕이 들어오면 어떻게 처리해야 할지 모르겠어요.

사실 고지혈증이니 고인슐린혈증이니 하는 신종 병마들이 대개 설탕 같은 당류가 제대로 대사되지 못하기 때문에 생기는 불협화음 아닙니까. 그 정도 소란으로만 끝나면 다행이에요. 설탕은 만병의 근원이라고 하잖아요. 그 이유가 대부분 저와 관련이 있답니다. 모든 불상사는 결국 당류를 정제했다는 것, 다시 말해 '정제당'이라는 사실에서 비롯합니다.

난마亂麻에는 쾌도快刀가 답인 법. 차분히 생각해보시지요. 설탕은 다 정제당이어야 하나요. 그렇게 꼭 깨끗이 씻어 만들어야 하나요. 그렇지 않지요. 반드시 정제해야 하는 것이 아니지요. 실제로 정제하지 않고 만든 설탕이 있잖아요. 이름하여 '비정제설탕'입니다. 사탕수수 즙액을 그대로 가열·농축하여 만듭니다. 이 설탕에는 사탕수수의 다른 성분들이 함께 들어 있습니다. 색깔이 희지 않지요. 누르스름하거나 거무죽죽하지요.[4]

비정제설탕

저는 설탕을 싫어합니다. 하지만 모든 설탕을 싫어하는 것은 아닙니다. 비정제설탕은 좋아합니다. 그 안에 뭐가 들어 있는지 잘 알거든요.[5] 여러분은 기기로 분석해야 알지만 저는 감각으로 압니다. 저에게 워낙 소중한 '절친'이니까요. 비타민·미네랄을 비롯한 수많은 식물성 영양분이 바로 그들입니다. 천연 항산화제도 많고요.[6] 물론 저와 아삼륙인 섬유질도 빼놓을 수 없지요. 앞에서 말한 흑갈색 물질의 '손님'이 바로 그들이랍니다. 비정제설탕이 희지 않은 것도 그 친구들이 있어서죠.

사탕수수 손님들 가운데 제가 특히 자랑하고 싶은 친구가 '폴리페놀계' 물질입니다. 희생정신이 무척 강한 친구들이에요. 몸 사리지 않고 저를 도와

줍니다. 활성산소라고 있잖아요. 유해산소라고도 하죠. 쉽게 말해 불량배 같은 녀석들입니다. 툭하면 공포감을 조성해요.[7] 흉기를 지니고 있거든요. 그 흉기를 폴리페놀들이 모두 빼앗아버린답니다.[8] 이 '정의파 친구'가 바로 천연 항산화제예요.

사탕수수에는 사실 좋은 친구가 꽤 많답니다. 하나 더 소개해드리자면, '글루코시드계' 물질입니다. 이 친구들은 장내에서 포도당의 흡수를 억제·지연시킵니다.[9] 포도당을 혈액으로 천천히 들여보내주죠. 저에게 얼마나 고마운 친구인가요. 제가 서두를 필요가 없잖아요. 식물성 식품에 필수적으로 들어 있는 식이섬유도 같은 역할을 하는데, 글루코시드와 함께라면 효율성이 훨씬 좋아집니다.[10]

이들 '멋쟁이 친구'가 지키고 있는 비정제설탕. 뭐니 뭐니 해도 저와 낯설지 않다는 점이 매력이지요. 물론 여러분 몸에도 낯설지 않습니다. 백설탕과 달리 심뇌혈관 건강을 해치지 않는 것이 그래서일 터. "비정제설탕에는 고혈압과 당뇨병 억제 인자가 있다"는 연구가 그 증거입니다.[11] 동맥경화의 위험성을 줄여준다는 연구도 있고요.[12] 심뇌혈관 건강과 무관하게, "비정제설탕이 면역력을 좋게 함으로써 암을 억제한다"는 보고도 있습니다.[13] 동물실험에서는 생식력을 높인다는 연구까지 있네요.[14]

그렇다고 비정제설탕을 밥 먹듯 마구 퍼먹자는 이야기는 아닙니다. 비정제설탕도 어디까지나 가공품이라는 사실을 주목하십시오. 가열 처리 과정에서 자연 물질이 어느 정도는 훼손될 수밖에 없습니다. 또 비록 '비정제'라도 당류인 만큼 많이 먹으면 칼로리 과잉 섭취의 우려도 있고요. 백설탕을 대신해서 쓰자는 차원에서 이해해주시면 좋겠습니다.

식품을 판단할 때 제가 중시하는 원칙이 하나 있습니다. '자연식품 철학'이 살아 있는지 여부입니다. 가공식품이라도 이 철학이 살아 있으면 좋은 식품입니다. 여러분의 몸은 자연의 일부잖아요. 그 안에 들어 있는 저도 자연의 일부고요. 자연 속에는 자연 물질을 넣어야지요. 비자연 물질을 넣으면 삐걱거릴 수밖에 없습니다. 비정제설탕은 자연식품 철학이 살아 있는 식품입니다. 정제설탕은 그렇지 않지요.

비정제설탕은 지역에 따라 이름이 다양합니다. 머스코바도, 파넬라, 라파두라, 재거리, 고쿠토, 브라운슈거……. 모두 비정제설탕을 가리키는 용어들입니다. 맛이나 색상, 입자의 크기 등도 산지에 따라 조금씩 다릅니다. 여러분 기호에 맞는 제품을 선택해서 드시면 됩니다. 중요한 것은 '정제를 했느냐 안 했느냐'입니다.

16

페이크 세상

검다고 다 흑설탕인가?

설탕에서 '정제'와 '비정제'의 차이는 하늘과 땅만큼이나 큽니다. 그 차이를 가장 알기 쉽게 보여주는 것이 색깔이지요. 희지 않은, 황갈색 또는 흑갈색이 비정제를 상징합니다. 다만, 이때 반드시 유념하실 것이 있습니다. 설탕이 거무죽죽하다고 해서 다 비정제는 아니라는 사실입니다. 여러분의 눈은 사물을 재빠르게 판별해내지요. 하지만, 빠른 만큼 쉽게 오류를 범하기도 합니다.

요즘 '페이크 뉴스'가 세간을 어지럽히곤 하죠. 페이크 뉴스란 쉽게 말해 가짜 뉴스입니다. 뉴스에 가짜가 있는 것처럼, 식품에도 가짜가 있답니다. '페이크fake 푸드'라고 들어보셨는지요. '포우faux 푸드'라고도 합니다.[1] 서양 사람들이 쓰는 용어인데, '가짜식품' 또는 '속임수 식품' 정도로 해석하시면 되겠네요. 페이크 푸드는 가장 먼저 여러분의 눈을 속이지요.

그 대표적인 제품이 시중의 흑갈색 설탕입니다. 여러분이 흔히 '흑설탕'으로 알고 계신 제품이지요. 이 설탕의 흑갈색을 보고 자연을 연상하십니까. 속임수에 속으셨습니다. 그 거무죽죽함이 색소의 작품이거든요. 무늬만 비정제설탕이지 실제로는 '비정제'가 아닙니다. '페이크 푸드 제1호'로 지목하고 싶네요.

비록 페이크 푸드라 해도 해롭지만 않으면 괜찮을 텐데요. 유감스럽게도 해롭습니다. 가짜식품 공통의 숙명이지요. '가짜'와 '유해성' 사이에는 은밀하면서도 단단한 연결 끈이 있답니다. 그 끈의 실체가 뭔지 아세요? 드디어 제 이야기의 핵심에 이르렀습니다. 가짜를 진짜처럼 위장하기 위한 비밀 병기, 어떤 전문가는 마법의 가루라고도 하는, 그 이름 '식품첨가물'입니다. 가짜가 성립하기 위한 필수 조건이지요. 가짜식품에는 반드시 식품첨가물이 들어가야만 해요. 식품첨가물이 있기에 가짜식품이 있는 것입니다.

식품첨가물을 모르는 분은 물론 안 계시겠지요. 줄여서 그냥 '첨가물'이라고도 합니다. 학계에서 가끔 '식품 케미컬'이라는 용어를 쓰죠. 식품첨가물을 가리킨다고 보시면 됩니다. 첨가물은 대개 화학물질로 이루어져 있잖아요. 하지만 다 화학물질인 것은 아닙니다. 설탕을 비롯한 정제당도 넓은 의미에서 첨가물이라고 할 수 있어요. 또 가공식품에 주로 사용하는 기름, 즉 정제가공유지도 첨가물로 볼 수 있고요. 제가 말씀드리는 식품첨가물은 정제당·

정제가공유지·화학물질을 가리킵니다.

여러분은 이 첨가물에 대해 어떻게 생각하시는지요. 대체로 너그러이 보아넘기시지 않을까요. 아니면 거의 생각해본 적이 없으시든가. 저에게 물으신다면, 요즘 말로 '완전 비호감'입니다. 아니, '악의 축'이라고 표현하는 것이 낫겠네요.

그 녀석, 즉 첨가물이란 존재가 태어난 뒤 저의 세상은 급격히 탁해졌습니다. 저와 고질적으로 악연 관계를 유지하며 오늘까지 그야말로 '잔혹사'를 써오고 있지요.[2] 저뿐만이 아닙니다. 다른 호르몬도 마찬가지입니다. 실은 여러분 몸을 이루는 모든 구성체가 식품첨가물 하면 하나같이 고개를 절레절레 흔든답니다.

그 예를 적나라하게 보여주는 것이 시중의 흑갈색 설탕이에요. '비정제'의 탈을 쓴 가짜 흑설탕이라고 했지요. 자연의 느낌이 뚝뚝 떨어지는 그 흑갈

비정제설탕(색소 없음)

시중의 흑설탕(카라멜색소 사용)

색이 색소의 작품이라고 했습니다. 흑갈색을 가장 적절하게 내주는 카라멜색소가 사용되죠. 색소는 여러분의 눈을 현혹하는 대표적인 첨가물입니다.

색소는 대개 제가 경멸하는데, 카라멜색소가 '비호감 제1호'입니다. 저의 일을 노골적으로 방해하거든요.[3] 이 색소가 있으면 저는 일이 손에 안 잡힙니다. 당연히 업무에 차질이 생길 수밖에 없죠. 과연, "카라멜색소가 인슐린 저항을 일으킨다"는 보고가 벌써 나와 있군요.[4]

의외로 많은 분들이 이 사실을 잘 모르시더라고요. 가짜 흑설탕을 자연의 설탕, 즉 비정제설탕으로 잘못 알고 있어요. 천만의 말씀이죠. 옷만 보고 사람을 판단하십니까. 차라리 백설탕이 낫습니다. 백설탕보다 더 심하게 저를 괴롭힌답니다. 정제당과 색소가 동시에 달려들잖아요. 양날검을 휘두르는 격이에요.

카라멜색소는 지구촌에서 가공식품에 가장 많이 사용하는 색소입니다.[5] 그야말로 '색소의 제왕'이라 할 수 있죠. 이런 녀석이 저를 옥죄고 있으니 제가 본분을 다할 수 있겠습니까. 엉뚱하게 건강 파괴자 짓을 할 수밖에요.[6] 여러분 두 분 건너 한 분씩 대사증후군인 이유를 알 만하네요. 지구촌에 현대병, 즉 생활습관병이 팬데믹처럼 창궐하는 이유도 알겠고요.

그래도 명색이 색소의 제왕인데……, 제가 너무 야멸차게 비판하나요? 이유가 있습니다. 카라멜색소가 대사증후군에만 연루해 있는 것이 아니기 때문입니다. 그 녀석은 여러분의 몸에서 정말 고약한 짓을 많이 한답니다. 물론 식품첨가물이라는 것이 생래적으로 비슷하지만요.

17

검붉은 오아시스

팬데믹을 부채질하는 콜라

넘을 수 없는 사차원의 벽. 요즘 말로 '넘사벽'이라고 하죠. 청량음료를 대표하는 콜라야말로 넘사벽 같은 음료가 아닐까요. 카라멜색소가 색소의 제왕이라면 콜라는 음료의 제왕입니다. 그럼, 안전은요? 제 아무리 '넘사벽'이라도 안전하지 않으면 의미가 없죠.

죄송합니다. 건강 지킴이의 눈으로 볼 때 콜라는 안전과는 거리가 먼 음료입니다. 멀어도 꽤 먼, 그래서 절대로 가까이하면 안 되는 음료입니다. 먼저 회초리질 받아 마땅한 것이 발암성. 콜라에 발암물질이 들어 있다는 이야기 들어보셨나요.

그렇습니다. 들어 있습니다.[1] 무척 중요한 이야기죠. 전 세계인이 가장 많이 마시는 제왕급 음료에 발암물질이라니요. 유감스럽게도 많은 분들이 잘 모르십니다. 콜라는 자주 마시면서도, 또 암은 두려워하면서도 정작 이 음료에 발암물질이 녹아 있다는 사실은 모르십니다. 유력 언론들이 잘 보도하지 않거든요. 왜일까요. 글쎄요, 호르몬으로서 주제넘은 말씀일지 모르겠습니다만, 콜라 회사의 입김이 너무 세기 때문 아닐까요. 광고 시장에서 둘째가라면 서러워할 큰손이 콜라 회사잖아요.

어디서 왔을까요. 그 불청객, 발암물질은? 물일까요, 용기일까요. 둘 다 아닙니다. 색깔에 비밀이 있습니다. 콜라는 검은색이지요. 그 검은색의 정체가 색소인데, 다름 아닌 카라멜색소랍니다. 이 색소에 발암물질이 들어 있었습니다.[2] 그 녀석이 그대로 콜라로 옮겨간 것이죠. 이름까지 알려졌습니다. 바로 '이미다졸'이라는 물질입니다.[3] 색소의 제왕이 각종 암까지 일으킨다는 이야기네요.

요즘엔 구분이 없어졌습니다만, 종전에는 식품첨가물을 천연첨가물과 화학첨가물로 나누었지요. 해로운 첨가물 하면 늘 화학첨가물을 떠올렸습니다. 천연첨가물에 대해서는 대체로 관대했고요. 이 이분법적인 생각이 카라멜색소에 대한 경계를 풀게 한 것은 아닌지요. 안일이 대개 위험을 부르잖아요. 카라멜색소는 천연첨가물에 속했거든요.

저는 첨가물을 '천연'이냐, '화학'이냐로 나누는 것이 무의미하다고 생각합니다. 왜냐하면 천연첨가물이라 해도 제조 과정에서 화학물질이 마구 사용되거든요. 카라멜색소에도 화학물질이 여럿 들어갑니다.[4] 발암성을 띠는 것이 그래서예요. 천연첨가물이라고 해서, 예컨대 천연색소라고 해서 안심하면 안 된다는 말씀이죠.

그뿐만이 아닙니다. 카라멜색소가 숨기고 있는 위험한 칼춤이 또 있습니다. 팬데믹 시대의 금기어, '면역력 약화'입니다.[5] 이 사실엔 중요한 시사점이 들어 있어요. 발암물질이 몸에 들어왔다고 해서 암에 걸리는 것이 아니잖아요. 면역기능만 제대로 작동하면 암세포가 자라기 어렵습니다. 카라멜색소는 괘씸하게도 면역기능을 옥죈 상태에서 암세포를 만듭니다. 여러분 몸이 암세포들의 활극장으로 된다는 말씀이지요. 참으로 간악한 녀석이네요.

카라멜색소의 못된 짓은 마치 양파 껍질 같습니다. 벗길수록 자꾸 나옵니다. 이번엔 염증이에요. 여러분 몸에, 특히 혈관 내벽에 미세한 염증을 만듭니다.[6] 심뇌혈관질환을 떠올리셨다면 전문가 수준이시네요. 고혈압, 동맥경화, 심근경색, 심장마비, 뇌졸중 등 고질적인 현대병의 원인이 되죠.

약 50만 톤! 매년 지구촌 사람들의 입으로 들어가는 카라멜색소의 양입니다.[7] 식품첨가물을, 그것도 색소 한 가지를 수십만 톤 단위로 사람이 먹는다고요? 식품에 색소 하나를 그렇게 많이 쓴다고요? 놀라운 일이 아닐 수 없습니다. 불과 1세기 전만 해도 희소병이었던 암. 지금은 사망 원인 1위에 올라 있지요. 당연한 귀결이네요. 물론 카라멜색소 하나에만 책임을 물을 일은 아니겠습니다만.

쓴소리가 또 저절로 나옵니다. 저는 여러분을 이해하기 어렵습니다. 일개 호르몬으로서 드릴 말씀은 아닙니다만, 참으로 한심하십니다. 왜 그런 물질을 음식에 넣어 드십니까. 여러분이 과연 이성적 존재입니까. 자칭 만물의 영장이시죠. 맞습니까.

가장 큰 공로자는 어떤 식품일까요. 카라멜색소를 제왕의 자리에 등극시킨 식품 말입니다. 그 색소를 물 쓰듯 쓰는 식품이겠죠. 검붉은 색을 띨 것이고, 엄청난 생산량을 자랑하는 제품이겠죠. 제 짐작이 맞다면 콜라일 것입니다. 지구촌에 매년 억 톤 단위의 물량이 쏟아져 나오는, 그야말로 음료 시장의 레전드가 콜라잖아요.[8] 발암물질을 머금은 그 가공할 '액체사탕'은 오늘도 여러분의 식도를 통과합니다. 여러분 몸 안에서 온갖 못된 짓을 해댑니다. 저 같은 호르몬을 겁박하는 일도 그 가운데 하나죠. 무례하게 콩팥과 간에까지 위해를 가하기도 하고요.[9]

저는 특히 음료를 싫어합니다. 같은 해로운 물질이라도 물에 녹여마시면 더욱 해롭거든요.[10] 여러분 몸에서 빠르게 왈칵 흡수되기 때문이에요.[11] 사탄이 흉기를 들고 로켓처럼 달려드는 격이죠. "액상의 가공식품이 비만과 대사증후군을 촉진한다"는 동물실험 결과를 주목하십시오.[12] 첨가물 용액인 청량음료가 저를 더 괴롭힌다는 뜻입니다. 여러분은 아무 생각 없이 마시지만 그것을 온몸으로 견뎌야 하는 저는 그야말로 '죽을 맛'이랍니다.

콜라

당시럽, 설탕, 기타과당, 이산화탄소, 카라멜색소, 인산, 향료, 카페인. 콜라의 '뼈와 살'입니다. 모두 첨가물이네요. 물만 빼고 하나같이 저를 못살게 구는 녀석들이잖아요. 여러분 몸에서 콜라를 좋아하는 것은 미각 말초 외에는 없을걸요. 매년 20만 가까운 인명이 지구촌에서 사라지고 있습니다. 콜라를 비롯한 청량음료의 희생자들이에요.[13] 아, 요즘엔 그 숫자가 훨씬 늘었겠네요. 팬데믹 시대라서요. 콜라가 인체에 남긴 '검붉은 상처'가 면역력 약화와 대사증후군이잖아요. 그 상처를 입은 인체는 코로나 바이러스에겐 최상의 '오아시스'입니다.

콜라 라벨에서 특히 '기타과당'이 저의 심기를 긁네요. 아시죠? 기타과당. 종전의 '액상과당'을 말합니다. 액상과당이 기타과당으로 이름이 바뀌었습니다. 과당 함량이 상대적으로 높은, 시럽 형태의 액당液糖이죠. 이 녀석에게 제가 유독 불편한 심기를 내비치는 것은 왜일까요.

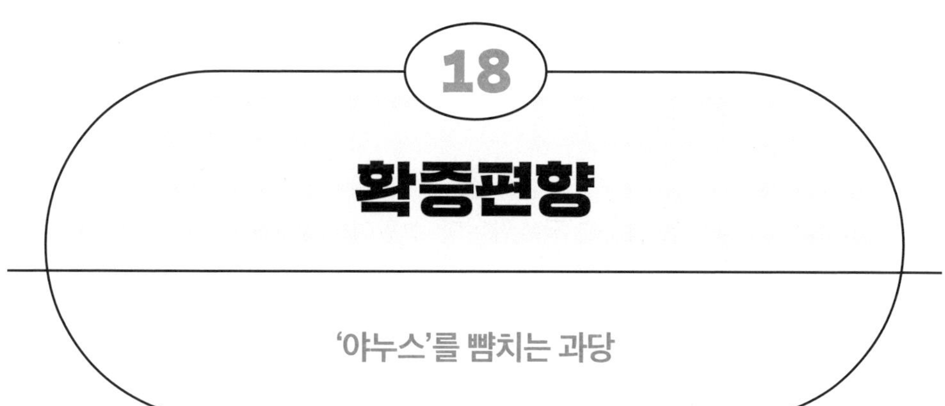

18 확증편향

'야누스'를 빰치는 과당

과당은 포도당과 쌍벽을 이루는 단순당입니다. 과일에 많이 들어 있다고 해서 과당이라는 이름을 갖게 됐다고 하더군요. 영어로는 '프룩토스'라고 합니다. 과일을 의미하는 '프루트fruit'에서 따왔겠죠. 하지만 가공식품에 당류로 흔히 사용되는 과당은 과일과는 거리가 멉니다. 출신이 옥수수거든요. 대개 옥수수 전분을 가공하여 만들지요.

앞서 말씀드렸듯 과당은 '단당류'입니다. 당 분자가 한 개로 되어 있다는 뜻이에요. 포도당과 결합하여 설탕을 만든다고 했지요. 설탕은 그래서 당 분자가 두 개인 '이당류'입니다. 당 분자가 3개 이상 결합되면 분자가 더 커지는데, 이것을 '다당류'라 합니다. 여러분이 잘 아시는 올리고당이 다당류에 속합니다. 더 커지면 덱스트린이 되고, 또 더 커지면 전분이 됩니다. 분자가 커질수록 단맛은 약해지지요.

과당은 저에겐 좀 야릇한 당류랍니다. 설탕이나 포도당은 여러분 몸에서 혈당치를 빠르게 올리잖아요. 저를 혹사하는 것이 그래서인데요. 과당은 다릅니다. 혈당치를 그다지 많이 올리지 않아요.[1] 이 대목에 자못 의미가 있습니다. 일반 단순당이 지닌 생래적인 흠결이 과당엔 없다는 뜻으로 해석할 수 있으니까요.[2] 당연히 저에게도 부담을 주지 않겠지요.

과당의 이런 차별성은 대사 경로가 좀 다르다는 점에 기인합니다. 포도당은 여러분이 먹으면 소화·흡수되어 혈액으로 흘러들어가잖아요. 과당은 대부분 간으로 갑니다.[3] 간에서 분해되죠.[4] 혈당치를 당연히 덜 올리겠지요. 과당이 한때 '웰빙당'으로 통했던 이유입니다. 당뇨병 환자도 거리낌 없이 먹곤 했으니까요. 약국에서도 팔았습니다. 어땠을까요.

'아뿔싸'였습니다. 여러분 사회에서 요즘 '확증편향'이라는 말을 많이 쓰더군요. 보고 싶은 것만 보고 판단한다는 뜻이지요. 과당이 웰빙당이라는 생각이야말로 확증편향의 전형이었습니다. 옆에서 보고 있는 저는 안타까울 따름이죠.

과당이 간에서 분해된 뒤가 문제였어요. 십중팔구 지방으로 변하거든요. 주로 중성지방이죠.[5] 이것들이 다 어디로 가겠습니까. 만만한 곳이 지방세포예요. 비만이 빠르게 진행됩니다. 복부비만부터 시작되지요.[6] 고지혈증은 이미 와 있고요.[7]

이때 지방 중 일부는 잘게 쪼개져서 저의 일터로도 들어옵니다. 이 지방 조각들이 또 꼴 보기 싫은 '혐오 아이콘'이에요. 정결한 저의 일터에 흙탕물을 튀깁니다.[8] 제가 일할 맛이 나겠습니까. 당연히 인슐린저항이 오고 대사증후군으로 이어지지요.[9] 당뇨 증상은 더욱 악화하고요.[10] 확증편향의 죄과치고는 좀 심하네요.

과당은 사실 교활한 당류랍니다. 언뜻 보기엔 저를 성심껏 배려하는 듯해요. 하지만 뒤에서 호시탐탐 저를 해코지하지 못해 안달입니다. 두 얼굴을 한 '야누스 당류'랄까요. 당 대사 호르몬으로서 단언하건대, 과당이 포도당이나 설탕보다 더 나쁩니다.[11] 저만 괴롭히는 것이 아니거든요. 여러분 몸의 장기에까지 몹쓸 짓을 해댑니다. 가장 괴로운 장기가 아마 간肝일 것입니다.[12]

간은 아시다시피 틈나는 대로 쉬어야지요. 툭하면 피로가 쌓이니까요. 간이 좀 쉴라치면 과당이란 녀석이 몰려와서 난리 법석을 떠는 것이에요. 과당이 간에서 분해된다고 했잖아요. 과당을 자주 먹는 것은 간을 혹사한다는 뜻입니다. 게다가 과당이 분해되면 지방으로 변한다고 했잖아요. 그 지방이 간에도 쌓입니다. 지방간이 진행되겠네요. 그렇습니다. '비알코올성 지방간'입니다.[13] 과당이 간 건강을 해치는 실제 시나리오죠.

그뿐인가요. 요즘 여러분 세상에 뜬금없이 고착화하는 현대병이 하나 있더군요. 꽤나 극성맞아서 젊은이들도 마구 공격해댑니다. 다름 아닌 '통풍'이에요. 이 질병도 음식과 관계가 깊죠. 전문가들은 통풍의 주범으로 한국인의 소울푸드 격인 '치맥'을 꼽더군요.[14] 치맥 외에 또 책임져야 할 작자가 바로 과당입니다. 과당을 많이 먹으면 여러분 몸에서 요산 성분이 크게 늘어나거든요.[15] 요산을 먹고 자라는 것이 통풍이지요. 요즘 말로 '불한당의 끝판왕'이 과당이네요.

과당은 다른 당류에 비해 단맛이 좀 강합니다. 단맛도 깔끔하고 경쾌한 특징이 있죠. 같은 단당류인 포도당에 비해 가공식품 업자들에게 훨씬 인기 있는 이유입니다. 과당의 종류에는 두 가지가 있어요. 결정과당과 기타과당입니다. 결정과당은 마치 설탕처럼 생긴 백색 결정입니다. 기타과당은 아까 액상과당이라고 했지요. 겉보기엔 물엿과 비슷해요. 투명한 시럽 형태의 액당이니까요.

과당 하면 보통 결정과당을 가리키지만, 실제로는 기타과당이 더 중요합니다. 가공식품에 주로 사용하는 쪽이 기타과당이거든요. 특히 음료의 경우 대부분 기타과당을 씁니다. 값이 싸고 사용하기 편하기 때문이죠. 액당인 만큼 따로 물에 녹이는 작업이 필요 없잖아요. 맛 측면에서도 음료에는 설탕이나 포도당보다 과당이 더 잘 어울립니다.

다이어트 음료

어이없는 것은 이 교활한 과당이 건강 이미지를 내세우는 이른바 웰빙 음료에까지 넘나든다는 사실입니다. 젊은 여성을 타깃으로 하는 유명한 다이어트 음료가 있지요. 색깔은 단아한

오렌지색입니다. 기타과당과 결정과당이 함께 들어 있네요. 어처구니없는 일입니다. 다이어트 음료에 과당이라니요. 비만과 대사증후군 병실의 현상범이 과당이잖아요. 미국을 '비만대국'으로 만든 것이 기타과당입니다.[16] 이런 음료에 정말 다이어트 효능이 있을까요. 엉뚱하게 '수명을 다이어트'하는 것이나 아닐지.

건강 이미지를 표방하는 음료가 또 있습니다. 운동하고 나면 당연히 마셔야 하는 음료로 각인되어 있지요. '이온음료'라는 것. '스포츠드링크'라고도 합니다. 이 음료에도 역시 과당이 사용됐군요. 기타과당입니다. 유명한 스포츠 스타를 광고 모델로 내세우지요. 그 선수처럼 여러분의 몸도 튼튼해질 수 있다는 콘셉트입니다. 과연 그럴까요. 튼튼해지는 것은 오히려 현대병이 아닐까요.

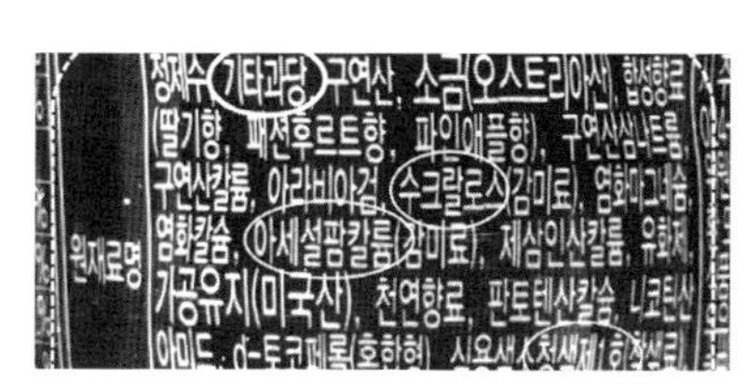

이온음료

식품에 과당을 쓰면 여러 가지로 좋습니다. '무설탕'이라는 이미지광고를 할 수 있잖아요. 실제로 그런 식으로 직접 선전하는 경우도 있습니다. 다이어트 음료도 그렇고, 이온음료도 그렇고 당 대사를 맡고 있는 저의 상식으로 볼 때 한마디로 웃기는 일이에요. 과당뿐만이 아닙니다. 이들 음료에 사용한 다른 원료들의 면면을 보세요. 하나같이 저를 핍박하는 첨가물들 아닙니까.

이온음료에서 또 저의 심기를 건드리는 녀석이 합성감미료입니다. 과당만으로는 단맛이 좀 미흡했을까요. 합성감미료를 합석시켰네요. 그것도 두 가지씩이나.

양치기 소년

합성감미료의 민얼굴

'수크랄로스'와 '아세설팜칼륨'. 이온음료 라벨에 약간 희미하게, 하지만 늠름하게 도열해 있는 이름입니다. 이 두 녀석이 바로 합성감미료랍니다. 당류 외에 단맛을 내는 또 다른 감미 소재죠. 화학첨가물이에요. 이 물질들의 특징은 '강력한 단맛'입니다. 설탕에 비해 단맛이 무려 수백 배에 달합니다. 업계는 다음 두 가지를 매력 포인트로 내세워 웰빙 소재라고 널리 홍보하고 있지요.

첫째, 칼로리가 없다는 점입니다. 합성감미료는 워낙 단맛이 강해 식품에 쓸 때 향료처럼 소량씩 씁니다. 단맛만 있고 실체는 없는 물질이라고 보시면 됩니다. 다이어트 식품에 안성맞춤이겠죠. '살찔 염려 없이 마음껏 단맛을 즐기시라'는 매력적인 카피 문구와 함께.

둘째, 혈당치를 올리지 않는다는 점입니다. 합성감미료는 당류가 아니죠. 화학물질입니다. 포도당 성분이 없습니다. 당연히 혈당치를 올릴 일이 없죠. 이 말이 의미하는 바는, 여러분이 합성감미료를 먹어도 당 대사 호르몬인 저의 도움이 필요 없다는 이야기입니다. 혈당치가 올라가지 않으니 제가 출동할 일이 없지요. '인슐린을 배려하는 감미 소재'라고 일각에서 찬사를 보내는 이유입니다.

합성감미료가 저를 배려한다면……, 그럼 여러분의 건강도 배려할까요. 정작 중요한 것은 그 대목이겠지요. 여기서 또 확증편향이라는 말이 떠오르는 것은 웬 조화일까요. 보이는 것만 보고 판단한 결과였습니다. 이런 것은 진작 저에게 물으셔야지요. 제가 단맛 전문 호르몬이잖아요. 저의 안테나에 잡힌 합성감미료의 본모습은 전혀 딴판이랍니다.

먼저, 당분이 없는데 달콤하다? 여러분 몸엔 꽤 이상한 일이에요. 미각과 두뇌 사이에 심각한 '인지부조화'가 발생합니다. 에너지대사 시스템이 삐걱거리죠.[1] 잦으면 고장 날 수 있습니다. 칼로리만 없으면 다인가요? 지방 분해를 억제함으로써 오히려 살을 찌울 수 있습니다.[2] 과식을 유도하여 비만을 불러올 수도 있고요.[3] 다이어트 감미 소재라고요? 천만에요. 매력 포인트가 알고 보니 '경계 포인트'였어요.

합성감미료가 저를 배려한다는 이야기도 어불성설입니다. 제가 순진하기 때문일까요. 저는 숱하게 합성감미료에게 놀림을 당한답니다. 이솝 우화에 나오는 '양치기 소년'이 생각나네요. 합성감미료는 저에게 그 양치기 소년 같은 존재예요. 사연은 이렇습니다.

'백 퍼센트 책임 완수!' 제가 신앙처럼 암송하는 좌우명입니다. 저의 일이 워낙 중요하니까요. 이 좌우명을 실천하기 위해 저는 항상 한 발짝 먼저 움직이는 습관이 있습니다. 여러분이 단맛을 느끼는 순간, 저는 벌써 일터로 출동하는 식이죠.[4] 단맛을 느꼈다는 것은 여러분이 당류를 먹었다는 뜻이고, 곧 혈당치가 올라간다는 신호잖아요. 호르몬 세계의 오랜 상식으로는 그렇습니다.

그럼 혈당치를 안정시켜야지요. 저는 정확히 임무를 완수하기 위해 미리 나가서 준비합니다. 세포들은 잘 있는지, 식사 준비는 되어 있는지, 식욕은 어떤지 등을 점검합니다. 저의 열쇠는 잘 듣는지도 확인해봅니다. 저의 이런 발 빠른 움직임을 두고 전문가들은 '반사성 인슐린 분비'라고 하더군요.[5]

이때 여러분이 드신 것이 당류가 아니고 화학물질이었다면 어떻게 될까요. 즉, 단맛의 실체가 합성감미료였다면요. 단맛만 느꼈지 실제로 혈당치는 오르지 않겠지요. 감미료엔 포도당 성분이 없다고 했잖아요. 일터에서 기다리던 저는 허탈해집니다. 만반의 준비를 하고 야심차게 출동했지만 할 일이 없네요.[6] 합성감미료 녀석에게 속은 것입니다.[7] 시쳇말로 '호구'가 된 것이죠. 싱거운 호르몬이라고 세포들이 뒤에서 비웃습니다.

여러분은 몸 안에서 이런 일이 일어난 것을 전혀 알지 못하지요. 합성감

미료를 또 드십니다. 단맛을 또 느끼십니다. 저는 반사적으로 또 출동합니다. 또 허탈하게 되돌아옵니다. 이런 일이 연이어 일어납니다. 허탈감이 분노로 변합니다. 저는 다시는 '그놈'에게 속지 않겠다고 다짐합니다. 합성감미료가 양치기 소년이 된 사연이에요.[8]

이번에는 여러분이 진짜 당류를 드십니다. 단맛을 느끼시겠죠. 당연히 출동해야 할 저는 멈칫합니다. 합성감미료란 녀석에게 또 속는 것이나 아닌가 하는 의구심이 들어서죠. 제가 주저주저하는 사이 여러분 몸의 혈당치는 정상 범위 밖으로 높이 치솟습니다.

뒤늦게 상황을 파악한 저는 부랴부랴 뛰어나갑니다. 하지만 많이 늦었습니다. 헐레벌떡 거칠게 일을 마무리해버립니다. 함께 일하는 다른 호르몬이나 효소들이 눈살을 찌푸립니다. 무엇보다 저의 천생 고객인 세포들이 불만을 내뱉습니다. 무자비하고 불성실한 호르몬이라고 손가락질합니다. 이런 일이 자주 발생합니다.

저는 자책하고 또 자책합니다. 결국 자괴감에 빠집니다. 사기를 잃습니다. 체념합니다. 의욕이 사라집니다. 만사를 포기합니다. 이것이 뭡니까. 인슐린저항에 걸린 것입니다. 아주 심각한 인슐린저항이죠. 그렇습니다. 합성감미료는 인슐린저항을 일으키는 주범이랍니다.[9] 이런 연구는 무척 많아요.

그뿐만이 아닙니다. 합성감미료란 녀석은 치졸한 방식으로 저의 발목을 잡곤 한답니다. 여러분 몸의 장내腸內에는 저와 아삼륙인 친구들이 꽤 많거든요. 이름하여 '프로바이오틱스', 즉 유익한 미생물이지요. 이 친구들도 기특하게 저의 일을 돕는데, 문제는 화학물질에 약하다는 점입니다. 특히 합성감미료에 취약해요.[10] 자주 치명상을 입곤 합니다.

이 결과 또한 저의 업무 차질로 나타나죠. 여러분 몸에 고혈당이 올 수도, 저혈당이 올 수도 있습니다. 심한 경우 당뇨병으로 발전할 수도 있지요.[11] 합성감미료가 저에게 친화적이라고요? 천만에요. 차라리 백설탕이 나을 지경입니다.

아노미의 씨앗

합성감미료 형제들의 난폭성

합성감미료 집안에는 형제가 여럿 있습니다. 수크랄로스와 아세설팜칼륨 외에, 사카린이나 아스파탐 따위도 업계에서 오랫동안 사랑받아온 감미료지요. 이 형제들은 공통점이 있습니다. 단맛이 무척 강하다는 점, 하지만 당류가 아닌 화학물질이라는 점입니다. 이런 공통점이 인슐린저항과 비만의 원인이라고 앞에서 살펴보았지요. 그 결과는 당연히 대사증후군으로 연결되고, 21세기의 에이즈인 당뇨병으로 악화할 수 있습니다.[1]

이 병리적 아노미의 씨앗은 오직 하나, 합성감미료와 저의 불협화음에 있습니다. 그 결과가 생활습관병이라는 이름의 '현대판 전염병'으로 꽃피는 것이죠. 문제는 그 '저주의 꽃'이 이들 합성감미료가 숨기고 있는 어두운 그림자의 다가 아니라는 사실입니다. 반쪽에 불과합니다. 또 다른 반쪽이 있다는 뜻이에요. 화학공장 태생이라는 점에서 이 녀석들이 각각 갖는 개별적인 유해성이 그것입니다. 물질별로 하나하나 살펴보시죠.

먼저, 수크랄로스입니다. 이 녀석은 단맛의 양상이 설탕과 비슷하다는 특징이 있습니다. 감미료 천국인 미국에서 인기를 독차지하고 있는 이유죠. 인기가 있으면 안전해야 할 텐데요. 동물실험에서 염증과 악성종양을 만든다는 사실이 드러났습니다.[2] 암과의 관련성을 의심할 수 있죠. 또 자주 먹게 되면 장내 미생물 균총이 나빠진다는 연구도 있습니다.[3] 면역력이 떨어지고 감염성 질환의 노크를 자주 받는 빌미가 되죠. 팬데믹 시대에 특히 조심해야 할 물질이네요.

다음, 아세설팜칼륨입니다. 이 녀석은 대개 다른 감미료와 함께 씁니다. 단독으로 쓰면 단맛 뒤에 쓴맛이 살짝 뜨거든요. 강점은 안정성安定性입니다. 식품 가공 과정에서 여간해서 변질하지 않아요. 하지만 이 물질 역시 발암성 논란을 피하지 못하고 있습니다.[4] 유전독성이 있기 때문이에요.[5] 또 신경계에 악영향을 줄 수 있다는 연구도 있습니다.[6] 오래 먹게 되면 인지 기능이 나빠질 수 있다는 뜻이죠. 콜레스테롤 관리에도 좋지 않습니다. 당뇨병 환자의 경우 나쁜 콜레스테롤 수치를 올린다는 보고가 있습니다.[7]

그 다음, 사카린입니다. 이 녀석에 대해 모르는 분은 안 계시겠죠. 한국인들이 가장 먼저 먹었던 합성감미료입니다. '사카린나트륨'이라는 이름으로 허가되어 있지요. 이 감미료에 대해서는 그동안 말들이 참 많았습니다. 가장 큰 논란이 발암성이었지요. 암과의 결탁설이 워낙 강했던 까닭에 사용 허가는 나 있었지만 거의 존재감을 드러내지 못했습니다.

그러던 중 얼마 전에 큰 반전이 있었지요. '사카린은 사람의 몸에서는 암을 일으키지 않는다'는 것. 실험동물에서나 암을 일으킨다는 것이었습니다. 기다렸다는 듯 곧바로 이 녀석의 족쇄가 풀렸지요. 이젠 어린이 식품에까지 거침없이 쓸 수 있게 되었습니다. 어떻게 생각하시는지요. 뭔가 억지스러움이 감지된다면 저만의 느낌일까요. 원래 식품첨가물의 유해성은 동물실험 결과를 보고 판단하는데요. 그렇습니다. 여전히 의혹의 눈초리를 거두지 않는 전문가들이 있습니다.[8] 미국공익과학센터CSPI에서는 사카린을 '꼭 피해야 할 첨가물'로 지정해놓았네요.[9]

사카린은 단맛을 가장 값싸게 낼 수 있는 첨가물입니다. 식품 업계에게는 더없이 매력적인 물질이죠. 이 녀석의 족쇄가 풀린 것은 업계의 집요한 로비 때문이라고 생각합니다. 식품첨가물의 유해성보다 더 무서운 것이 이런 무분별한 로비가 아닐까요.[10] 로비에 쉽게 무너지는 당국의 처사도 마찬가지지만요. 설사 발암물질이 아니라도 사카린은 피하셔야 합니다. 알레르기를 일으킨다는 의혹이 따로 있거든요.[11] 사카린은 감미료이기 이전에 소독약 또는 방부제로 사용되어온 점을 주목하십시오.[12] 충분히 경계하고도 남을 녀석이죠.

끝으로, 아스파탐입니다. 이 녀석은 허가될 때부터 많은 유해성 논란에 휩싸였습니다. 논란의 중심에 있었던 것이 뇌종양입니다. 학자들은 '뇌종양을 일으킨다는 사실이 은폐되었다'고 주장합니다.[13] 그럼에도 허가 절차가 진행되어 결국 승인이 났지요. 유해성 논란은 아직도 진행형입니다. 계속 해롭다는 보고가 나옵니다. 이제까지 나온 것만 해도 만 건은 족히 될걸요.[14]

근래 들어서는 아스파탐이 신경과학자들의 집중 포화를 받고 있습니다. 신경계를 손상하는 신경독성물질이라는 것입니다. 신경과학자들은 이런 물질을 '흥분독소'라고 칭하더군요.[15] 신경계를 과도하게 흥분시켜 독성을 가한다는 뜻입니다. 그 대표가 아스파탐인 것이죠.[16]

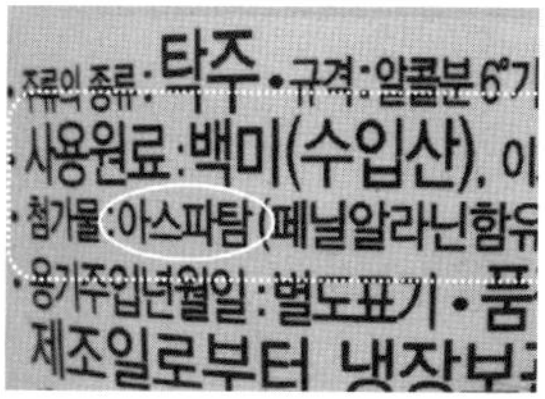

아스파탐 하면 떠오르는 음식이 있지요. 아, 음식이 아니고 술이군요. 한국인의 자부심이자 자랑인 '막걸리'입니다. 라벨을 보십시오. 십중팔구 '아스파탐'이라는 리본을 달고 있지 않습니까. 유독 저의 눈살을 찌푸리게 하는 장면입니다. "아스파탐을 에틸알코올과 함께 섭취하면 신경독성이 더 커진다"는 연구가 있거든요.[17] '술에 아스파탐을 넣어 마시지 말라'는 강력한 경고죠.

막걸리

이 사실을 막걸리 업계는 모르고 있을까요. 모르고 있다면 직무 유기이고, 알고 있다면 도덕적 해이입니다. 여러분이 자랑하는 전통주가 뇌종양을 일으키고 신경계를 손상하는 술이 되어버렸잖아요. 값진 진주가 하찮은 돌

쪼가리로 추락한 꼴입니다. 합성감미료 본연의 해코지, 대사증후군 따위는 별도지요.

여러분은 막걸리를 왜 드십니까. 물론 좋아서 드시겠지요. 뭐가 좋으십니까. 맛이 좋으십니까. 여러분이 막걸리 맛을 아십니까. 요즘 젊은이들이 알고 있는 막걸리 맛은 진짜 막걸리 맛이 아닙니다. 인공감미료라는 화학물질 맛입니다. 해롭지만 않으면 괜찮지요. 해로우니까 문제지요. 호르몬으로서 드릴 말씀은 아닙니다만, 참 딱하십니다.

그럼 그 아끼는 전통술을 이젠 등져야 하나요. 그럴 리가요. 시야를 조금만 돌려보십시오. 썩 괜찮은 막걸리가 있습니다. '무첨가 막걸리'입니다. 안전하게 진짜 막걸리 맛을 즐길 수 있는 길이 있다는 말씀입니다. 그런 막걸리를 선택하는 분이 많아지면 돌 쪼가리가 다시 진주로 되돌아갈 것입니다.

전통의 우월성

물엿과 조청의 차이

무색투명한 시럽상의 액당液糖. '물엿'입니다. 물엿을 모르는 분은 안 계시겠죠. 설탕과 경쟁관계인 듯하면서 보완관계인 당류죠. 과자와 빵·케이크·크림·조미식품 등 가공식품에는 물론이고, 전통식품인 장류 등에까지 두루 사용됩니다. 어떤 분은 집에서 요리할 때 설탕 대신 물엿을 쓴다고 하더군요. 이때는 설탕과 물엿이 경쟁관계겠지요. 과자나 빵의 경우에는 설탕이 바늘이라면 물엿은 실입니다. 두 당류를 늘 같이 쓰거든요. 이때는 서로 보완관계가 되겠네요. 액당을 대표하는 물엿, 어떤 당류일까요.

그런 질문은 저에게 하셔야지요. 제가 바로 당류 감별사 아닙니까. 제가 좋게 느끼면 좋은 당류입니다. 나쁘게 느끼면 나쁜 당류고요. 당 대사를 책임지고 있는 호르몬의 감각으로 말씀드리겠습니다. 물엿 역시 나쁜 당류입니다. 설탕 대신 물엿을 선택하셨다면 올바른 선택이 아닙니다. 호랑이를 피하기 위해 늑대 굴로 들어간 격입니다.

이유는 간단해요. 액당이지만 정제당이잖아요. 물엿에 비타민·미네랄·섬유질 등 자연의 영양분이 있습니까. 당연히 없지요. 수분을 빼면 거의 100퍼센트 당류예요. 당류 중에 가장 많은 것이 포도당입니다.[1] 그래서 물엿을 '포도당 시럽'이라고도 하죠. 서양에서는 '글루코스 시럽'이라고 합니다. 경우에 따라 '콘 시럽'이라는 말을 쓰기도 하고요. 주로 옥수수로 만들거든요. 원료가 옥수수 전분이지요.

옥수수로 만든다고요? 저의 심기가 또 불편해지는 것은 왜일까요. 이 대목에서 유전자 변형 농산물을 생각하셨다면 여러분도 식품 전문가십니다. 물엿 공장에서 국산 옥수수를 쓸 리가 없지요. 당연히 수입 옥수수지요. 수입 옥수수라면 거의 대부분 유전자가 가위질된 것일 터. 그렇습니다. 물엿은 대표적인 'GMO 당류'랍니다.[2]

원료뿐만이 아니에요. 유전자 조작의 그림자는 물엿 제조 과정에도 숨어 있습니다. 전분을 분해할 때 쓰는 '효소'가 범인입니다. 효소는 대개 미생물이 만들지요.[3] 이 미생물들의 정체가 불분명한데, 유감스럽게도 유전자 변형 논란에 휩싸여 있습니다.[4] 그러고 보니 과당 생각이 나는군요. 과당도 마찬가지로 옥수수 전분으로 만든다고 했잖아요. 그럼 과당 공장에서도 GMO 냄새가 나겠네요. 물론입니다.[5] 전분으로 만든 당류 공통의 숙명이지요.

뭐니 뭐니 해도 물엿의 허물은 정제당이라는 사실입니다. '당분 감시자'인 섬유질 친구가 없잖아요. 비타민·미네랄 친구도 없는 것은 마찬가지고요. 당연히 여러분 몸에서 혈당치를 빠르게 올립니다. 설탕이 하는 못된 짓을 물엿도 그대로 따라한다는 말씀이죠. 설탕이 걷는 길을 똑같이 걸어 인슐린저항과 대사증후군에 도달합니다. 결국 현대병이라는 종착역에서 설탕과 만나게 되죠.[6]

정답도 역시 같습니다. 설탕의 경우처럼 비정제당이 답입니다. 물엿 대신 '조청'을 권해드립니다. 조청은 물엿과 같은 액당이지만, 들여다보면 큰 차이가 있죠. '비정제 액당'이라는 사실입니다. 조청 만들 때 정제하는 과정이 있나요. 정제한다면 그것은 조청이 아니지요. 조청에는 저를 돕는 친구들이 무척 많습니다. 그만큼 저를 편안하게 해준다는 뜻이에요.

다만, 조청도 잘 선택하셔야 합니다. 반드시 '전통조청'이어야 합니다. 전통조청이란 '엿기름'을 사용한 조청이에요. 엿기름의 천연효소로 당화시켜 만들지요. 어떤 제품은 무늬만 조청인 경우도 있습니다. 이런 조청에는 물엿처럼 정체불명의 효소를 씁니다. 값이 싸고 당화 효율이 높기 때문이죠. 무엇보다 엿기름의 영양분을 기대할 수 없는 점이 불만입니다.

조청은 신뢰의 상징입니다. 가공식품에 조청을 썼다면 믿으셔도 됩니다. 그 제품을 만드신 분은 틀림없이 저를 배려하는 고운 마음의 소유자일 테니

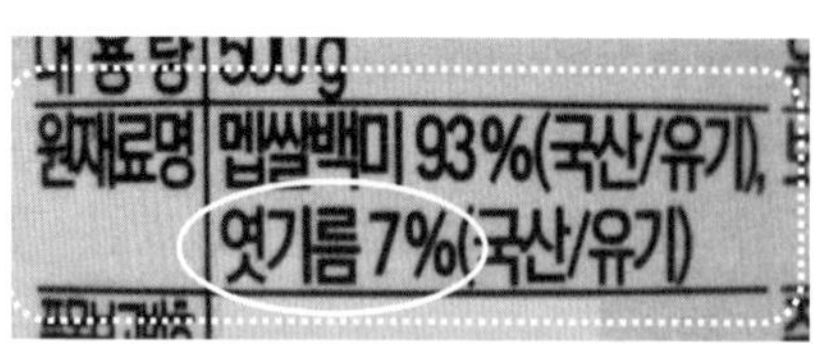

전통조청

일반조청(엿기름 없음)

까요. 그런 분의 사전에는 색소니 향료니 하는, 저와 대립각을 세우는 것들이 있을 리 없습니다. 아니, 식품첨가물이란 말 자체가 아예 없을지 모르겠네요. 첨가물 없이도 가공식품 만드는 방법을 이미 아는 분이니까요.

기타과당, 즉 액상과당의 대안으로는 '꿀'을 권해드립니다.[7] 꿀은 당류의 구성이 기타과당과 닮은 점이 많습니다. 물론 영양적으로나 맛, 색깔은 전혀 다르지만요. 제가 꿀을 추천하는 이유는 굳이 말씀드릴 필요가 없겠죠. 자연의 작품이잖아요. 비정제당이란 말씀이지요. 당도가 높긴 하지만 당분들이 비교적 온순합니다. 자연의 여러 유익한 물질들이 알아서 질서유지를 해주기 때문이죠. 실제로 여러 긍정적인 효과가 보고되어 있답니다.[8]

꿀은 저와도 관계가 좋습니다. 꿀이 있으면 왠지 일하기가 편해요. 저의 열쇠를 다루기가 훨씬 쉬운 느낌이랄까요. 어쩐지, "꿀이 인슐린저항을 개선한다"는 보고가 있네요.[9] 동의보감에서도 꿀을 예찬하잖아요. 예전에는 꿀을 약으로 쓰기도 했고요.[10] 꽤 오래전부터 저와 친밀감을 유지해왔다는 점이 꿀의 자랑입니다. 서로 잘 알지요. 자연식품 공통의 특징입니다.

다만, 저와 친하다고 해서 꿀을 하염없이 퍼먹자는 이야기는 아닙니다. 꿀도 어디까지나 고당분 식품입니다. 칼로리 과잉 섭취의 우려가 당연히 있습니다. 예기치 않은 부작용이 나타날 수도 있고요. 기타과당 따위의 가공 당류 대신 꿀 같은 자연의 당류를 이용하자는 취지로 이해해주시면 좋겠습니다. 물론 꿀도 잘 선택하셔야 합니다. 자연과는 좀 거리가 있는 꿀도 있으니까요. '가공꿀'이나 '사양꿀' 같은 것이 그렇습니다.

천생연분

조물주의 배려 물질, 섬유질

꿀 이야기를 하고 보니 과일이 떠오릅니다. 둘 다 꽃에서 온 식품이지요. 그래서인지 공통점이 있습니다. 중심 당류가 과당이라는 점입니다. 과일을 대표하는 사과나 배의 경우 당분에서 과당이 차지하는 비율이 60퍼센트 정도나 됩니다. 과당과 저의 악연을 생각할 때, 그럼 과일도 기피 식품에 해당할까요.

이 질문의 답은 쉽지요. 과일도 꿀처럼 기피 식품이 아닙니다. 그 이유도 쉽습니다. 과일이야말로 대표적인 자연식품 아닙니까. 과일에는 꿀 못지않게,

아니 꿀보다 더 많이 자연의 유익한 물질이 들어 있습니다. 저에겐 하나같이 금쪽같은 친구들이죠. 그 친구들과 나누는 우정이, 과당을 비롯한 다른 단순당들과 빚는 갈등을 압도합니다.[1]

과일의 여러 친구들 가운데 제가 으뜸으로 치고 싶은 것이 '섬유질'입니다. 섬유소 또는 식이섬유라고도 하죠. 과일이라면 빠짐없이 자리를 꿰차고 있는 귀한 영양분입니다. 생각해보면 단맛이 나는 자연식품에는 반드시 섬유질이 들어 있지요. 조물주의 심오한 배려가 읽혀지지 않습니까. 당분이 들어 있는 식품을 설계할 때 벌써 저라는 호르몬을 염두에 두신 것입니다. 섬유질의 도움으로 제가 어려움 없이 임무 수행을 하도록 말이죠.

섬유질은 아시다시피 여러분의 몸에서 소화가 되지 않습니다. 예전에는 영양적 가치가 없는 물질로 무시했지요. 요즘 들어 현대병이 크게 유행하면서 그 중요성이 새롭게 조명되고 있습니다. 여러분의 소화기관에서 이런저런 좋고 나쁜 물질들의 관리자 역할을 하죠. 영양분이라도 너무 빨리 흡수되면 좋지 않잖아요. 인체 대사 리듬에 맞게 흡수 속도를 조절해주는 것이 섬유질입니다.[2] 발암물질이나 독소 같은 나쁜 녀석들은 조금이라도 빨리 몸 밖으로 내쫓고요.[3]

이런 때 천생연분이라는 말이 딱이네요. 섬유질이야말로 저와 천생연분이 아닐까요. 그 친구만 있으면 저는 걱정이 없거든요. 알아서 척척 도와주니까요. 당류를 비롯한 탄수화물의 소화와 흡수 속도 조절 외에, 놀랍게도 제가 세포들과 원만히 소통하도록 중재 역할까지 한답니다.[4] 이를 뒷받침이라도 하듯, "섬유질이 인슐린 감도를 좋게 한다"는 보고가 요즘 연이어 나오네요.[5]

대사증후군은 물론, 당뇨병 환자들이 눈여겨볼 대목이죠.

섬유질 친구의 존재감은 단맛 나는 식품에서 더욱 두드러집니다. 과일이 좋은 예죠. 대개 고당분 식품이잖아요. 여러분이 과일을 드시면 저의 일터에 당분이 당연히 왈칵 쏟아져 들어오겠죠. 그런데 이상하게 조금씩 들어오더라고요.[6] 알고 보니 섬유질 친구 덕분이었어요. 저의 일터를 면밀히 살피면서 당분을 천천히 들여보내주는 것이었습니다.[7] 제가 얼마나 편하겠어요. "과일이 인슐린저항을 개선한다"는 보고가 나오는 것이 그래서겠죠.[8] 이는 비단 당분 식품만의 이야기가 아닙니다. 모든 탄수화물 식품에 두루 해당하는 기초 상식입니다. 탄수화물이 소화되면 다 당분으로 변하니까요.

이런 착한 과일도 물론 과유불급입니다. 좋은 식품이라고 해서 너무 많이 먹는 것은 생각해볼 일이에요. '균형 식단 철학'을 깨는 결과가 될 수 있으니까요. 특히 내당耐糖 능력이 떨어지거나 당뇨병을 우려하는 분은 과일 섭취도 조절하실 필요가 있습니다. 부작용이 나타날 수 있거든요.[9] 과일은 좋은 식품임이 틀림없지만, 균형 식단의 금과옥조를 넘을 수는 없습니다.

'자연과 멀어지면 질병에 가까워진다'는 말이 있지요. 식생활에 잘 어울리는 명언입니다. '정제식품'에 대한 경고가 아닐까요. 정제식품이란 정제당, 정제곡류, 정제가공유지 따위를 말합니다. 이런 식품을 먹는 것은 자연의 섭리에 역행하는 행위예요. 조물주가 애써 넣어놓은 섬유질을 빼고 먹는 것이니까요. 다른 귀한 친구들도 모두 빠져 있습니다. 제가 줄기차게 '전체식全體食'을 권하는 이유랍니다. 전체식이란 자연식품을 통째로 먹는 것이죠.

친숙한 사이

청량음료보다 더 나쁜 주스

과일이 저에게 편한 식품인 것은 단지 영양분 때문만이 아닙니다. 먼 옛날, 수렵채집사회를 생각해보시죠. 야생 과일이 인류에게 꽤나 인기 식품 아니었을까요. 본능을 자극하는 단맛, 그 매혹적인 맛을 가장 쉽게 제공하는 먹거리가 과일이었을 터잖아요. 그렇습니다. 여러분 조상은 과일을 꽤 오래전부터 즐겨 먹어왔습니다. 그만큼 여러분에게 친숙한 식품이란 뜻이죠.

이 사실은 곧 과일이 저와도 친숙하다는 뜻입니다. 친숙한 사이에서는 여간해서 잡음이 생기지 않지요. 서로 잘 알기에 믿음의 끈이 단단합니다. 여러분 몸에 과일이 들어오면 저를 비롯한 모든 대사 주체들은 익숙한 동작으로 척척 맡은 일을 해내죠. 여러분 몸은 순풍의 돛단배가 됩니다.

문제는 이웃사촌만큼이나 친근한 이 자연식품도 가공을 하면 이야기가 달라진다는 것. 과일 가공품의 대명사, '주스'를 보시죠. 역시 여러분에게 친숙한 식품일까요. 역사에 답이 있습니다. 인류의 유구한 식생활 진화사에서 주스가 등장한 것은 극히 최근의 일이지요. 주스를 '마시는 과일'이라고 하면, 마시는 방식으로 과일을 먹는 것은 여러분의 몸에 무척 낯선 일입니다.[1] 저 같은 호르몬에게도 낯선 것은 물론이고요. 주스와는 평화를 노래하기에 뭔가 어색하다는 말씀이죠.

이론적으로도 설명이 가능합니다. 과일을 씹어먹으면 영양분을 그대로 다 섭취할 수 있잖아요. 주스는 그렇지 않지요. 영양분이 상당량 빠져나간 상태입니다. 특히 저를 살갑게 돕는 섬유질의 손실이 큽니다.[2] 이들 귀한 친구가 사라진 '액체과일'은 저에겐 이상한 존재예요. 저뿐만 아니라 여러분 몸의 다른 호르몬이나 효소들도 본능적으로 어색하게 느끼죠. 근본적으로 주스에 허물이 있다는 이야기네요.

하지만 뭐든 출신이 중요하지요. 주스에 비록 허물이 있다 해도 출신이 좋지 않습니까. 과일 태생이니까요. 과일은 워낙 좋은 식품이지요. 저뿐 아니라 저의 동료 호르몬들도 비록 어색하지만 그 액체과일에 적응하려고 열심히 노력 중입니다. 여러분이 주스를 너무 자주, 많이만 마시지 않는다면 그다지 큰 문제는 없습니다. 그런데…….

주스라고 다 똑같은 주스가 아니더라고요. 요상한 주스가 있더라고요.

또 페이크 푸드를 말해야겠네요. 가까이서 보니 진짜 주스가 아니었습니다. 주스의 탈을 쓴 가짜 주스였습니다. 제품 라벨을 보세요. 젖산칼슘, 합성향료, 구연산, 천연향료, 구연산삼나트륨, 스테비올배당체……. 이것들이 다 뭡니까. 식품첨가물 아닙니까. 이 녀석들이 안에 들어 있다는 이야기잖아요. 과일과 무슨 관계가 있죠? 하나같이 저를 핍박하는 녀석들이네요.

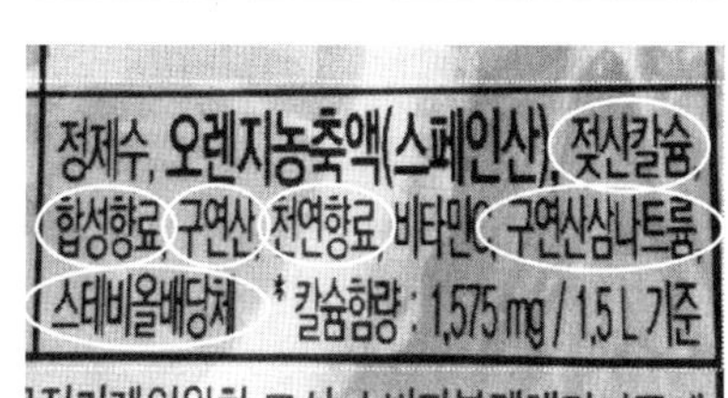

첨가물 오렌지 주스

더 허탈한 것은 이 가짜 주스 앞면에 나부끼고 있는 '깃발의 카피'입니다. "오렌지 100." 이 말이 의미하는 바는 뭔가요. '순수함'의 다른 표현 아닌가요. 오직 한 가지만 사용했다는 뜻의 강요적 암시죠. 그 '한 가지'는 물론 과일임이 틀림없는 오렌지일 터. 여기에 어떤 다른 물질이 섞인다는 생각은 허용되지 않습니다. 주스는 웰빙식품이란 인식이 여러분의 뇌리에 각인된 것이 그래서죠. 이 인식이 너무 순진했네요. 페이크 푸드는 이처럼 여러분 가슴의 순진한 틈을 파고들지요.

혼란의 주범은 '농축과즙'입니다. 주스의 원형질 격인 것이 과즙인데, 일반 주스의 경우 거의 대부분 농축과즙을 쓰지요. 농축과즙이란, 말 그대로 끓여서 수분을 빼낸 걸쭉한 즙액입니다. 보통 부피가 5분의 1 정도 되도록 농축하죠.[3] 이때 과일 고유의 맛과 향, 색깔 등이 온전할까요.

그럴 리가 없지요. 시중의 주스가 이처럼 식품첨가물 범벅이 된 사연이에요. 농축과즙에 물을 부어 양을 늘린 뒤, 정제당·색소·향료·산미료·유화제·안정제 등을 넣습니다. 사라진 맛과 향, 색깔을 되살리기 위해서죠. 문제는 농축 과정에서 저의 친구인 영양분들까지 손상된다는 사실입니다.[4] 소중한 친구들은 쫓겨나고 고얀 녀석들이 안방을 차지한, 주스 아닌 주스가 오늘날 여러분이 즐겨마시는 액체과일의 민얼굴이랍니다.

궁금한 것은 그 이유네요. 왜 과즙을 굳이 졸여서 쓸까요. 꽤나 번거로운 일일 텐데요. 크게 두 가지 이유가 있습니다. 첫째, 과즙을 수입해올 때 운송비를 줄이기 위해서입니다. 해상 운송비는 화물의 부피에 의해 결정되잖아요. 부피를 줄이면 그만큼 운송비가 줄어듭니다. 둘째, 과즙의 보관성을 좋게 하기 위해서입니다. 과즙을 농축하면 당도가 올라가죠. 당도가 높은 즙액은 변질 우려가 적습니다.

이 두 가지 이유는 업체에겐 더없는 매력이죠. 그럼 여러분의 건강에는요? 큰 위협입니다. 영양분 손실은 둘째 치더라도, 필연적으로 유해 첨가물을 부르잖아요. 이 첨가물들은 저를 못살게 구는 데 이골이 난 녀석들입니다. 아니, 불한당 같은 물질들입니다. 물론 저에게만 그런 것은 아닙니다만. 여기 명함을 내민 녀석 둘만 보실까요.

먼저 '구연산'입니다. 잘 아시죠, 구연산? 상큼한 맛을 내주는 인기 산미료입니다. 주스를 비롯하여, 아이들이 좋아하는 캔디·젤리·껌·음료 등에 거의 필연으로 들어가는, 첨가물 동네의 팔방미인이죠. 이 녀석은 그래도 '온건

파 첨가물'에 속해요. 비교적 안전한 물질로 알려져 있거든요.

그러나 위선이었나 봐요. 온순함 뒤에 저를 농락하는 교활함이 숨어 있었습니다. "구연산이 인슐린저항을 거쳐 대사증후군을 부를 수 있다"는 연구가 있습니다.[5] 구연산은 또 저와는 무관하게 염증을 만듦으로써 각종 질병의 원인이 될 수도 있지요.[6] 알레르기를 일으킬 수 있다는 보고도 있습니다.[7]

맨 뒤에 있는 '스테비올배당체'는 뭔가요. 이 주스에는 설탕이나 과당 같은 당류가 없지요. 하지만 마셔보면 달콤합니다. 그 비밀을 간직한 것이 스테비올배당체입니다. 그렇습니다. 감미료입니다. 다행히 합성감미료는 아니네요. 천연감미료네요. 스테비아라는 식물의 잎에서 추출하여 만들지요. 그럼 괜찮나요. 합성감미료와 오십보백보입니다. 여러 논란이 있는데, 대표적인 것이 '환경호르몬 짓'을 한다는 사실입니다.[8] 내분비계를 교란한다는 보고가 있지요.

스테비올배당체란 녀석은 저와도 악연이랍니다. 단맛의 강도가 합성감미료와 거의 비슷한 '고감미도 감미료'거든요. 그럼 생각나시죠. 이솝 우화에 나오는 양치기 소년. 그렇습니다. 이 감미료의 주성분인 '스테비오사이드'도 똑같이 '양치기 소년 짓'을 한답니다. 번번이 저를 속여 혼선에 빠뜨리죠.[9] 마찬가지로 인슐린저항을 거쳐 대사증후군을 부릅니다.[10] 칼로리는 없지만 비만의 원인이 될 수 있는 점도 합성감미료와 비슷해요.[11]

"식품첨가물이 들어 있는 주스는 청량음료보다 더 나쁘다."[12] 미국심장

협회AHA가 설파하는 경구입니다. 저절로 고개가 끄덕여지네요. 유해성도 유해성이지만, 이런 페이크 주스를 만드는 주스 업계의 관행적 비양심성이 더 못마땅하죠. 소비자 건강은 안중에도 없는, 오직 '생산 편의주의 사고'만 앞세운, 그래서 가공식품 전체를 욕보이는, 나쁜 가공식품의 전형이 이런 주스입니다. 그럼 주스는 무조건 배척해야 할 나쁜 식품의 대명사인가요. 주스는 다 그런가요.

법고창신

착한 비농축 '스트레이트 주스'

'법고창신法古創新'이라는 말이 있습니다. 옛것을 바탕으로 새것을 창조한다는 뜻입니다. 이 말에는 '근본을 잃지 말아야 한다'는 뜻과 '새롭게 바꾼다'는 뜻이 함께 담겨 있습니다. 이 철학으로 여러분의 식생활을 둘러보시죠. 간편성, 신속성에만 방점을 찍고 있는 것은 아닌지요. 물론 선사시대의 식생활로 돌아가자는 말씀은 아닙니다. '옛 선인들의 식생활을 본보기로 오늘의 건강한 식생활상을 창조하자'는 취지입니다.

저는 주스를 무조건 배척해야 할 식품으로 보지는 않습니다. 현대인이 워낙 바쁘니 만큼, '마시는 과일'도 나름대로 차선책이 될 수 있습니다. 더러는 과일을 주스로 만들어 마실 수도 있지요. 다만, 어떤 주스인지가 중요합니다. 과즙을 끓인 농축물에 다시 물을 붓고 해로운 물질을 섞어 겉모습만 그럴듯하게 꾸민, 주스 아닌 주스는 결코 차선책이 될 수 없습니다. 법고창신의 철학을 정면으로 위배하잖아요.

과즙은 귀하디귀한 자연의 창조물입니다. 왜 그것을 무식하게 끓입니까. 그런 가혹한 방법을 꼭 써야 합니까. 끓여 졸여놓고 보니 물을 다시 섞을 필요가 생기지요. 물을 섞으니 식품첨가물도 필요해지고요. 짜낸 즙액을 그대로 포장하면 안 됩니까. 희석할 필요가 없잖아요. 당연히 첨가물도 필요 없습니다. 맛·향·색깔이 살아 있으니까요. 이것이 바로 서양 사람들이 말하는 '스트레이트 주스'입니다.[1] 한국말로 하자면 '비농축 주스'쯤 되겠네요. '진짜 주스'지요.

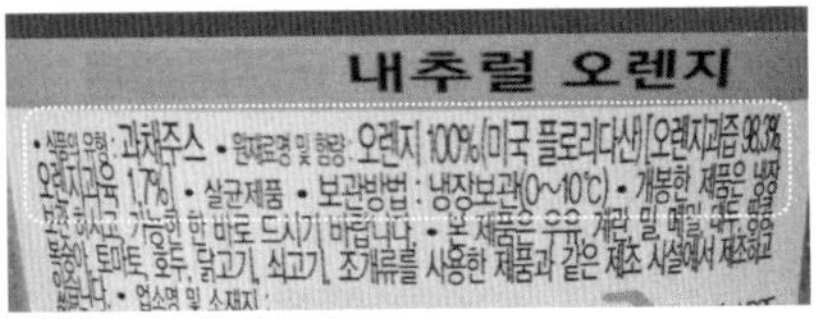

비농축 주스(수입)

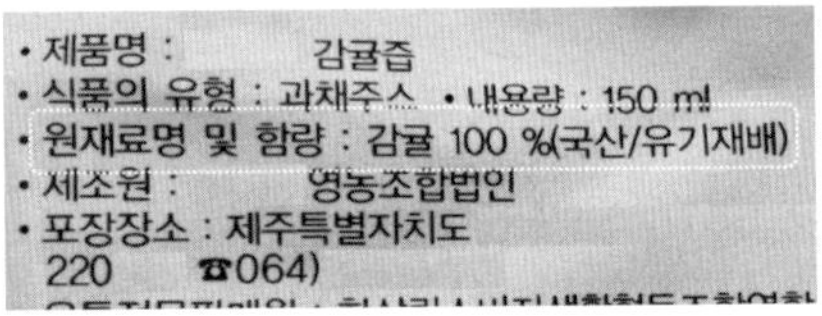

비농축 주스(국산)

결국 주스에도 진짜가 있고 가짜가 있다는 말씀입니다. 스트레이트 주스, 즉 비농축 주스가 진짜입니다. 겉만 비슷한 가짜와는 천지 차이지요. 우선 첨가물이 없잖아요. 해롭지 않다는 뜻입니다. 무엇보다 과일의 영양분이 거의 그대로라는 점이 매력이죠. 이런 주스는 법고창신의 철학을 충족합니다. 마시는 과일로서 충분히 차선책이 될 수 있는 이유예요.

다만 한 가지, 아무리 정직한 비농축 주스라도 너무 많이 드시지는 마십시오. 아무래도 영양분 손실이 있을 수밖에 없습니다. 특히 섬유질의 손실이 저에겐 뼈아픕니다. 진짜 주스라고 해서 물마시듯 드시면 제가 힘들어질 수 있습니다.[2] 주스는 어디까지나 최선책이 아닌 차선책이라는 점을 기억하십시오. 과일은 원래 씹어먹는 식품입니다. 분명한 것은 여러분의 몸이 주스라는 식품을 처리하기에 적합하지 않다는 사실입니다.[3] 특히 첨가물로 위장한 페이크 주스는 사절입니다.

과당 이야기가 꿀과 과일을 거쳐 주스까지 오게 되었네요. 주스라고 다 같은 주스가 아니듯, 과당이라고 다 같은 과당이 아닙니다. 다채로운 식물성 영양분의 지원을 받는 자연식품의 과당은 좋은 당입니다. 인위적으로 공장에서 대량생산하는 정제과당은 나쁜 당이고요. 백설탕이 나쁜 당인 이유와 똑같지요.

이 이론은 올리고당에도 그대로 적용할 수 있습니다. 채소, 과일 등 여러 자연식품에 올리고당이 조금씩 들어 있습니다. 이 자연의 올리고당은 좋은 당입니다. 반면에 설탕이나 전분 등을 가공하여 인위적으로 생산하는 올리고당도 있습니다. 이른바 정제올리고당입니다. 이런 올리고당은 좋은 당이 될 수 없습니다.[4]

칼에는 두 가지가 있습니다. 의사의 칼과 강도의 칼입니다. 전자는 사람을 구하지만, 후자는 사람을 해칩니다. 당糖도 마찬가지입니다. 좋은 당은 저를 배려함으로써 세포를 살리지만, 나쁜 당은 저를 핍박함으로써 질병을 만듭니다. 저의 관점에서 당류를 판단해주십시오. 저는 감각적으로 좋은 당과 나쁜 당의 차이를 압니다. 저의 감각은 과학보다 더 정확하답니다. 법고창신이 답입니다.

촌철살인의 경구

'면책특권'을 누리는 향료

제가 정제당만큼이나 싫어하는 것이 화학물질입니다. 특히 외부에서 들어온 낯선 화학물질이 딱 질색입니다. 그 녀석들은 저에겐 마치 외계에서나 만남 직한 '이티E.T.' 같은 존재랄까요. 낯설기도 하지만 행동거지가 참 기이합니다. 교묘한 방식으로 접근하여 저를 혼선에 빠뜨리죠. 이 녀석들만 만나면 저는 갈피를 잡지 못하겠습니다.[1] 현기증마저 느껴집니다.

제가 일할 때 열쇠를 이용하여 세포의 입을 연다고 했잖아요. 이 일 자체가 워낙 정교한 생화학반응의 하나거든요. 이때 다양한 종류의 생화학물질이 관여하는데, '이티' 같은 낯선 물질이 끼어들면 반응이 헝클어집니다. 열쇠가

말을 잘 안 듣는 사태가 벌어질 수 있죠. 당연히 저의 일에 지장이 생길 수밖에요. 그 귀결은 뻔하죠. 그렇습니다. 촌철살인의 경구, "화학물질이 인슐린저항을 일으킨다"입니다.[2] 이는 보통 문제가 아니에요. 현대인의 삶은 온통 화학물질 투성이잖아요. 대사증후군의 늪에 빠지는 것이 여름철 개울물에 발 담그는 것처럼 쉽다는 뜻입니다.

여러분 몸에 들어오는 화학물질은 이루 헤아릴 수 없이 많습니다. 그 가운데 제가 가장 자주 만나는 녀석이 단연 식품첨가물이죠. 특히 화학첨가물의 경우 거의 대부분 화학물질이잖아요. 공식적으로 등록된 품목만 해도 400가지가 넘어요. 이 말은 그럼, 비공식적인 첨가물이 또 있다는 뜻인가요. 그렇습니다. 바로 '향료'입니다. 착향료라고도 하죠. 여기엔 진짜 많은 화학물질이 사용된답니다. 수천 가지나 되니까요. 향료란 것이 본디 여러 화학물질을 섞어놓은 혼합물이거든요.[3]

향료는 오늘날 가공식품에서 그야말로 약방의 감초입니다. 시중의 일반 가공식품에서 향료가 들어가지 않는 제품이 있을까요. 식품의 핵심 품질인 '맛', 그것을 결정하는 비밀 아닌 비밀이 향료니까요. 식품에 향기 성분이 없으면 맛의 20퍼센트밖에 느끼지 못합니다.[4] 그 말은 즉, 향료를 쓰면 맛이 다섯 배로 강해진다는 뜻입니다. 맛을 '식품의 혼'이라고 하면, 향료가 바로 그

혼이라는 말씀이죠.

이토록 중요한 향료가 화학물질 덩어리라니요. 수천 가지 화학물질이 향료라는 이름으로 식품에 들어간다니요. 그 녀석들은 여러분 몸속에 흡수되어 세포층 깊숙이 스며들겠지요. 그곳에서 땀 흘리며 일하는 저에게 사사건건 시비를 걸겠지요. 건강 지킴이로서 제가 본분을 다할 수 있겠습니까. 인슐린 저항, 아니 대사증후군, 제 탓 아닙니다. 향료 탓입니다. 정확히 말해 화학물질 탓입니다. 물론 이런 현실을 고의인지 무지인지 자청한 여러분 탓이 먼저지만요.

향료는 사실 특혜 받은 첨가물이랍니다. 일종의 '면책특권'이랄까요. 안전성 검사 대상에서 늘 빠지거든요. 이유는 오직 하나, 사용량이 적다는 점입니다. 식품에 소량씩 쓰는 만큼 좀 해롭더라도 괜찮다는 것이죠. 맞나요? 그런 것은 저 같은 호르몬에게 물어보셔야지요. 아무리 적은 양이라도 낯선 화학물질이 들어오면 저는 금방 알아차립니다. 당장 저의 열쇠가 삐걱거리거든요. "유해 화학물질은 한 알갱이도 해롭다"는 한 노벨상 과학자의 갈파가 백번 옳습니다.[5]

저뿐만이 아니에요. 동료 호르몬은 물론, 각종 효소들에 이르기까지 외부 화학물질에 관한 한 저와 똑같이 낯설어합니다. 낯선 상대와는 협업이 어렵지요. 툭하면 분란이 생깁니다. 그 결과가 현대인의 몸에 툭하면 출몰하는 질병들, 즉 현대병이죠.[6] 암·비만·고혈압·심장병·뇌졸중·당뇨병입니다. 그 연장선에 알레르기성 질환, 과잉행동증ADHD, 치매, 정신질환도 있고요. 면역력 약화로 인한 팬데믹도 있습니다. 향료의 '반건강성'에 주목해야 하는 것이 그래서죠.

향료에는 합성향료와 천연향료가 있습니다. 요즘엔 가공식품 라벨에 천연향료가 많이 눈에 띄더군요. 천연향료는 괜찮을까요. 의미를 두지 마십시오. 오십보백보입니다. 만드는 방법만 다르지 결과물은 거의 같습니다.[7] 천연향료도 어차피 화학물질들이 높은 농도로 섞여 있는 혼합물이거든요. 합성향료니 천연향료니 하는 것은 여러분 세상에서나 통하는 분류 방식입니다. 저 같은 호르몬에겐 그 나물에 그 밥이에요.

음식에서 향미는 대단히 중요합니다. 맛의 본질이기 때문입니다. 코를 막고 음식을 드셔보세요. 삭막한 식탁이 될걸요. 저도 당연히 여러분이 음식을 맛있게 드시는 것을 원합니다. 하지만 그 맛이 향료의 작품이라면 찬성할 수 없습니다. 가짜 맛인 데다 안전하지 않기 때문이죠.

'무첨가 가공식품'은 '무향료'부터 시작해야 합니다. 향료 없이도 얼마든지 맛을 낼 수 있거든요. 특급 요리사가 제안하는 맛의 비결에 향료가 있나요. 없습니다.[8] 역시 자연 속에 정답이 있지요. 자연의 맛이 진정한 맛이자, 안전한 맛입니다. 그 진짜 맛을 만드는 것이 요리 솜씨이고, 식품 가공 기술이죠. 오늘날 식품회사들이 해야 할 일입니다. 물론 소비자인 여러분도 적극 협조하셔야죠.

착시와 난센스

착색료의 속살

화학물질 하면 빼놓을 수 없는 것이 '색소'입니다. 착색료라고도 하지요. 합성색소와 천연색소가 있는데, 특히 합성색소가 화학물질 덩어리입니다. '타르색소'라고 들어보셨겠죠. 합성색소를 대표하는 물질입니다. 콜타르를 주원료로 합성하여 만들죠. 이 색소는 원래 지구상에 존재하지 않는 물질입니다.[1] 순전히 사람에 의해 창조된, 백 퍼센트 인공물질이라는 말씀이지요.

지구상에 없던 물질이라 그런지, 타르색소는 여러분의 몸에서 정말 고약한 짓을 많이 합니다. 이 녀석의 발자취를 따라가보면 발암성, 신경독성, 최기형성, 생식독성, 알레르기, 과잉행동증ADHD 따위의 독침들이 줄줄이 사탕처럼 끌려나오지요.[2] 물론 낯선 화학물질이라는 점에서 저 같은 호르몬에게도 몹쓸 짓을 하고요. 공식 명칭은 '식용색소 ○색 제○호'입니다. 현재 한국에서는 빨강·파랑·노랑·초록 등 16가지가 허가되어 정식으로 사용되고 있습니다.

타르색소에 대해서는 나쁜 물질이라는 인식이 소비자에게 워낙 깊이 각인되어 있어서 요즘엔 업계에서도 사용을 자제하는 추세죠. 하지만 아직도 적지 않은 제품에 이 색소들이 여전히 똬리를 틀고 있습니다. 앞에서 말씀드린 이온음료의 색깔이 푸른색이지요. 건강을 상징하는 그 청명한 푸르름이 타르색소의 작품입니다. 라벨에 '청색 제1호'가 표기되어 있잖아요. 이 색소는 캔디, 껌, 젤리 등에 더 잘 어울립니다. 어린이 기호식품이라는 공통점이 있지요.

이 청색 제1호는 특히 더 주의해야 합니다. 타르색소 가운데 발암물질이라는 꼿말이 가장 선명한 녀석이라서요.[3] 저는 이 색소를 음료에 쓰는 것이 대단히 부적절하다고 생각합니다. 발암성 외에 또 고약한 습성이 하나 있거든요. "청색 제1호가 '글루탐산'과 만나면 발톱을 더욱 날카롭게 세운다"는 연구가 있습니다.[4] 색소의 독성이 더 커진다는 뜻이에요.

이 연구는 무척 중요합니다. 글루탐산이 뭡니까. 여러분이 음식을 먹으면 소화되어 만들어지는 아미노산입니다. 그 아미노산이 여러분의 몸 안에서 이온음료의 청색1호와 만날 것 아닙니까. 세포들이 더 심하게 훼손될 수 있다는 이야기예요. 실제로 그런 유형의 불상사가 요즘 들어 자주 벌어지곤 한답니다.[5] 바로 옆에서 보고 있는 저는 안타까울 따름이죠. 이는 타르색소만의 문제가 아닙니다. 또 음료만의 문제도 아니고요. 화학물질 전반을 경계해야 하는 강력한 이유죠.

타르색소는 제약회사에서도 많이 씁니다. 의약품에도 꽤 들어가거든요.[6] 소화제, 감기약 등 현대인의 필수 의약품에 색깔이 있다면 타르색소를 썼을 가능성이 큽니다. 약을 먹는 사람은 대개 면역력이 약하잖아요. 면역력이 약한 상태에서는 첨가물의 유해성이 더 클 수밖에 없습니다. 그러잖아도 의약품은 화학물질인데, 여기에 합성색소까지 섞이니……. 실은 색소뿐만이 아니죠. 향료나 감미료, 유화제, 보존료, 증점제 같은 녀석들도 의약품에 자주 모습을 드러냅니다. 다 비슷한 문제를 안고 있다고 봐야죠.

그래도 소화제나 감기약은 좀 나은 편입니다. 아플 때만 잠깐 복용하고 말잖아요. 의약품 중에 식품처럼 오랜 기간 지속적으로 먹는 제품이 있습니다. 비타민 보조식품 같은 경우입니다. 명색은 의약품이지요. 그러나 보조식품이란 말이 의미하듯 어디까지나 식품입니다. 여러분은 몸에 좋을 것이라는 기대에서 꾸준히 드시지요. 유감스럽게도 이런 보조식품에까지 타르색소가 무차별적으로 사용된답니다.

아스코르브산(직타용)(Ascorbic acid for D.C.)
(비타민C, 별규)(아스코르브산으로서 70.0mg) 72.2
토코페롤아세테이트2배산(Tocopherol acetate)
(비타민E, KP)(토코페롤아세테이트로서 20.0mg) 40.0
첨가제(타르색소): 적색40호, 청색2호, 황색203호
성상 적색의 필름코팅정

비타민 보조식품

첨가물뿐인가요. 이런 보조식품의 경우 밉살맞은 점이 또 있습니다. 비타민 성분을 보십시오. 비타민은 태

생이 중요하지요. ‘자연산’일까요. 그럴 리가요. ‘공장산’일 가능성이 큽니다. 인공 비타민이란 뜻이죠. 화학물질의 연장선에 있는 녀석들이에요. “인공 비타민은 ‘득’보다 ‘실’이 더 많다”는 주장이 그래서 나옵니다.[7] 실제로 “비타민 보조식품이 암 억제에 전혀 도움이 되지 않는다”는 연구가 있지요.[8] 오히려 더 해롭다고 밝히고 있습니다. 핀란드에서 처음 발표되었다고 해서 ‘핀란드 쇼크’라 부릅니다.

그로부터 10여 년 뒤, 덴마크의 코펜하겐에서도 비슷한 연구가 나왔습니다. 이번에는 사망률을 놓고 비타민 보조식품의 효능을 추적했습니다. 놀랍게도 비타민 보조식품을 먹은 사람들의 사망률이 더 높게 나타났습니다.[9] 이 연구는 ‘코펜하겐 쇼크’라 부르지요.

보조식품이란 것들이 대체로 비슷해요. 가장 대중적인 보조식품인 ‘비타민C 제제’의 경우, 많이 먹으면 신장결석의 위험이 커진다는 보고가 있습니다.[10] 역시 인기 보조식품인 ‘비타민E 제제’는 폐암 발병률을 높인다는 보고가 있고요.[11] 미네랄도 마찬가지입니다. “칼슘 보조식품이 심뇌혈관질환의 위험을 높인다”는 연구가 있습니다.[12] 시중의 건강보조식품 90퍼센트 이상이 인공 영양분으로 만든 제품이라는 사실에 힌트가 있지요.[13]

여러분의 몸에서 불철주야 땀 흘리고 있는 건강 지킴이로서 정중히 충고합니다. 보조식품 살 돈으로 하루 세 끼 ‘식생활의 품질’을 높이십시오. 영양분은 평소 식생활을 통해 섭취하는 것이 가장 안전하고 효율적인 방법입니다.[14] 요즘 들어 이런 내용의 연구들이 부쩍 많아졌네요. 캡슐이나 알약 몇 개로 영양분을 보충한다는 생각, 난센스입니다.

음식에서는 색깔도 향기만큼이나 중요한 품질 요소지요. 눈을 감고 음식을 먹으면 맛이 뚝 떨어집니다.[15] 하지만 그 먹음직스럽고 신선해보이는 색깔이 색소의 작품이라면 저는 역시 동의할 수 없습니다. 마찬가지로 가짜 색인 데다 안전하지 않기 때문입니다.

그래서 천연색소를 쓰신다고요? '천연'이라는 글자에 매몰되지 마십시오. 유효 성분은 화학물질입니다. 천연색소에도 이런저런 보조 물질을 함께 섞는데, 모두 화학물질이죠. 천연의 의미가 무색하다는 뜻입니다.

역시 자연 속에 정답이 있습니다. 모든 자연식품은 색을 가지고 있지요. 그 색을 식품에 그대로 살리면 됩니다. 자연의 색입니다. 진정한 식품의 색이자 안전한 색이죠. 믿을 수 있는 그 색을 식품에 예쁘게 살려내는 것이 가공기술입니다. 오늘날 식품회사들이 해야 할 일이지요. 건강보조식품이나 의약품도 물론 마찬가지고요. 의약품에까지 굳이 색을 낼 필요가 있을까 싶긴 합니다만.

제왕의 꼬리

MSG가 해롭지 않다고?

식품업계가 가장 애지중지하는 첨가물이 있다면 무엇일까요. 신제품 개발 담당자들에게 물으면 아마 답변이 하나로 모아질 것입니다. 다름 아닌 '엠에스지MSG'. 공식 이름은 'L-글루탐산나트륨'입니다. 이 물질을 모르는 분은 설마 안 계시겠죠. 맞습니다. 조미료입니다. 맛의 기본이자 '끝판왕' 격인 감칠맛, 그 맛의 주인공이죠. 저는 감히 '인공조미료의 제왕'이라고 부르고 싶네요.

MSG는 거의 모든 가공식품에 사용된다 해도 과언이 아니죠. 가공식품의 꽃인 과자와 빵에서부터 패스트푸드·인스턴트식품·조미식품·가공육·어육가공품·유가공품·발효식품·절임식품, 심지어 음료 등에 이르기까지, 식품

MSG 표기 사례

장르 전반을 폭넓게 넘나들며 여러분의 먹거리 문화를 지배하고 있습니다. 오늘날 이 MSG 없는 가공식품 산업을 생각할 수 있을까요.

현대인의 식단에서 광폭 행보를 보이는 만큼, 이 '마당발 첨가물'은 논란도 많습니다. 얼마 전에 "MSG가 해롭지 않은 것으로 밝혀졌다"고 언론들이 일제히 보도했지요. 많은 분들이 혼란스러워했습니다. 어떤 이는 다시 먹어야겠다며 MSG를 부엌에 사다 놨다고도 하더군요. 과연 그런가요. 정말 해롭지 않나요.

호르몬의 감각은 정확합니다. 또 공정합니다. 저의 정확하고 공정한 감각으로 말씀드리겠습니다. MSG, 해롭습니다. 무척 해롭습니다. 먼저 듣고 싶은 것이 저와의 피할 수 없는 악연이에요. MSG는 저를 못살게 구는 확실한 녀석 가운데 하나거든요. 저의 일을 심각하게 방해한답니다. 그 녀석이 있으

면 저는 도무지 일이 안 돼요. 당연히 인슐린저항을 일으키고 대사증후군의 뚜껑을 열죠.[1]

저와의 악연은 사실 빙산의 일각입니다. MSG는 그야말로 골칫덩어리예요. 이 녀석만큼 유해성의 꼬리가 긴 첨가물도 없을걸요. 최근의 연구 몇 가지만 공개하겠습니다. 망막세포를 손상한다는 연구(2002년)[2], 부신의 기능을 왜곡한다는 연구(2007년)[3], 당뇨병을 불러온다는 연구(2007년)[4], 두통을 일으킨다는 연구(2010년)[5], 비만의 원인이라는 연구(2011년)[6], 고혈압을 부른다는 연구(2012년)[7], 신장결석의 원인이라는 연구(2013년)[8], 정서불안을 일으킨다는 연구(2014년)[9], 신경독성물질이라는 연구(2014년)[10], 면역력을 약화시킨다는 연구(2014년)[11], 신장을 손상한다는 연구(2015년)[12], 췌장세포를 파괴한다는 연구(2015년)[13], 신생아 행동 이상의 원인이라는 연구(2016년)[14], 통각과민증을 일으킨다는 연구(2017년)[15], 기억력 손상의 원인이라는 연구(2018년)[16], 불임을 불러올 수 있다는 연구(2019년)[17], 심장독성이 있다는 연구(2020년)[18], 간장독성이 있다는 연구(2021년)[19]…….

이것들이 다가 아닙니다. 저의 안테나에 우연히 걸린 논문들만 몇 편 간추렸을 뿐입니다. 이런 논문은 무척 많습니다. 앞으로도 계속 나올 터입니다. 이런 연구를 해서 발표하는 학자들은 누구일까요. 속된 말로 '골 빈 사람들'인가요.

이들에겐 공통점이 하나 있습니다. '연구비를 식품 업계로부터 결코 지원받지 않는다'는 사실입니다. 업계에서 연구비를 지원받으면 그들의 이익에

반하는 결과를 발표하기가 쉽지 않습니다.[20] 연구비를 독자적으로 해결하기 때문에 결과를 곧이곧대로 발표할 수 있는 것입니다. 양심적인 학자들이라고 봐야죠.

"자연식품에도 MSG가 들어 있다." MSG 무해론자들이 합창하듯 내세우는 주장입니다. 무해론을 정당화시키는 근거가 되죠. 맞습니다. 자연식품, 이를테면 다시마·멸치·버섯·콩 등에도 MSG 성분이 들어 있습니다. 그러나 이 주장은 대단히 중요한 사실 하나를 무시하고 있습니다. '자연식품에 들어 있는 MSG와 인공조미료 MSG는 존재 형태가 다르다'는 점입니다.[21] 한 신경과학자의 설명을 들어보시죠.

"자연식품에서는 MSG가 '복합체'로 존재합니다. 복합체인 MSG는 아무 문제없이 인체 내에서 대사돼요. 하지만 인공조미료 MSG는 '고순도高純度의 유리된 단일 물질'입니다. 이런 형태의 MSG는 흡수되면 곧바로 혈액으로 흘러들어갑니다. 혈액 내 MSG 성분 농도를 20~40배로 높이죠. 신경독성을 비롯하여 면역력 약화 등 여러 유해성을 나타내는 이유입니다."[22]

MSG 결정 모습

이것도 결국 흡수 속도에 포인트가 있었네요. MSG가 저의 발목을 잡는 것도 그 녀석들이 저의 일터에 순간적으로 왈칵 쏟아져 들어오기 때문이었어요.[23] 복합체인 자연식품의 MSG는 여러분 몸의 대사 리듬에 맞게 천천히 흡수되어 들어올 텐데요. 이 문제도 그럼 '항상성 파괴'의 연장선에서 이해할 수 있겠네요. MSG가 해롭지 않다는 언론의 보도는 학계의 공통된 의견이 아닙니다. 일부 학자들의 편협한 주장일 뿐입니다.

사실 유해성 논란 이전에 식문화 차원에서도 MSG는 비난받아 마땅합니다. 원래 자연이 만드는 감칠맛은 다양하잖아요. 집집마다 김치찌개나 된장찌개 맛이 다른 것처럼요. 시중의 일반 가공식품은 어떻습니까. 붕어빵들처럼 맛이 천편일률적이지요. 요식업소의 음식들도 마찬가지고요. 여러분은 조미료 MSG에게 감칠맛의 다양성을 빼앗겼습니다. 그 녀석의 획일적인 맛만 일방적으로 강요받을 뿐입니다.

더 심각한 것은 '미각의 왜곡'이죠. 이는 단순한 식문화 차원을 뛰어넘는 범사회적 폐해입니다. MSG의 맛에 길들여지면 다른 맛과는 친해질 수 없거든요. 감칠맛이 워낙 강렬하고 작위적이어서 자주 접하게 되면 미각이 무뎌집니다. 심한 경우 미각 마비까지 갈 수 있어요.[24] 특히 성장기 아이들에게 심각합니다. 다가오는 '미래의 불행'이죠.

이런 MSG를 지키려는 업계의 노력은 정말 집요합니다. 세계 최대 MSG 제조사인 일본의 '아지노모토'는 그동안 마케팅 비용으로 천문학적인 돈을 뿌려왔습니다.[25] 그 거금이 어디서 나왔습니까. 여러분의 지갑에서 나온 것 아닙니까. 하지만 그 돈이 사용되는 곳에 여러분의 건강에 대한 고려는 없습니다. 집요한 로비 또는 진실 호도만 있을 뿐입니다.[26]

호르몬으로서 드릴 말씀은 아닙니다만, 갑자기 가습기 살균제 사태가 생각나네요. 한때 한국의 소비자들을 경악에 빠뜨렸던 불행한 인재人災지요. 이 불행은 아직도 진행형입니다. 저는 일차 책임이 보건당국에 있다고 봅니다. 하지만 학계와 언론도 책임에서 자유로울 수 없어요. 학자들만 양심을 지켰어도 사태가 이처럼 커지지는 않았을 텐데요. 언론도 마찬가지고요. 식품첨가물 문제도 비슷합니다. 속도만 느리게 진행될 뿐입니다.

여러분의 식생활 안전을 해치는 위해 요인에는 두 가지가 있습니다. 생물학적인 요인과 화학적인 요인입니다. 생물학적인 요인은 대표적인 것이 식중독이죠. 화학적인 요인은 식품첨가물이고요. 생물학적인 요인의 특징은 유해성이 곧바로 나타난다는 점입니다. 화학적인 요인은 유해성이 먼 훗날 나타나지요. 어느 쪽이 더 무서울까요.

MSG도 화학물질인 만큼 유해성이 훗날 나타납니다. 시간이 꽤 걸려요. 인과관계를 밝히기가 쉽지 않다는 뜻입니다. 잘못된 상식이 진실처럼 호도되는 것이 그래서가 아닐까요. 비양심적인 주장이 득세하는 이유일 수도 있고요. 저는 생물학적인 요인보다 화학적인 요인이 더 무섭다고 생각합니다. 소비자들이 방심하거든요. 유해성이 곧바로 드러나지 않아서죠. 훗날 어떤 병리현상으로 나타났을 때는 이미 늦습니다. 그것이 바로 성인병, 아니 생활습관병 아닙니까. 이 질병은 고칠 수가 없어요. 평생 약에 의존해 살아야 해요. 현대병의 특징이죠.

음식에서 감칠맛은 무척 중요합니다. 식도락의 즐거움을 훨씬 키워주니까요. 다만 전제할 것이 있습니다. '안전한 감칠맛'이어야 합니다. 인공조미료의 감칠맛은 안전하지 못합니다. 그 맛을 탐닉하는 길에는 언제든 현대병이 출몰할 수 있습니다. 제가 MSG의 맛에 찬성하지 않는 이유예요.

유능한 요리사는 MSG에 손대지 않습니다. 다른 인공조미료들에도 손대지 않습니다.[27] 그분들이 만드는 음식은 그럼 맛이 없나요. 천만에요. 꽤 맛있습니다. 썩 훌륭합니다. 이 사실 속에 정답이 있지요. 인공조미료 따위 없이도 얼마든지 맛을 낼 수 있다는 뜻이잖아요. 감칠맛이라고 다 같은 맛이 아닙니다. 제가 잘 알지요.

세 번째 이야기

식탁 위의 가짜들

28

거북한 레토릭

인공 된장, 단백가수분해물의 정체

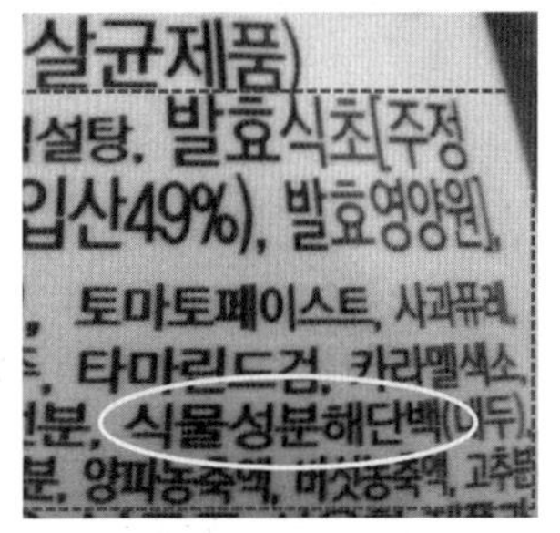

식물성분해단백 첨가 식품

MSG는 아닙니다. 하지만 마치 MSG처럼 사용합니다. 이름은 '단백가수분해물'. 들어보셨는지요. '식물성분해단백' 또는 '대두가수분해물' 등 다른 이름으로 불리기도 합니다. 무슨 영양분 같다고요? 조미료입니다. 아주 강력한 조미료죠. 음식에서 구수한 풍미를 진하게 내주거든요. 그야말로 '맛의 원천'이라 할 수 있죠. 문제는 그다지 유쾌한 물질이 아니라는 것. 태생이 고약

합니다. 제가 무척 경계하는 가문 출신이지요.[1]

쉽게 말해 '인공 된장'이라고 생각하시면 됩니다. '인공' 자가 들어간 점을 주목하십시오. 여러분이 예로부터 먹어오던 전통된장은 자연의 작품이잖아요. 메주로 만드니까. 메주는 아시다시피 콩을 발효한 자연식품입니다. 여러 천연 미생물의 하모니가 만든 창작물이지요.

식물성분해단백(단백가수분해물)

인공 된장은 전혀 다릅니다. 우선 발효 산물이 아닙니다. 이상한 방법으로 뚝딱 만들지요. 단백질이 들어 있는 소재에 염산 같은 강한 산성 물질을 넣습니다.[2] 단백질을 강제로 분해시키기 위해서죠. 그 결과물이 단백가수분해물이랍니다.

'염산'이라고 했습니까. 그렇습니다. 자극적인 냄새가 퀴퀴한 어떤 화학 실험실 같은 데서나 볼 수 있음직한 물질이 염산 아닌가요. 가끔 뉴스에도 등장하지요. 테러 목적으로 사용된다고요. 잘 아시듯 부식성이 무척 강한 물질입니다. 이 녀석이 식품첨가물로도 허가되어 있답니다. 식품에 사용하는 것이 불법이 아니에요.

물론 식품에 사용한다고 해서 소비자가 염산을 그대로 먹는 것은 아닙니다. 수산화나트륨 같은 강한 알칼리성 물질로 중화하거든요.[3] 염산은 남지 않습니다. 하지만 무슨 일이든 과정이 나쁘면 대개 결과도 나쁜 법. 염산이 단백질을 분해하는 과정에서 고약한 녀석들이 만들어집니다. 환경호르몬, 즉 내분비교란물질이 거의 단골처럼 끌려나오지요. 굳이 이름을 밝히자면 '모노클로로프로판디올MCPD' 같은 녀석입니다.[4] 발암물질이기도 하죠.[5]

염산만 눈엣가시인가요. 제가 단백가수분해물의 태생을 지적했지요. 또 하나 짚고 넘어가야 할 비밀이 있답니다. 인공조미료의 제왕, MSG와 같은 가문이라는 사실입니다. 주목하십시오. 제조 과정에서 MSG가 저절로 만들어진답니다.[6] MSG를 인위적으로 첨가하기도 하고요. 이 말은 즉, 단백가수분해물에 MSG가 들어 있다는 뜻입니다.[7]

인공의 진한 풍미로 무장한 녀석이 환경호르몬에다 MSG까지 품고 있다? 여러분의 몸 안에서 그야말로 기고만장하겠네요. 물론 경박한 미각 말초는 처음엔 만족할 터입니다. 하지만 무자비한 화학의 맛과 지속적으로 맞닥뜨리면 사달이 날 수밖에 없습니다. 전통 된장이나 간장 같은 천연 발효식품의 온화한 맛에는 매력을 느끼지 못하게 되죠. 이것도 미각 왜곡 현상의 한 축이에요.[8] MSG보다 더 심각합니다.

또 쓴소리가 튀어나오네요. 참으로 어이없는 일입니다. 어떻게 염산 같은 물질을 식품에 넣고 뭘 만들겠다는 생각을 했을까요. 염산을 중화시키기 위해 사용하는 수산화나트륨도 혐오스럽긴 매한가지입니다. '가성소다'라고 아시잖아요. 다름 아닌 '양잿물'이에요. 그것이 바로 수산화나트륨이죠. 용기勇氣로 치면 대단한 용기가 아닐 수 없네요.

자신이 먹을 음식이라면 그런 식으로 만들지는 않을 텐데요. 자신의 가족이 먹을 음식도 마찬가지고요. 그런 의미에서 단백가수분해물은 정직하지 못한 물질입니다. 정직하지 못한 것에서는 좋은 결과를 기대할 수 없지요. 저 같은 호르몬조차 역겹게 느껴집니다. '식생활 위기의 시대'라는 거북한 레토릭에 동의하지 않을 수 없네요.

단백가수분해물은 식품첨가물처럼 사용되지만, 식품첨가물이 아닙니다. 그냥 식품의 한 원료입니다. 이 점이 또 문제예요. 포장지 라벨에 표기할 의무가 없거든요. 실제로 단백가수분해물이 사용됐음에도 소비자들은 확인할 수 없는 경우가 많습니다. 대개 '○○맛시즈닝', '△△맛베이스', '××맛양념' 등의 모호한 이름 뒤에 숨어 있죠. 여러분이 이 녀석의 존재를 잘 모르는 것이 그래서입니다.

29

권리와 의무

가짜 간장 vs. 진짜 간장

한국인의 식단에서 빼놓을 수 없는 조미식품 제1호 간장. 역시 자연의 작품입니다. 발효식품이잖아요. 콩을 발효해서 만들죠. 콩과 천연 미생물의 랑데부로 태어난 메주가 주원료입니다. 자연의 작품인 만큼 당연히 좋은 식품이지요. 단, 조건이 있습니다. 진짜 간장이라야 합니다.

유감스럽게도 간장 같은 전통식품에도 가짜가 있답니다. 메주와 전혀 관계가 없는, 그래서 자연과는 거리가 먼, 간장 아닌 간장이 그것입니다. 발효식품이 아니겠네요. 당연하지요. 단백가수분해물처럼 염산의 폭력성을 동원하여 만듭니다.[1] '산분해간장'이라고 들어보셨나요. 간장을 선택할 때 주의를 기울이지 않는 분은 이런 간장을 훨씬 많이 드실걸요.

염산이 사용됐으면 제품 라벨에 표기가 되어 있어야 할 텐데요. 염산은 커녕 '염' 자도 보이지 않네요. 단백가수분해물과 비슷합니다. 강알칼리로 중화시켜 제거했기 때문입니다. 염산이 남아 있지 않으니 사용하지 않은 셈이고, 표기할 필요도 없는 것입니다. 무관심한 소비자들은 모를 수밖에요. 이것도 표시규정의 맹점 가운데 하나죠.

염산만 남아 있지 않으면 되나요. 가문이 나쁘면 부랑아들이 나올 가능성이 큰 법. 마찬가지로 산분해간장에도 '모노클로로프로판디올' 같은 혐오물질이 만들어집니다.[2] 환경호르몬이자 발암물질이라고 했지요. 그뿐만이 아니에요. 함께 만들어지는 유해물질이 또 있답니다. '디클로로프로판DCP'이나 '레불린산' 같은 녀석들입니다. 정체가 불분명한 발암 의심 물질이라는 점에서 다 한집안 패거리로 볼 수 있죠.[3]

여러분은 알 권리가 있습니다. 간장 공장의 배합실에 염산과 양잿물 통이 놓여 있다는 사실을, 그 통에 들어 있는 위험한 물질들이 아무렇지도 않게 배합물 탱크에 들어간다는 사실을, 그렇게 만들어진 검붉은 첨가물 용액이 간장이라는 이름으로 출고된다는 사실을, 여러분이 식품 매장에서 만나는 대부분의 간장이 바로 그 용액이라는 사실을 말이죠. 알고 보면 꽤나 몰상식한 일이에요. 여러분이 알 권리를 포기하는 한, 그런 몰상식한 일들은 계속될 것입니다.

여러분은 또한 의무도 있습니다. 간장 시장을 지킬 의무입니다. 여러분이 의무를 소홀히 한 탓에 그런 첨가물 용액이 간장 시장을 오염시켰습니다.

결국 여러분이 시장을 그렇게 만든 셈입니다. 그런 간장 아닌 간장을 계속 이용하는 한, 이상한 간장은 앞으로도 끊임없이 공급될 것입니다. '수요 있는 곳에 공급 있게 마련'이니까요.

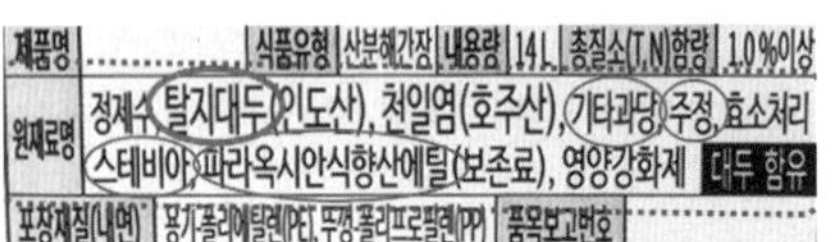

산분해간장

양조간장

간장은 크게 세 가지로 나눌 수 있습니다. 산분해간장, 양조간장, 한식간장입니다. 산분해간장이 아시다시피 염산의 은총을 받은 간장이지요. 탈지대두에 염산을 부어 단백질을 강제로 분해합니다. 이 탈지대두 역시 눈살을 찌푸리게 하는 녀석이에요. 식용유를 만들고 남은 찌꺼기인데요. 식품 원료로 적합하지 않습니다. 사료용으로도 문제가 있어요. 기름을 추출할 때 쓰는 유기용매, 헥산이 적잖이 남아 있거든요. 많게는 21피피엠까지 검출된 바 있습니다.[4] 헥산은 발암성이 있는 신경독성물질이죠.[5]

산분해간장의 라벨에 도열해 있는 첨가물들을 보세요. 기타과당, 주정, 스테비아, 파라옥시안식향산에틸……. 제품에 따라 조미료나 색소 따위도 눈에 띄곤 합니다. 파라옥시안식향산에틸은 뭔가요. 합성보존료라고 써놨군요. 맞습니다. 변질을 방지하는 물질, '파라벤' 계열의 방부제입니다. 하나같이 저를 핍박하는 녀석들이네요. 이런 용액을 과연 간장이라고 할 수 있을까요. 짭

짤하고 거무죽죽하기만 하면 다 간장인가요. 페이크 푸드의 그림자가 자꾸 어른거립니다.

양조간장은 어떤가요. 좀 낫긴 하지만 그다지 유쾌한 간장은 아닙니다. 발효를 하긴 하죠. 하지만 발효통 안을 들여다보면 꺼림칙한 점이 몇 가지 있습니다. 먼저, '메주'가 안 보이네요. 간장은 메주로 만들지 않나요. 천연발효가 아니라는 뜻입니다. 대신 탈지대두가 눈에 들어오는군요. 역시 눈살을 찌푸리게 하죠. 이렇게 만든 양조간장에 산분해간장을 섞은 것이 이른바 '혼합간장'입니다. 한국인 가정에서 가장 많이 이용하는 간장이죠.[6]

간장에 메주가 없다면 어떻게 발효하나요. 양조간장 라벨을 보니 '종국'이라는 표기가 보입니다. 발효균을 말하죠. 인위적으로 배양한 미생물을 탈지대두에 접종했네요. 문제는 이 미생물의 정체가 불분명하다는 것. 발효 효율이 높아 생산성은 좋지만 안전성에 물음표가 찍힙니다. 자연 그대로의 효모가 아니거든요. 전문가들은 유전자 변형 가능성을 지적합니다.[7] 이 간장에도 비슷하게 불순분자들이 끼여 있군요. 기타과당, 주정, 효소처리 스테비아 따위. 양조간장이 유쾌하지 않은 이유, 차고 넘칩니다.

• 제품명 : 간장
• 제품유형 : 조미식품(한식간장)
• 중 량 : 900 ml
• 영업신고 : 제 33호
• 원산지 : 국산
• 원재료명 및 함량 : 메주20 %(국산), 소금20 %(국산), 정제수60 %(국산)
• 제조원 : 식품 ☎043)
충북

한식간장

가짜가 있다면 진짜도 있겠네요. 물론입니다. 다름 아닌 '한식간장'입니다. 간장은 메주로 만들어야지요. 라벨에서 '메주'라는 두 글자를 확인하십시오. 그 글자가 '신뢰'를 웅변하지 않습니까. 여기에 소금과 물. 간장 만드는 데 뭐가 더 필요합니까. 식품첨가물들이 있습니까. 필요한 것이 있다면 시간이겠죠. 느림의 미학이 물씬 담긴 슬로푸드, 그 상징이 간장이지요. 이 한식간장이 가장 안전하게 여러분의 식탁에 올릴 수 있는 진짜 간장입니다.

'조선간장'이라고도 있지요. 아니면 '재래간장', '전통간장'이라는 이름도 있고요. 똑같습니다. 다 한식간장을 가리킵니다. 이름은 중요하지 않아요. 메주로 만들었는지가 중요해요. 겨울 나뭇가지에 눈꽃 피듯, 뭉뚝한 콩 덩어리에 천연 미생물이 꽃핀 자연의 선물. 여기 함께하는 천연 미생물은 한두 가지가 아닙니다. 헤아릴 수 없이 많습니다. 저마다 고유한 특색을 지니고 있죠. 이 미생물 친구들이 콩 속에서 한바탕 '오케스트라'를 연주합니다. 태어난 예술품이 메주지요.

오케스트라는 '2부'로 넘어갑니다. 천연메주에 이번에는 물과 천일염이 어우러지죠. 단백질 조각이 잘게 쪼개져 천천히 우러나옵니다. 맛의 원천, 아미노산들이에요. 천만년 묵은 듯 깊은 자연의 감칠맛이 자랑입니다. 은은하게 비치는 검은 색상이 고급감을 더해주죠. 적절한 시점에 이르렀을 때 액체와 고체를 분리합니다. 일정 기간 맛과 색택을 가다듬은 뒤 모습을 드러낸 최종 예술품. 액체가 한식간장이고, 고체는 한식된장입니다.

한식된장? 그렇습니다. 된장에도 두 가지가 있습니다. '된장'과 '한식된장'입니다. 그냥 된장은 이른바 '개량메주'로 만들지요. 발효 효율을 높이기 위해 인위적으로 배양한 종균을 씁니다. 이 종균 역시 정체가 불분명해요. 어떤 된장은 아예 탈지대두를 쓰기도 합니다. '한식'이라는 글자에 방점을 찍으십시오. 가장 안전하게 권해드릴 수 있는 된장은 역시 한식된장입니다. 한식된장은 '한식메주', 즉 전통메주로 만듭니다. 한식간장과 같은 항아리에서 태어나죠.

간장과 된장은 한국인의 식단에서 빼놓을 수 없는, 가장 한국적인 조미식품입니다. 이런 식품일수록 생산자의 양심과 철학이 중요할 터죠. 실상은 어떤가요. 무분별한 상업주의 사고가 양심과 철학을 압도합니다. 서글픈 일이네요. 그 결과가 저 같은 호르몬에 대한 학대를 부르는 것입니다. 이는 곧 여러분 몸에 대한 학대죠.

간장·된장뿐만이 아닙니다. 다른 전통 장류, 고추장·춘장도 마찬가지입니다. 나아가서는 소스·드레싱 등도 같은 선반 위에 놓고 설명할 수 있습니다. 모두 맛과 영양을 결정하는 중요한 조미식품이니까요. 저를 생각하신다면 첨가물로 위장한 부정직한 조미식품은 피하십시오. 생산자라면 만들지도 마십시오. 여러분의 식탁 안전을 위해, 건강을 위해…….

퇴보의 현장

단무지 연노랑의 이면

전통식품 하면 빼놓을 수 없는 것이 단무지입니다. 단무지를 보면서 학창 시절을 떠올리셨다면 어릴 적 보릿고개를 넘어오신 분이겠죠. 등굣길 도시락 반찬, 단무지가 인기였습니다. 인기였다기보다 어쩔 수 없는 선택이었는지도 모르겠지만요. 단무지는 풍요가 넘치는 오늘날도 인기 식품이죠. 다만, 그 시절 단무지와 요즘의 단무지는 크게 다릅니다. 어떻게 다른가요. 발전적으로 변했나요. 그 반대입니다. 유감스럽게도 퇴보했습니다. 퇴보도 아주 큰 퇴보입니다.

우선 색깔부터 보시죠. 요즘 단무지는 노랗습니다. 매혹적인 연노랑을 자랑합니다. 이 예쁜 노랑의 정체는 색소지요. 흔히 치자황색소를 씁니다. 치자황색소는 천연색소지만 해롭습니다. 세포 유전자를 손상할 수 있지요.[1] 암과 관련이 있다는 뜻이에요. 또 장기를 해칠 수도 있습니다. 간장독성이 있다는 보고가 있거든요.[2] 치자황색소를 치차열매의 가루로 생각하십니까. 독과 약을 혼동하는 것입니다.

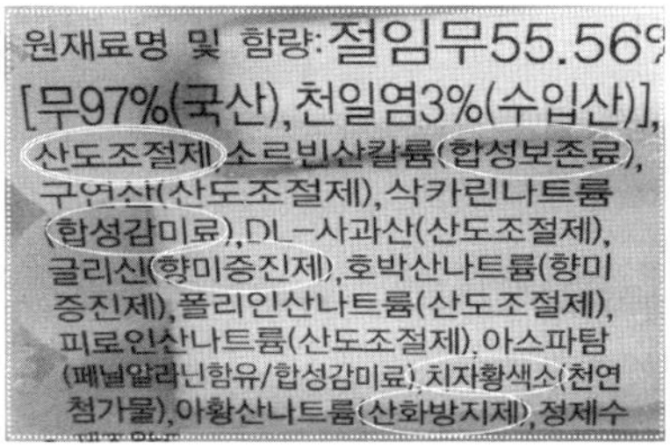

색소뿐만이 아닙니다. 라벨을 보시죠. 산도조절제, 합성보존료, 합성감미료, 향미증진제, 산화방지제……. 그야말로 식품첨가물 전시장이라 해도 과언이 아니네요. 하나같이 고약한 녀석들이잖아요. 합성보존료와 합성감미료에 대해서는 굳이 설명할 필요가 없겠지요. 향미증진제는 아시다시피 조미료입니다. 글리신도 보이네요. 이 녀석도 조심해야 합니다. 성장을 억제하고 사망률을 높인다는 보고가 있습니다.[3]

첨가물 단무지

예전의 전통 단무지는 어땠나요. 그 단무지도 바탕은 노란색이었습니다. 아니, '누런색'이라는 표현이 옳겠네요. 요즘처럼 선정적인 노랑이 아니었으니까요. 색깔의 태생이 달랐기 때문입니다. 색소와 무관했거든요. 자연의 작품이었습니다. 무를 소금에 절여 쌀겨에 묻고 발효시켰잖아요. 이때 쌀겨의 누런 색상이 무로 옮겨갑니다. 색상만 옮겨갑니까. 쌀겨는 영양분의 보고寶庫

죠. 좋은 친구들도 함께 움직입니다. 단무지에 쌀눈의 영양이 가득! 식품첨가물은 없습니다.

맛과 씹히는 촉감도 다릅니다. 요즘 단무지는 상큼·달큼하면서도 아삭하게 씹히죠. 산도조절제, 감미료 등 식품첨가물의 술수입니다. 예전의 단무지는 어땠나요. 짭조름하면서 쫄깃한 느낌을 주죠. 이것은 소금, 특히 천일염의 효과입니다. 겉보기에도 차이가 있어요. 요즘의 단무지는 매끈하고 탱탱한 느낌입니다. 예전의 단무지는 주름 잡힌 쭈글쭈글한 모습이지요. 첨가물을 썼느냐 안 썼느냐의 차이입니다.

저는 이렇게 정리하겠습니다. 요즘 단무지가 패스트푸드라면 예전의 단무지는 슬로푸드. 요즘 단무지가 정크푸드라면 예전의 단무지는 웰빙식품. 요즘 단무지가 첨가물 복마전이라면 예전의 단무지는 영양분 덩어리. 요즘 단무지가 저에게 고통이라면 예전의 단무지는 저에게 행복. 단무지라고 다 같은 단무지가 아니라는 말씀이죠.

- 제품명: 단무지
- 내용량: 300 g
- 식품의 유형: 절임류(살균제품)
- 원재료명 및 함량: 절임무64 %[무(국산/무농약) 95 %, 천일염(국산)5 %], 정
화이트식초{주정,포도당,엿기름(국산)}6 %, 쌀겨(국산)0.5 %
- 품목보고번호:
- 유통기한: 제조일로부터 5개월까지
- 제조일자: 전면 별도표기

전통 단무지

다행히 요즘에도 옛 방식을 계승하는 단무지 생산자가 계시지요. 그분들은 결코 첨가물에 손대지 않습니다. 요즘 단무지지만, 들여다보면 예전의 단무지지요. 요

즘 말로 '강추'하고 싶은 단무지입니다. 이 시대에도 예전의 전통 단무지를 이용할 수 있는 길이 있다는 말씀이네요. 진짜 단무지가 주는 '건강 선물'을 꼭 받으시길……. 마음만 먹으면 됩니다. 법고창신이 또 생각나네요.

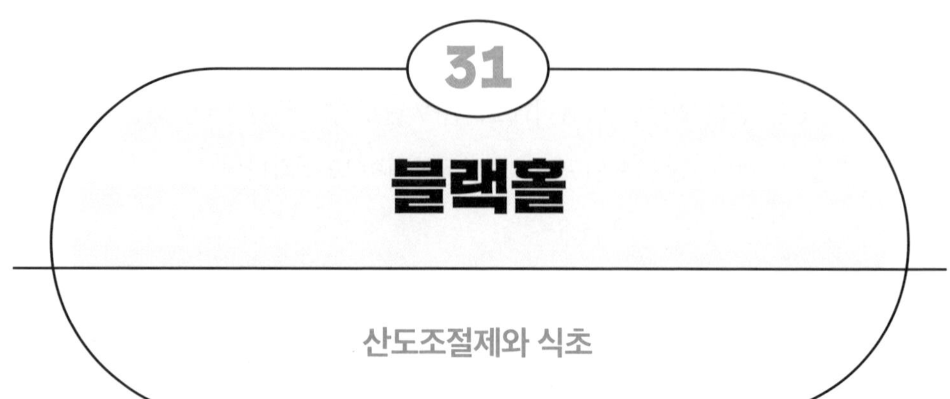

31

블랙홀

산도조절제와 식초

[무97%(국산), 천일염3%(수입산)], 산도조절제, 소르빈산칼륨(합성보존료), 구연산(산도조절제), 삭카린나트륨(합성감미료), DL-사과산(산도조절제), 글리신(향미증진제), 호박산나트륨(향미증진제), 폴리인산나트륨(산도조절제), 피로인산나트륨(산도조절제), 아스파탐(페닐알라닌함유/합성감미료), 치자황색소(천연첨가물), 아황산나트륨(산화방지제), 정제수

산도조절제 첨가 단무지

'산도조절제'라는 첨가물이 있지요. 제 눈에 꽤나 거슬리는 녀석입니다. 앞에서 살펴본 단무지 제품에는 산도조절제가 다섯 가지나 사용됐네요. 친절하게 물질 이름까지 표기해놓았군요. 산도조절제는 굳이 이름을 밝히지 않아도 되는데요. 구연산, 사과산, 폴리인산나트륨, 피로인산나트륨 등이죠.

그런데 맨 앞의 산도조절제에는 이름이 없죠. 왜일까요. 왜 표기하지 않았을까요. 뭔가 이름을 밝히기가 꺼려지는 물질이 아닐까요. 호르몬의 상식으로 감히 추측해봅니다. '빙초산'일 가능성이 큽니다. 아시죠, 빙초산? 합성식초 원액입니다. 시중의 단무지에 거의 대부분 사용되죠.

빙초산은 무서운 물질입니다. 얼마 전에 어이없는 뉴스가 언론을 탄 적이 있지요. 사망 사고였습니다.[1] 빙초산 원액을 잘못 마신 것이 화근이었습니다. 물론 실수였지요. 독극물이거든요. 선진국에서는 빙초산을 일반인에게는 팔지 않습니다. 한국에서는 누구든 자유롭게 살 수 있죠. 슈퍼나 마트에 가보면 다른 식품과 나란히 진열되어 있지 않습니까. '식초'라는 이름으로.

빙초산은 주로 요식업소에서 식초 대신 씁니다. 물론 물에 섞어 농도를 낮춰서 쓰지요. 빙초산을 쓰면 이점이 몇 가지 있습니다. 단무지 특유의 톡 쏘는 상큼한 맛, 좋아하시나요. 빙초산의 '신박한' 효능 덕입니다. 하지만 '반건강적'이지요. 단무지뿐만이 아니에요. 깔끔한 맛이 어울리는 치킨무, 회무침무, 각종 절임식품 따위에도 빙초산이 사용된다는 것은 공공연한 비밀입니다.[2] 원가 절감에도 크게 도움이 돼요. 빙초산은 값이 무척 싸거든요. 화학공장에서 대량생산할 수 있으니까요.

원래 식초는 현대인의 식단에서 무척 중요한 식품이죠. 맛으로도 중요하지만 영양적으로 더 중요합니다. 식초에 의외로 미량 영양분이 많거든요. 또 알칼리성 식품이라는 점도 큰 매력입니다. 현대인의 몸은 걸핏하면 산성화하잖아요. 잘못된 식생활과 나쁜 환경, 스트레스 등 때문입니다. 식초가 산성화로 피폐해진 여러분 몸을 어루만져 주지요.

식초가 좋은 식품이라는 것은 저 같은 호르몬이 더 잘 압니다. 여러분이 식초를 먹으면 저는 감으로 느낀답니다. 뭔가 기분 좋은 일이 일어나고 있다고 말이죠. 저는 콧노래를 부르며 일터로 향합니다. 일이 손에 척척 잡힙니다. 당연히 일의 능률이 오르죠. 제가 일을 잘한다는 뜻입니다. 이를 전문가들은 '인슐린 감도가 좋다'고 말하죠. 그렇습니다. 식초는 인슐린 감도를 좋게 하는 대표적인 웰빙식품입니다.[3]

다만 여기서 중요한 점이, 발효식초에 한해서 그렇다는 것입니다. 식초에는 합성식초도 있다고 했잖아요. 합성식초는 영양분과는 거리가 멉니다. 대신 '폭력범' 쪽에 가깝지요. 알레르기를 일으킬 수 있고, 점막조직에 염증을 만들 수 있습니다.[4] 암과의 관련성을 제기하는 연구도 있고요.[5] 합성식초가 여러분의 몸에 들어오면 저는 바짝 긴장합니다. 무슨 일이 벌어질지 모르거든요. 이 합성식초가 바로 빙초산을 물로 희석한 것이에요. 공식적으로는 '희석초산'이라고 하죠.

식초의 매력은 발효에서 나옵니다. 화학공장 출신의 식초는 식초로서 자격이 없습니다. 그럼 발효통에서만 나오면 무조건 '오케이'인가요. 식품 상식은 역시 호락호락하지 않군요. 라벨을 잘 보셔야 합니다. 식초는 주로 과일 아니면 곡류로 만들잖아요. 그곳에 다른 이름이 올라올 까닭이 없습니다. 그런데 웬일입니까. 어떤 발효식초에는 이상한 글자가 눈에 띕니다. '주정'이라고 보이시죠.

주정이 뭔가요. 아시다시피 소주 원료지요. 고농도의 에틸알코올입니다. 이 주정에 초산균을 접종하여 속성으로 발효만 합니다. 식초가 되겠죠. 발효식초인 것은 맞네요. 저는 '패스트푸드 식초'라고 정의하겠습니다. 영양분이 거의 없거든요. 그냥 '초산용액'일 뿐이에요. 대신 달갑지 않은 녀석이 보이네요. 착향료요. 식초에 웬 향료인가요. 이런 식초를 업계에서는 관행적으로 '양조식초'라고 부르죠.[6] 차라리 '주정식초'라는 말이 낫지 않을까요.

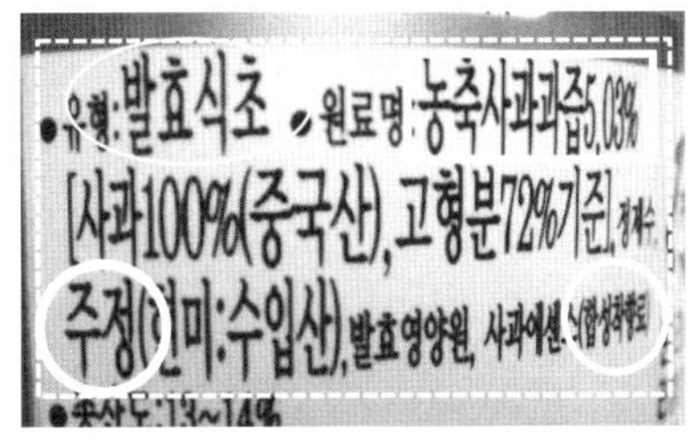

양조식초(주정식초)

천연 발효식초

제가 권해드리고 싶은 식초는 오직 하나, '천연 발효식초'입니다. 꼭 이 식초를 드십시오. 주정이 웬 말입니까. 과일 또는 곡류가 돼야지요. 자연식품에 온갖 천연 미생물들이 한바탕 향연을 벌이고 남긴 예술품, 그것이 천연 발효식초입니다. 당연히 첨가물은 없지요. 대신 저의 사기를 북돋워주는 의리 있는 친구, 영양분들이 자리하고 있습니다. 합성식초나 양조식초는 언감생심 도달할 수 없는 경지죠.

식초 하나 가지고 뭐 그리 유별을 떠냐고요? 도덕경에 '대소다소大小多少'라는 말이 나옵니다. 큰 일은 작은 일에서 비롯한다는 뜻이지요. 안일한 생각이 큰 과오를 부르는 법입니다. '수적천석水滴穿石', 즉 물방울이 바위를 뚫는다는 말과도 통하죠. 오늘날 여러분 식생활의 사소한 편린들이 모여 블랙홀을 만들었습니다. 까딱하면 가차 없이 빨려드는 무서운 블랙홀! 그것이 바로 현대병이랍니다. 한번 빠지면 헤어날 수 없는 질곡이지요. 불행한 노후를 예매하신 것입니다. 식초 하나조차 신중한 선택이 필요한 까닭입니다.

과유불급

인산염의 '반건강' 본색

산도조절제로 분류되는 첨가물은 일흔 가지도 넘습니다. 이 물질들은 굳이 이름을 표기하지 않아도 됩니다. 그냥 '산도조절제'라고만 쓰면 됩니다. 큰 맹점 중 하나지요. 소비자의 알 권리를 침해하잖아요. 피하고 싶은 물질이 있다 해도 이름이 나와 있지 않으니 확인할 방도가 없습니다. 유화제, 향미증진제, 팽창제, 피막제, 껌기초제 등도 마찬가지예요.

산도조절제는 물질에 따라 유해성이 다릅니다. 덜 해로운 것도 있고, 무척 해로운 것도 있습니다. 앞에서 말씀드린 빙초산이 무척 해로운 녀석에 속하겠네요. 또 알루미늄염도 있습니다. 예컨대 '황산알루미늄칼륨'입니다. 이 녀석은 여러분의 몸에 알루미늄을 축적합니다.[1] 알루미늄은 중금속으로 분류하지는 않지만, 마치 중금속처럼 경계해야 할 물질입니다. 치매의 원인이라는 보고가 있거든요.[2]

황산알루미늄칼륨? 처음 듣는다는 분이 계실지 모르겠네요. '명반'이라는 물질 잘 아시잖아요. '백반'이라고도 하죠. 그것입니다. 예전에 언론이 가끔 들춰내곤 했죠. 당면에 명반을 넣는다고. 요즘 당면엔 거의 넣지 않습니다만, 면발이 유독 쫄깃하다면 명반이 들어 있을 가능성이 있습니다. 특히 수입 당면의 경우 라벨을 잘 살피시는 것이 좋겠네요.

또 '소명반'이라는 첨가물도 있지요. 명반을 가열 처리한 물질입니다. 주로 '팽창제'로 사용되죠. 과자나 빵 등에서 식감을 부드럽게 해줍니다. 팽창제에도 여러 가지가 있는데, 그다지 온순한 녀석들이 아닙니다. 특히 알루미늄염들, 즉 명반 또는 소명반, 아니면 황산알루미늄칼륨 따위의 이름이 올라 있는 제품은 되도록 선택하지 마세요. 팽창제라는 이름도 마찬가지죠.

산도조절제를 설명할 때 정점에서 만나는 물질이 '인산염' 아닐까요. 가공식품 라벨에 가장 자주 등장하는 산도조절제라 할 수 있습니다. '인燐'을 중심으로 하는 화학물질이에요. 인산나트륨을 필두로, 식품첨가물로 허가된 것만 해도 서른 가지 가까이 됩니다. 가짓수가 많은 만큼 용도가 다양하고 사용 범위도 무척 넓지요. 하지만 이들 인산염 역시 꽤나 경계해야 할 물질입니다. 인을 과잉 섭취하는 원인이 되거든요.[3]

인은 중요한 미네랄이지만, 많이 먹으면 해롭습니다. 저는 인을 '질투심

많은 미네랄'로 묘사하고 싶네요. 다른 미네랄의 활동을 늘 시샘하거든요. 특히 칼슘의 발목을 잡는 녀석으로 악명이 높습니다. 요즘 꼬리를 물고 발표되는, "인이 칼슘의 흡수를 저해한다"는 보고들을 주목하십시오.[4] 인산염이 사용된 가공식품을 많이 먹으면 칼슘 결핍증에 빠질 수 있다는 뜻입니다. 나도 모르게 골다공증의 길로 들어서는 것이죠.[5] 우울증을 부르는 등 정신건강에도 악영향을 미치고요.[6]

인산염이 골다공증을 부른다? 유독 저의 심기를 긁는 대목입니다. 제가 극도로 경계하는 것이 골다공증이거든요. 여러분 뼈가 건강하지 못하면, 예컨대 골다공증이 진행되거나 하면, 저의 일터가 일순간에 황량해진답니다. 친구들이 다 떠나버리기 때문이에요.[7] 그런 일터에서는 제가 일할 맛이 안 납니다. 거꾸로, 제가 탈이 나서 일을 잘 못해도 골다공증이 오거나 악화할 수 있죠.[8] 저의 활동과 골다공증은 깊은 상관관계가 있다는 말씀이네요. 아무튼 제가 골다공증에까지 연루되어 있군요. 송구스럽습니다. 저는 인산염을 원망할 수밖에요.

그뿐만이 아닙니다. 인산염을 고발한 자료를 보면 정말 눈살이 찌푸려져요. 폐암을 일으킨다는 논문[9], 동맥경화의 원인이라는 논문[10], 심뇌혈관 건강을 해친다는 논문[11], 신장 질환을 일으킨다는 논문[12]……. 또 많을 것입니다. 근본이 잘못된 녀석이네요. 이런 물질이 약방의 감초같이 온갖 인기 식품에 스며 있는 현장이 오늘날 여러분 식생활의 현주소입니다.

인체와 인燐. 현대인과 미네랄. 떼려야 뗄 수 없는 관계지요. 결론은 과유불급입니다. 인의 과잉 섭취가 문제예요. 원죄는 인산염을 무차별적으로 품고 있는 가공식품에 있습니다. 라벨을 꼭 확인하십시오. ○○인산나트륨, □□인산칼륨, △△인산칼슘, ◎◎인산암모늄, ××인산마그네슘 등의 표기가 있습니까. 그 녀석들이 인산염입니다. 아니면 '산도조절제'라는 이름 뒤에 숨어 있기도 하고요. 그런 이름표를 달고 있는 식품은 장바구니에 넣지 마십시오.

모순과 기만

어묵과 게맛살의 아킬레스건

인산염이 여러분 몸엔 몹쓸 짓을 해도 식품 안에서는 팔방미인이랍니다. 첨가물로서 이 녀석의 역할이 실로 눈부시거든요. 조미 효과, 보습 효과, 식감 개선 효과, 색택 조정 효과, 변질 억제 효과, 결착성 향상 효과……. 인산염의 이런 다재다능한 기능을 잘 살린 식품이 있습니다. 바로 어육가공품입니다. 대표 선수, '어묵'을 보시죠.

라벨에 산도조절제가 보이시나요. 인산염이라고 생각하면 틀림없습니다. 연육을 인산염이 들어 있는 상태로 수입했군요. 여기에 식품첨가물들을 더 넣고 가공한 것이 어묵입니다. 가공 과정에서 인산염이 또 들어가죠. 뒤에

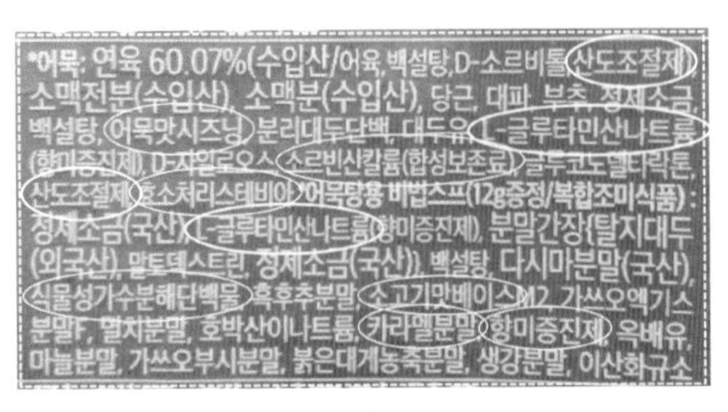

어묵

도 산도조절제가 있잖아요. 어묵에서 인산염의 주된 역할은 '결착성 향상'입니다. 접착제 역할을 함으로써 제품이 단단히 뭉치도록 도와주죠.[1]

어묵 같은 가공식품에서 결착성이 좋아지면 여러모로 유리합니다. 일단 공장에서 작업하기가 편하겠죠. 모양을 내기도 쉽습니다. 당연히 식감도 좋아지죠. 쫄깃하고 탱탱한 느낌을 높여주니까요. 인산염은 튀김식품에도 꼭 들어갑니다. 튀김식품에서는 바삭한 질감을 더해줘요. 색깔도 훨씬 좋게 하고요. 더 먹음직스럽게 해주죠.[2] 문제는 해롭다는 사실. 이것들이 그 해로움과 맞바꿀 수 있는 가치들인가요.

인산염뿐만이 아닙니다. 어묵에는 저를 불편하게 하는 녀석들이 또 많습니다. L-글루탐산나트륨이 보이시죠. 앞에서 말씀드렸던 인공조미료의 보스, MSG입니다. 그 녀석은 수프에도 들어 있군요. 시즈닝, 가수분해단백물, 소고기맛베이스, 향미증진제도 다 조미료 또는 그와 유사한 혼합물입니다. 원래 어묵은 조미료가 많이 들어가는 식품으로 유명하죠. 합성보존료, 감미료, 색소 등도 보이네요. 하나같이 저를 괴롭히는 데 둘째가라면 서러운 녀석들이에요. 어휴~.

어묵은 그럼 무조건 내쳐야 할 나쁜 식품인가요. 그게 아니죠. 어묵은 원래 좋은 식품입니다. 제대로만 만들면요. 전형적인 고단백·고칼슘 식품이잖아요. 맛도 좋습니다. 고소하면서도 생선 비린내가 없어요. 무엇보다 소화가 잘된다는 특징이 있지요. 이런 어묵 본연의 가치를 잘 살린 '무첨가 어묵', 당연히 있습니다. 그런 '착한 어묵'을 드시자고요.

제품명	어묵	내용량	240 g
식품의 유형	어묵(유탕처리제품/살균제품)		

원재료명 및 함량
연육(베트남산/어육, 설탕)71.84%, 해물추출액(천일염, 멸치, 게, 바지락살, 굴/이상 국산), 양파(국산), 감자전분(감자/국산), 당근(국산), 대파(국산), 소맥전분(밀/국산), 볶은소금(국산)

무첨가 어묵

요즘엔 어육가공품도 현란하게 진화하고 있습니다. 그중 백미라 할 만한 제품이 있죠. 다름 아닌 '게맛살'입니다. '백미'라는 말을 쓸 정도면 꽤 훌륭하겠네요. 그 반대입니다. 불량식품 쪽에 가깝습니다. 이 회심의 어육가공품은 고향이 일본이죠. 일본에서 태어났습니다. 고향에서는 이 제품에 대해 어떻게 평하나요. 칭송하지 않을까요. 천만에요. 일본의 식품 전문가들은 게맛살 같은 제품을 일컬어 '고마카시 식품'이라고 합니다.[3] '고마카시'는 한국말로 속임수라는 뜻이에요. 즉, '속임수 식품'을

·식품의 유형 : 어묵(살균제품) ·내용량 : 100 g ·원재료명 및 함량 : 연육80.02 %(수입산/어육, 정백당, D-소르비톨, 산도조절제), 감자전분(수입산), 소맥전분(밀), 정백당, 정제소금, 크랩엑기스(게), 조미액, 카라기난, 글리신, 다시마엑기스, 난백(계란), 탄산칼슘, 게향(합성착향료), 대두유, L-글루타민산나트륨(향미증진제), 5'-리보뉴클레오티드칼슘, 아쿠아칼0.35 %(해조칼슘32 %함유), 씨엠이(새우, 게), 산도조절제(피로인산나트륨, 폴리인산나트륨), 리드세이프티(산도조절제, 푸마르산, 말토덱스트린, 유화제, 자몽종자추출물), 천연색소(코치닐추출색소, 홍국적색소) ·제품100 g당 해조칼슘 110 mg함유

게맛살

의미하지요. 페이크 푸드의 진수를 든다면 바로 이 게맛살이 아닐까요.

역시 라벨이 길잡이입니다. 보시죠. 게맛살에 진짜 게살 있습니까. 당연히 없지요. 하지만 의외로 많은 이들이 진짜 게살로 알고 이용하십니다. 해롭지만 않으면 얼마나 좋을까요. 페이크 푸드 공통의 숙명이라고 했지요. 해롭습니다. 첨가물 범벅이잖아요. 위장 물질이 반드시 필요한데, 그것이 바로 식품첨가물이에요.

게맛살에서 가장 먼저 고발하고 싶은 첨가물이 향료입니다. 게맛을 억지로 내야 하니 향료가 무차별 사용됩니다. 대표적인 '고향료 식품'이에요. 게살 껍질의 불그스레한 색상이 진짜와 똑같나요. 색소가 만듭니다. 두 가지나 사용됐군요. 천연색소라고 해서 안심하면 안 된다고 했지요.

이런 식품엔 거의 필연처럼 등장하는 첨가물이 있죠. 인공조미료와 유화제입니다. 인공조미료도 그렇지만 유화제가 또 저와 상극이랍니다. 대사증후군의 주범 가운데 하나라는 보고가 있거든요.[4] 저의 일을 노골적으로 훼방놓는다는 뜻이죠. 아, 이 녀석에게 고약한 짓이 하나 더 있네요. 대장염까지 일으킬 수 있습니다.[5] 유화제 하면 가공식품에서 그야말로 약방의 감초인데 말이죠.

게맛살을 게맛살답게 하는 것이 게살 특유의 식감食感입니다. 세로로 찢기면서 이질적인 듯 친근하게 씹히는 오돌오돌한 질감. 이 특이한 식감을 만들기 위해 접착성 물질이 필요합니다. 인산염이 안성맞춤이죠. 산도조절제가 그것일 터인데, 여럿 사용됐군요. 이 인산염이 게살 특유의 질감을 만들 때,

적극 돕는 물질이 있답니다. 그 물질이 들어가야 게살의 느낌이 완성되죠. '카라기난'이라고 보이시나요. 그것입니다.

이 카라기난이 유독 저의 눈살을 찌푸리게 하네요. 저는 카라기난을 '은밀한 폭력자'라고 묘사하겠습니다. 잠행성이 강하면서도 악행이 이루 말할 수 없어서요. 우선 여러분의 몸에 미세한 염증을 만듭니다.[6] 염증은 아무리 미세하더라도 저희 호르몬의 세계에서는 큰 상처로 인식돼요. 상처가 있는 곳에서는 제가 일을 잘 못합니다. 인슐린저항의 큰 원인 가운데 하나가 되죠.[7] 카라기난이 대사증후군까지 부를 수 있다는 이야기입니다.

카라기난은 이미 오래전부터 전문가들의 눈 밖에 난 물질입니다. 동물실험에서 혈변이 관측되었는데, 카라기난이란 녀석이 대장에 상처를 냈기 때문이었습니다.[8] 성장 저해 물질이라는 사실은 덤이고요.[9] 최근 들어서는 발암물질로 강한 의심을 받고 있습니다.[10] 식염수에 녹여 피부에 주사했더니 종양세포를 만들었거든요.[11]

카라기난은 다당류의 일종입니다. 주로 해조류에 들어 있지요. 홍조류에서 추출하여 만듭니다. 해조류는 대개 안전할 것이라는 인식이 있죠. 맞습니다. 안전합니다. 영양적으로도 훌륭한 식품 소재고요. 하지만 중요한 사실이 하나 있습니다. 아무리 좋은 식품 소재라도 그 안에 들어 있는 어떤 특정 성분만 빼서 먹으면 좋지 않게 마련입니다.

예컨대 콩을 보시죠. 콩은 훌륭한 식품이지요. 이소플라본 같은 생리활성 물질이 풍부해서입니다. 서양에서는 이미 오래전에 이 사실을 알고 있었어요. 이소플라본을 추출하여 건강보조식품으로 만들어 먹었습니다. 결과는 어땠을까요. '웬걸'이었습니다. 오히려 해롭게 나타났지요. 암 발병률이 되레 높아진 것입니다.[12] 여기서 '전체식'의 가치를 또 한 번 발견하게 되네요.

카라기난이 만일 제 말을 들을 수 있다면 조용히 충고하고 싶습니다. 자중하라고요. 웬 녀석이 그렇게 오지랖이 넓습니까. 여러분의 식단을 찬란하게 장식하는 주요 신선식품형 가공식품들, 카라기난이 끼어들지 않는 제품이 거의 없을걸요. 어육가공품을 필두로 가공육, 유가공품, 각종 조미식품, 음료, 심지어 두유나 영유아용 조제분유 등에까지 은밀하게 두루 잠입해 있습니다. 제가 편안할 틈이 있겠습니까.

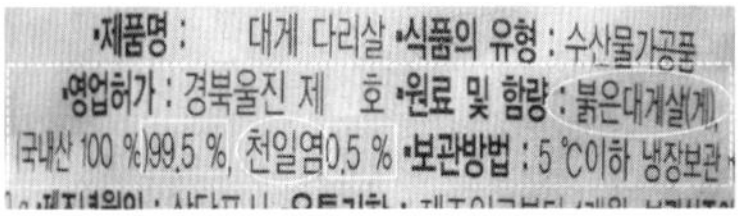

진짜 게살 식품

악의 근원은 결국 짝퉁, 즉 페이크 푸드입니다. 게살을 드시고 싶으면 진짜 게를 드셔야죠. 게를 사다가 요리하십시오. 불편하시다고요? 방법이 없지 않습니다. 진짜 게살을 도려내어 포장한 제품이 있습니다. 라벨에 답이 있지요. 붉은대게살에 소금만 살짝 뿌렸군요. 이런 제품이 있다는 것이 그나마 위안이네요.

가짜 참기름 때문에 가끔 시끄럽죠. 그 가짜 참기름, 만들기 쉽습니다. 식용유에 카라멜색소를 살짝 섞고 참깨향을 몇 방울 떨구면 가짜 참기름이 됩니다. 가짜 고춧가루도 있죠. 익힌 전분에 적색 색소를 섞고 고추향을 넣어 버무린 것이 가짜 고춧가루입니다. 이런 가짜 참기름이나 가짜 고춧가루를 만들어 팔면 비윤리적이라고 마구 비난하죠. 그럼 싸구려 생선육에 코치닐추출색소와 게향을 넣어 가짜 게살을 만들어 파는 것은요? 아무도 비난하지 않네요. 오히려 열심히 이용하네요. 뭐가 다를까요. 모순 아닌가요.

가짜식품, 짝퉁식품, 속임수 식품, 페이크 푸드……. 이런 말들이 횡행하는 세상에서는 건강을 노래할 수 없습니다. 건강은 '신뢰'라는 양분을 먹고 자랍니다. 오늘의 여러분 식생활을 조용히 반추해보십시오. "부정직한, 그래서 '반건강적'인 식품은 멀리." "정직한, 그래서 '친건강적인' 식품은 가까이." 저의 캐치프레이즈입니다.

짝퉁의 망령

눈과 코를 속이는 가공우유

생각해보면 짝퉁식품의 망령은 실로 폭넓게 드리워져 있습니다. 앞에서 말씀드렸던 주스도 엄밀히 말하면 짝퉁식품이라고 봐야죠. 농축과즙만 찔끔 넣는 시늉을 했을 뿐, 실은 첨가물 용액이잖아요. 아무리 '과일 100'이라는 선전 깃발이 나부끼고 있어도 말이죠.

짝퉁의 그림자는 장류를 대표하는 간장에서도 찾을 수 있습니다. 간장이라고 다 발효식품이 아니라고 했지요. 염산의 은총을 받은 산분해간장이 그것입니다. 이 간장의 생산 현장에는 발효통이 없어요. 대신 화학반응조가 있죠. 이런 간장이야말로 짝퉁식품의 전형이 아닐까요. 겉으로만 비슷할 뿐 들여다보면 생판 다르잖아요. 전통식품에까지 짝퉁의 악령이 어슬렁대고 있습니다.

우유는 어떻습니까. 대표적인 자연식품이지요. 당연히 좋은 식품입니다.[1] 어떤 유명한 분이 우유를 '완전식품'이라고 칭했다더군요. 저도 동의합니다. 일각에서는 우유에 대해 비판적으로 평하기도 하죠. 호르몬의 감각으로 볼 때 우유는 좋은 점이 훨씬 많은 식품입니다.[2] 알레르기 또는 유당불내증 우려만 없는 분이라면 마음 편히 드실 것을 권해드립니다. 물론 적량을 지키는 것이 중요하겠습니다만.

문제는 이른바 가공우유입니다. 예컨대 과일우유를 보시죠. 먼저 딸기맛우유입니다. 이 우유에 진짜 딸기가 있습니까. 딸기과즙, 그것도 농축과즙을 찔끔 넣는 시늉만 했을 뿐, 딸기와는 거리가 멉니다. 색소와 향료로 눈과 코, 혀를 속인 제품이죠. 선배뻘인 바나나맛우유도 마찬가지고요. 당연히 짝퉁식품의 대열에 들여보내야지요. 초코우유, 커피우유 따위도 크게 다르지 않습니다.

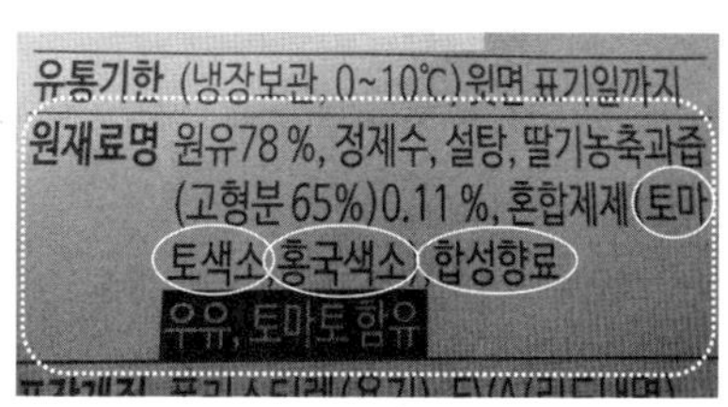

가공우유

딸기맛우유는 여러분 자녀가 가장 먼저 접하는 가공식품입니다. 이유식 단계에서 벌써 아기 손에 딸기맛우유를 쥐어주는 젊은 엄마들이 꽤 있지요. 어린 자녀의 몸에 들어 있는 저는 정말 순수합니다. 쉽게 말해 '때 묻지 않은 호르몬'이라고 생각하시면 돼요. 이 단계에서는 최대한 저를 편안하게 하는 음식을 선택하셔야 합니다. 좋은 환경에서 저를 천천히 길들이시는 거죠. 저는 건강한 호르몬으로 잘 성장해갑니다. 저에게 탈이 날 이유가 없죠.

제가 채 길들지 않은 상태에서 저의 일터에 색소, 향료, 설탕 따위가 들어오면 제가 갈피를 잡지 못합니다. 워낙 문화가 다른 녀석들이라서요. 제가 이상한 쪽으로 길들어갑니다. 스스로 통제가 안 되는, '럭비공 호르몬'이 된다고 할까요. 그런 아이의 몸이 훗날 현대병의 온상이 되는 것입니다.[3] 물론 팬데믹성 바이러스의 타깃이 될 수도 있고요.

이 핑크빛 우유의 충성고객으로 자란 아기가 좀 더 크면 우유 색깔을 바꿉니다. 노란색으로요. 이 노란 우유가 또 대단한 발명품이죠. 편의점 판매 랭킹에서 단일 품목으로 늘 1, 2위를 다투는, 유가공품의 레전드니까요. 편의점의 주 고객이 누굽니까. 젊은층, 특히 학생들 아닙니까. 어린이도 꽤 많습니다. 그 우유를 마시는 어린이나 학생이 수백만 명이라면 그 숫자와 똑같은 저의 순수한 종족이 잘못 길들어가고 있는 것입니다.

그런가요. 그럼 과일우유는 우리 사전에서, 특히 아이들 사전에서 무조건 지워야 하나요. 앞으로 연을 끊어야 하나요. 분명히 해두시죠. 딸기맛우유가 나쁜 것이 아닙니다. 딸기맛우유에 들어 있는 나쁜 물질이 나쁜 것입니다. 그런 혐오물을 품지 않은 딸기우유는 나쁘지 않습니다. 좋은 가공우유입니다. 우유에 딸기를 갈아넣자고요. 진짜 딸기우유죠. 색소, 향료, 설탕이 필요 없습니다. 바나나우유도 똑같아요.

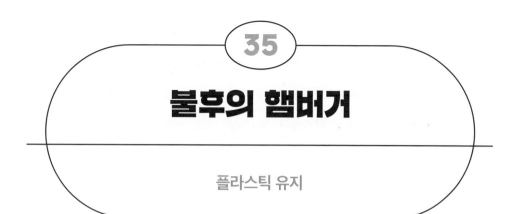

불후의 햄버거

플라스틱 유지

유가공품 하면 뭐니 뭐니 해도 버터입니다. 서양인의 식탁에서 버터는 그야말로 '찐빵의 팥소'죠. 여러분에게는 어떤 식품인가요. 먼저 동물성 식품이라는 단어가 툭 떠오르지 않을까요. 콜레스테롤이니 포화지방이니 하는 단어도 스멀거릴 거고요. 나쁜 식품이란 인식이 대다수일 터입니다. 그럴 수밖에요. 전문가들의 평가가 대체로 그러니까요.

이런 때 또 호르몬의 감각이 필요하죠. 제가 판단컨대 버터는 그렇게 나쁜 식품이 아닙니다. 좋은 점이 훨씬 많은 식품입니다.[1] 너무 많이만 먹지 않는다면요.

동물성 식품이라고 무조건 매도하면 안 되지요. 동물성 식품은 식물성 식품에 없는 영양분을 가지고 있습니다. 주로 기름에 녹는 지용성 영양분입니다. 콜레스테롤 문제도 우려할 일이 아닙니다. 여러분 몸에서 음식은 콜레스테롤 수치에 그다지 큰 영향을 미치지 않아요.[2] 포화지방도 무조건 나쁜 것이 아닙니다. 자연식품의 포화지방은 해롭지 않습니다.[3] 특히 버터의 포화지방은 좀 특이합니다.

'라우르산'이라고 들어보셨는지요. 라우르산은 버터의 지방산 가운데 하나입니다. 비록 포화지방산이지만 '착한 지방산'이라고 할 수 있어요. 늘 저를 배려하고 돕지요. 저의 감도를 높인다는 보고가 있습니다.[4] 당연히 인슐린저항성증후군, 즉 대사증후군을 개선해주죠. 이 지방산은 여러분 몸 다른 데에서도 아낌없이 선행을 베푼답니다. "라우르산이 심뇌혈관질환과 당뇨병을 개선한다"는 보고가 있지요.[5]

그렇다고 라우르산이 부처님처럼 마냥 인자한 것만은 아닙니다. 때로는 무서운 포도대장이 되기도 한답니다. 팬데믹성 병원균 같은 녀석에게 특히 그렇습니다. 코로나 바이러스가 여러분에겐 공포의 대상이죠. 그 간악한 바이러스가 놀랍게도 라우르산 앞에서는 영락없이 '땅꾼 앞의 뱀' 신세예요. "라우르산이 코로나19 치료에 탁월하다"는 보고가 흥미롭습니다.[6] 이 지방산에 자못 강력한 항균력이 있다는 사실에 힌트가 있지요.[7] 이른바 '약선藥膳 음식'이 가능한 것도 이런 지방산 덕분이에요. 포화지방이라고 무조건 욕하면 안 된다는 말씀이죠.[8]

야자유, 즉 코코넛오일이 요즘 어깨를 으쓱할 것 같습니다. 사실 최근 들어 많이 뜨고 있지요.[9] 좋은 기름의 재발견이라고들 하더군요. 라우르산 덕분입니다. 야자유에 라우르산이 꽤 많거든요.[10] 무엇보다 모유에도 이 지방산이 들어 있다는 점을 주목하셔야 합니다. 모유가 아기의 면역력을 좋게 해주잖아요. 그 일등 공신이 라우르산이에요.[11]

이런 멋쟁이 지방산을 품고 있는 유가공품의 상징, 버터. 물론 지방산뿐만이 아니죠. 저를 응원하는 다른 친구들도 즐비한 자연식품이 버터입니다. 당연히 '착한 기름'으로 칭송받아 마땅한데요.[12] 여기서 또 심기가 불편해지는 것은 왜일까요. 착한 것, 좋은 것에는 거의 자동으로 따라붙는 말이 있죠. 달갑지 않은 이름, '짝퉁'입니다. 버터에도 짝퉁이 있답니다. 여러분도 잘 아시는 기름이에요. 서구화된 현대인 식단의 귀공자, '마가린'입니다.[13]

그런가요. 세련미 만점인 그 마가린이 짝퉁 출신인가요. 놀라게 해드렸다면 죄송합니다. 제가 원래 직설을 좋아하는 호르몬이라서요. 그렇습니다. 마가린은 틀림없는 짝퉁 기름입니다. 버터를 흉내 내서 만들었거든요.[14] 버터와는 근본이 다름에도 버터인 척하죠. 쉽게 말해 겉 다르고 속 다른 녀석이에요. 당연히 나쁘죠. 저는 이런 기름을 특히 경멸합니다.[15]

마가린은 아시다시피 굳기름, 즉 고체유지입니다. 이런 기름을 경화유라고 하는데, 그냥 경화유가 아닙니다. '인공' 자가 붙은 '인공경화유'입니다. 뭔가 화학적인 냄새가 풍기지 않나요. 그렇습니다. 마가린은 자연의 기름이 아닙니다. 화학 반응조에서 태어난 '비자연 기름'입니다. 지방산이 미세하게 바뀌어 있지요.[16] 억지로 버터 흉내를 내야 하니까요. 이 과정에서 여러 유해물질이 만들어집니다. 대표적인 것이 트랜스지방산이에요.[17] 잘 아시죠, 트랜스 지방산. 워낙 악명 높은 녀석이라서요.

설사 트랜스지방산이 없다 해도 인공경화유는 경계해야 합니다. 정상적인 지방산이 아니거든요. 미세하게라도 분자적인 변형이 있을 수밖에 없습니다.[18] 다른 인공 물질이 섞일 수도 있고요.[19] 자연계에는 이런 지방산이 없습니다. 인공경화유는 그래서 미생물들이 무척 낯설어합니다. 먹지도 않습니다. 미생물이 증식하기에 적합한 기름이 아닙니다. 여간해서 썩지 않는다는 말씀이죠. 마치 플라스틱처럼. 지방 전문가들이 마가린을 '플라스틱 유지'라고 부르는 이유입니다.[20]

미생물만 낯설어하나요. 여러분 몸에 있는 효소도, 호르몬도 낯설어하긴 마찬가지입니다. 제가 잘 알지요. 마가린은 친구처럼 보여서 다가가보면 친구가 아닙니다. 음모를 꾸미고 있는 '스파이'입니다. 그 순간 저는 일급 경계심을 발동하지요. 저의 종족들을 급히 불러냅니다. 여러분 몸에서 저의 종족들이 급격히 늘어납니다. 이것이 뭡니까. 앞에서 설명한 고인슐린혈증 아닙니까.[21] 이런 일이 잦으면 여러분 몸에 '초기 현대병'의 문신이 새겨집니다. 대사증후군의 문이 열린 것입니다. 심뇌혈관질환 또는 당뇨병으로 이어질 수 있죠. 암 발병률도 쑥 올라가고요.

마가린과 사촌이면서 라이벌인 기름이 또 있습니다. '가공식품의 윤활유', '쇼트닝'입니다. 여러분에겐 좀 생소한 기름일까요. 일반 가정에서는 잘 안 쓰니까요. 하지만 식품회사에서 쓰는 기름은 거의 대부분 쇼트닝이랍니다. 특히 과자·빵·패스트푸드 업체 같은 곳은 이 기름이 없으면 당장 공장 문을 닫아야 해요. 어떤 기름일까요.

마가린과 빼닮았습니다. 쇼트닝 역시 인공경화유거든요. '플라스틱 유지'로서 조건을 모두 갖추고 있지요. 미생물이 낯설어하는 점, 저를 당혹스럽게 하는 점도 똑같고요. 하나 또 있군요. 쇼트닝 역시 짝퉁기름이라는 사실입니다. 돼지기름, 즉 라드를 모방해서 만들었어요.[22] 전문가들이 흔히 포화지방이 나쁘다고 말하죠. 마가린과 쇼트닝이 나쁘다는 뜻입니다. 두 기름에 화학공장 태생의 포화지방산이 많거든요.[23]

유튜브에 보시면 햄버거 이야기가 많이 나옵니다. 제 기억의 한 편린에 이른바 '불후의 햄버거'가 있습니다. 말 그대로 썩지 않는 햄버거죠. 몇 년이 지났는데도 '처음처럼' 그대로라는 것입니다.[24] 햄버거 빵에 쓰는 기름이 뭔지 아세요. 유레카! 쇼트닝 아니면 마가린이랍니다. '처음처럼'의 비밀이 플라스틱 유지에 있었던 것이죠.[25] 그것은 곧 햄버거가 여러분 몸 안에서도 '처음처럼'을 고집한다는 뜻입니다.

지금 혹시 식품 매장에 계십니까. 장바구니에 넣기 전에 꼭 살피십시오. 라벨에 '쇼트닝'이나 '마가린' 글자가 보이는지. 또 '○○○경화유'라는 표기는요. 다 인공경화유입니다. 선택하지 마십시오. 최근 더러 눈에 띄는 '에스테르화유'라는 표기도 경계하셔야 합니다. 트랜스지방산만 줄였을 뿐 혈통이

인공경화유 표기 사례

같습니다.[26] 마찬가지로 인공경화유예요. '정제가공유지' 표기도 자주 접하실 터입니다. 역시 경계하십시오. 인공경화유 아니면 추출정제유입니다.

'추출정제유'라고? 무슨 기름인가요. 굳기름, 즉 경화유는 아닙니다. 액체유지입니다. 일반 식용유를 생각하시면 돼요. 식용유에도 두 가지가 있다는 사실, 아시죠? 추출정제유와 압착유입니다. 여러분이 주로 이용하는 쪽은, 대개 추출정제유죠. 유감스럽게도 그 식용유는 태생이 좋지 않네요. 유기용매로 기름을 녹여낸 뒤 정제하는데, 이때 높은 온도를 거칩니다. 그 과정에서 '불량배 물질'들이 마구 만들어지죠. 과산화물, 벤조피렌, 벤젠, 활성산소…….[27] 당연히 좋은 기름일 수 없지요.

추출정제유의 불량배 중에는 헥산도 있습니다. 기억나시죠, 헥산. 기름을 추출할 때 쓰는 유기용매라고 했지요. 신경독성이 있다고 했습니다. 헥산이란 녀석은 아무리 정제를 해도 조금은 남아 있습니다. 법적으로 5피피엠까지 잔류를 허용하지요.[28] 이 추출정제유에 화학 처리를 하여 굳기름으로 만든 것이 인공경화유입니다. 두 유지는 성상만 다르지 같은 가문이라는 이야기예요. 다 정제가공유지 집안의 형제들이죠.

식용유는 반드시 압착유를 선택하십시오. 압착유는 추출하지 않습니다. 정제도 하지 않습니다. 헥산 따위 유기용매와 관계없다는 말씀입니다. 높은 온도도 거치지 않고요. 참기름처럼 기름 종자를 압착해서 짜냅니다. 해로운 물질이 섞이거나 만들어질 까닭이 없지요. 대신 자연의 유익한 물질이 들어 있습니다. '엑스트러 버진extra-virgin'이라는 표기가 있는 식용유가 압착유라는 사실, 아시죠?

알비디 야자유 제조공정	야자열매·씨 ▶ 건조 ▶ 추출 ▶ 정제·탈색·탈취 ▶ 알비디 야자유
버진 야자유 제조공정	야자열매·씨 ▶ 선별 ▶ 분쇄 ▶ 압착 ▶ 버진 야자유

좋은 기름으로 알려진 야자유도 정제·가공한 것이 있습니다. 업계에서 보통 '알비디RBD 야자유'라고 부릅니다. 가공식품에는 대개 이런 야자유를 씁니다. 좋은 기름이라고 할 수 없겠네요. 그렇습니다. 되도록 자연 그대로인 '버진virgin' 또는 '엑스트러 버진 야자유'를 선택하십시오.[29] 팜유도 마찬가지입니다. 흔히 팜유 하면 나쁜 기름이라는 인식이 있지요. 정제·가공한 '알비디 팜유'이기 때문입니다. 가공하지 않은 '버진 팜유'는 좋은 점이 훨씬 더 많습니다.[30]

'비호감' 전시장

우유 없는 '첨가물 치즈'

우유에 유산균을 넣고 발효합니다. 여기에 응유凝乳효소를 넣고 저어주면 덩어리가 생기면서 액체 부분이 분리되죠. 분리된 액체를 따라내고 덩어리만 건집니다. 진한 유취乳臭가 퀴퀴한 듯 구수하게 올라오는 미백색 고형물. 서양 사람들은 이것을 꽤 오래전부터 식품으로 먹어왔습니다. 오늘날 버터와 쌍벽을 이루는 고단백 유가공품, 치즈랍니다.

치즈는 그야말로 영양분 덩어리라 해도 과언이 아니죠. 우유에 완전식품의 견장을 달게 해준 여러 '귀빈'들의 응결체, 그것이 바로 치즈니까요. 특히 현대인이 결핍하기 쉬운 칼슘의 공급원으로 둘째가라면 서러워할 식품이 치즈입니다. 꾸준히 먹으면 충치나 골다공증을 예방하고 개선할 수 있지요.[1]

물론 저에게도 더없는 우호 식품입니다. 버터만큼이나 저를 배려하는 친구들이 많거든요. 과연, "치즈가 인슐린저항을 막아준다"는 보고가 벌써 나와 있네요.[2]

치즈는 유제품치고는 소화도 비교적 잘 되는 식품으로 꼽힙니다. '유당불내증'이라는 말이 있지요. 우유의 당분인 유당을 잘 소화하지 못하는 체질을 말합니다. 동양인에게 유당불내증인 사람이 많죠. 이런 분들도 치즈는 비교적 쉽게 드실 수 있어요.[3] 우유가 발효·숙성하는 과정에서 유당이 크게 줄어들기 때문입니다. 요구르트도 소화가 잘 되잖아요. 같은 이유입니다. 발효유가공품의 공통된 특징이죠.[4]

치즈도 그럼 '명품 식품'의 반열에 충분히 올릴 수 있겠네요. 당연합니다. 치즈야말로 내로라하는 명품 식품입니다. 여기서 또 짝퉁이라는 두 글자가 떠오르는 것은 웬 조화일까요. 치즈에도 여지없이 짝퉁이 있답니다. 원래 우유로 만들어야 하잖아요. 우유와는 전혀 관계없이 만들어지는 치즈가 있습니다. 식품첨가물의 마법이 작용하면 안 되는 일이 없지요. 라벨을 보세요. 요즘 말로 '완전 비호감의 전시장'이네요. 이것이 정말 치즈인가요. 아니, 식품인가요.

모조치즈

한때 불량식품이라는 말이 자주 입에 오르내렸지요. 대체로 초등학교 앞의 이른바 '문방구 과자'를 일컫는 말이었습니다. 요즘에는 문방구가 없어지면서 그 말도 거의 쓰이지 않는 것 같아요. 그럼 불량식품도 이젠 없어진 것인가요. 저는 그렇게 보지 않습니다. 지금은 연막 뒤에 숨어 있다고 생각합니다. 이런 짝퉁치즈가 그 전형이 아닐까요. 정직하지 못한 데다 해롭잖아요. 그것이 불량식품 아니고 뭡니까.

이런 말씀에 혹시 언성을 높이실지 모르겠네요. "그 따위 불량식품을 만드는 사람은 엄벌해야 한다"고요. 고정하십시오. 처벌할 수가 없답니다. 불법이 아니거든요. 식품위생법에서 다 허용하고 있어요. 식품공전에 '모조치즈'라고 나옵니다. 그것이 바로 짝퉁치즈예요. 누구든 이런 치즈를 만들 수 있고, 식품에 쓸 수 있지요. 업소에서 쓰는 업무용 치즈가 대개 그렇습니다.

짝퉁치즈는 업체들에게 여러모로 유리합니다. 일단 가격이 무척 싸지요. 식품첨가물이 지향하는 모토가 바로 '값싸게' 아닙니까. 무엇보다 유리한 것이 변질에 대한 우려가 없다는 점입니다. 변할 것이 없잖아요. 우유로 만든 진짜 치즈는 반드시 냉장고에 보관해야 하죠. 짝퉁치즈는 그럴 필요가 없습니다. 일명 '플라스틱 치즈'니까요.[5] 이 효과가 가공식품에서 위력을 발휘합니다. 유통기한을 길게 해주지요. 그래서 좋겠다고요? 주목하십시오. 그 식품을 먹는 소비자의 '건강기한'은 짧아집니다.

이 가짜 치즈가 꽃피운 식품이 패스트푸드의 상징, 피자입니다. 피자에는 치즈가 무척 많이 들어가잖아요. 이탈리아의 전통 피자가 웰빙식품으로 꼽히는 이유죠. 한국의 피자는요? 유감스럽게도 주로 짝퉁치즈가 사용됩니다.[6] 요즘 젊은이들에겐 이른바 '소울푸드'로도 불릴 법한 피자가 정크푸드로 낙인찍힌 까닭입니다. 물론 첨가물이 남용되는 점도 있지만요.

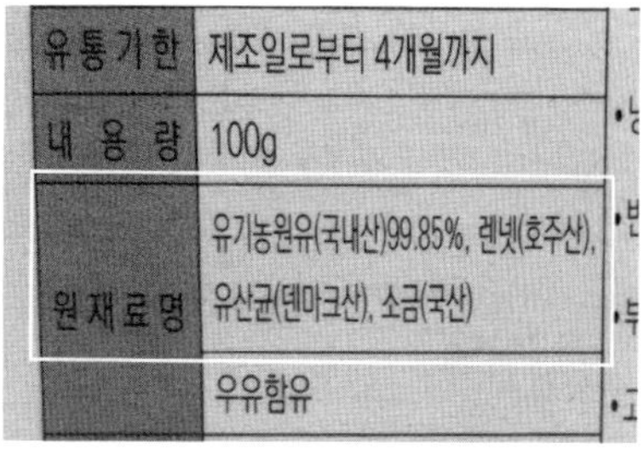

유통기한	제조일로부터 4개월까지
내 용 량	100g
원재료명	유기농원유(국내산)99.85%, 렌넷(호주산), 유산균(덴마크산), 소금(국산)
	우유함유

천연치즈

다만, 우유로 만든 진짜 치즈라도 잘 보고 선택하셔야 합니다. 제품에 따라 해로운 첨가물이 섞이곤 하거든요. 이른바 '가공치즈'입니다. 색소·증점제·산미료 따위가 단골로 들어갑니다. 산화방지제·가공유지·정제당 등도 더러 보이고요. 되도록 자연치즈, 즉 천연치즈를 선택하십시오. 버터나 발효유도 마찬가지예요. 가공버터와 일반 발효유 제품에는 첨가물이 사용되죠. '천연버터', '플레인 요구르트'를 권해드립니다.

37

'웃픈' 현실

짝퉁 코코아버터가 만든 콤파운드 초콜릿

가공식품의 꽃은 과자입니다. 그래서인지 짝퉁식품의 망령은 과자에서 꽃을 피웁니다. 고급 과자의 대명사, '초콜릿'을 보시죠. 초콜릿은 좋은 식품일까요, 나쁜 식품일까요. 원래는 좋은 식품입니다. 그러나 한국에서 판매되는 초콜릿은 대부분 나쁜 식품입니다. 초콜릿에도 좋은 것이 있고 나쁜 것이 있다는 말씀이네요. 그 판단의 잣대가 무엇일까요.

유지, 즉 지방脂肪입니다. 초콜릿은 보통 딱딱한 고체의 형상을 갖지요. 이것이 여러분의 입 안으로 들어가면 눈 녹듯 스르르 녹아버립니다. 초콜릿의 유지가 독특하기 때문이에요. 상온에서는 고체로 있다가 사람 체온 근처에서 빠르게 녹거든요.[1] 자연의 유지 가운데 이런 물성을 갖는 유지가 흔치 않습니다. 식품 용어로 '코코아버터'라고 합니다. 초콜릿을 초콜릿답게 해주는 기름이죠.

코코아버터는 카카오 열매에 들어 있는 지방입니다. 자연의 유지 가운데 안정성이 가장 뛰어난 지방이라는 평이 있습니다.[2] 산패에 무척 강해서 좀처럼 변질되지 않지요.[3] 물성이 독특하고 안정성이 좋은 만큼 용도가 다양합니다. 초콜릿뿐만 아니라 의약품이나 화장품, 위생용품 등에도 널리 유용하게 사용됩니다. 그야말로 '팔방미인 유지'죠.

팔방미인은 자고로 몸값이 비싼 법. 당연하지요. 코코아버터도 좀 비쌉니다.[4] 그래서 시중의 값싼 초콜릿에는 이 유지를 잘 쓰지 않습니다. 쓰더라도 생색용으로 찔끔 쓰는 정도죠. 대신 다른 유지를 씁니다. 유감스럽게도 그것이 인공경화유예요.[5] 코코아버터처럼 물성만 비슷하게 만듭니다. 업계에서는 '대용유지' 또는 '대용버터'라고 부르죠. '짝퉁 코코아버터'라는 이름이 더 정확할 듯싶네요. 이 유지도 앞에서 말씀드린 플라스틱 유지와 같은 가문이라서요.

유지는 초콜릿에서 품질을 결정하는 핵심 원료입니다.[6] 코코아버터를 많이 쓸수록 좋은 초콜릿이 됩니다. 좋은 초콜릿에는 대용유지가 들어가지 않거나, 적게 들어가죠. 반대로 코코아버터를 조금 쓸수록 나쁜 초콜릿입니다.[7] 그만큼 대용유지를 많이 쓸 수밖에 없지요. 코코아버터는 전혀 쓰지 않고 대용유지로만 만든 초콜릿도 있습니다. 제가 무척 경멸하는 초콜릿이죠.

초콜릿에서 코코아버터가 중요한 것은 왜일까요. 초콜릿의 품질 요소 제1호, '항산화력'과 관계가 있어서입니다. 초콜릿은 원래 좋은 식품이라고 했잖아요. 과자에서는 보기 드문 항산화 식품이기 때문이에요. 이 항산화력의 열쇠를 코코아버터가 쥐고 있답니다. 코코아버터가 들어가야만 항산화력이 완성되거든요.[8] 좋은 초콜릿에 항산화력이 풍부한 것이 그래서죠.

나쁜 초콜릿에는 항산화력이 거의 없습니다. 있더라도 미약한 정도지요. 어떤 초콜릿은 항산화력은커녕 오히려 활성산소를 만들 수도 있어요. 대용유지를 많이 쓰는 데다 다른 첨가물이 마구 들어가기 때문입니다.

초콜릿 가공품

한국의 과자 시장에서는 '초콜릿가공품'이 인기더군요. 초콜릿가공품이란 초콜릿에 비스킷이나 빵, 케이크, 캔디 같은 다른 식품과 합쳐 만든 복합제품을 말합니다. 초콜릿을 보통 겉에 바르거나 안쪽에 넣어 만들지요. 이를테면 초콜릿을 둥근 파이에 입힌다든가, 길쭉한 비스킷에 묻히는 식입니다. 요즘에는 떡에도 초콜릿을 발라 만든 제품이 있더군요.

초콜릿가공품을 만드는 초콜릿에는 코코아버터를 거의 쓰지 않습니다. 대부분 대용유지를 씁니다. 당연히 좋은 초콜릿이라 할 수 없죠. 초콜릿의 본고장인 서양에서는 이런 제품을 아예 초콜릿으로 인정하지 않습니다.[9] 한국에서는 다 초콜릿으로 통하지요. 이런 초콜릿을 업계에서는 '준초콜릿'이라고 부릅니다. 발렌타인 데이나 화이트 데이 때 아이들이 선물로 주고받는 각종 캐릭터 초콜릿도 대부분 준초콜릿이랍니다.

혹시 '콤파운드 초콜릿'이라고 들어보셨나요. 서양 사람들이 초콜릿을 일컬을 때 가끔 쓰는 용어입니다.[10] 그것이 바로 준초콜릿이에요. 콤파운드compound란 '섞는다'는 의미잖아요. 대용유지를 섞었다는 뜻이지요. 더러는 '페이크 초콜릿'이라고 부르는 이도 있습니다.[11] 결국 짝퉁, 아니 가짜라는 이야기죠. 가짜식품의 그림자가 초콜릿 마을에까지 드리워져 있군요.

가짜 초콜릿이 있다면 진짜 초콜릿도 있겠네요. 물론입니다. 서양 사람들은 콤파운드 초콜릿에 대응해서 '리얼 초콜릿'이라는 말도 만들었습니다.[12] 리얼real이란 진짜라는 뜻 아닙니까. 코코아버터가 들어간 정통 초콜릿을 가리킵니다. 당연히 좋은 초콜릿이죠. 사실 콤파운드니, 페이크니, 리얼이니 하는 말들은 식품을 수식하기에 적절한 용어가 아닙니다. 이런 단어가 나도는 초콜릿 시장의 현실이 요즘 말로 '웃프'네요. 비단 초콜릿 시장뿐이겠습니까만.

정답은 나와 있습니다. 당연히 좋은 초콜릿을 드셔야죠. 좋은 초콜릿은 천연 코코아 함량이 많은 제품입니다. 대용유지와 설탕을 쓰고 각종 식품첨가물들을 넣으면 몸에 좋은 코코아 성분은 줄어들 수밖에 없습니다. '악화가 양화를 구축'하는 식이죠. 전문가들은 코코아 함량이 되도록 70퍼센트 이상인 초콜릿을 선택하라고 조언합니다.[13] 준초콜릿으로서는 언감생심이지요.

저는 여러분이 좋은 초콜릿, 즉 진짜 초콜릿을 드시면 금세 알아차립니다. 기분이 좋아지거든요.[14] 그 안에는 저의 팬 같은 친구들이 무척 많아서죠. 저뿐만이 아니에요. '세로토닌'이라고 아시죠? 요즘 주목받고 있는 이른바 '행복 호르몬'입니다. 여러분이 좋은 초콜릿을 드시면 이 호르몬이 신바람을 낸답니다.[15] 여러분은 마음이 편해지고 행복감을 느낄 수 있죠. 피로 해소에 도움이 된다는 보고도 있습니다.[16] 준초콜릿 같은 짝퉁 초콜릿은 그 반대라고 봐야죠.

한국에서 한때 '다크 초콜릿'이 인기를 끈 적이 있지요. 카카오 함량이 75퍼센트 이상인 제품을 보통 다크 초콜릿이라고 합니다.[17] 다크dark라는 말이 의미하듯 초콜릿 색깔이 좀 진하죠. 맛도 쌉쌀합니다. 진짜 초콜릿의 본모습이라고 보시면 됩니다. 유감스럽게도 요즘은 이런 좋은 초콜릿이 잘 안 보이네요. 준초콜릿의 가공된 단맛에 길든 소비자들이 다크 초콜릿 고유의 쌉쌀한 맛에 적응하지 못했기 때문으로 보입니다. 안타깝습니다.

38

번거로움의 가치

국민과자의 '반건강적인' 자화상

가공식품의 꽃인 과자는 종류도 많고 브랜드도 많습니다. 한국인이 가장 좋아하는 과자는 무엇일까요. 제일 많이 팔린 제품이겠죠. 많은 이들이 그 유명한 '새우맛 스낵'을 떠올리지 않을까요. 꽤 오래전부터 먹어왔고 아무리 먹어도 물리지 않을 법한, 그야말로 '과자의 군계일학'이잖아요. 대단한 제품이죠. 하지만 그 스낵 과자가 1등은 아니랍니다. 2등입니다. 더 높은 점수를 받는 과자가 있지요. 초콜릿가공품 시장의 신화, '초코파이'입니다.[1]

두 과자의 인기도를 놓고 순위를 매기는 것은 사실 부질없는 일이지요. 둘 다 이름만으로도 강력한 카리스마를 발산하는, 기념비적 장수 브랜드니까요. 축복받은 과자들이죠. 태어난 이후 줄곧 여러분의 사랑을 독차지해왔습니다. 두 과자는 그럼 여러분에게 어떻게 보답했을까요. 식품이 소비자에게 보답한다면 건강에 기여하는 것일 텐데요. 유감스럽게도 그 반대입니다. 호르몬의 감각으로 볼 때 이 과자들은 오히려 여러분의 건강을 해치고 있습니다. 그것도 크게.

먼저 초코파이를 보시죠. 국민과자 제1호라는 데 이의가 없으실 터입니다. 생각만 해도 침샘이 자극되시나요. 향수 어린 구수한 '전분취'에다 입 안 가득 감도는 묵직한 달콤함! 왜 그렇게 달콤할까요. 간단합니다. 설탕, 물엿 따위의 정제당이 무척 많이 사용되기 때문입니다. 이런 유형의 과자는 보통 3분의 1 가량이 정제당입니다.

단맛뿐만이 아니죠. 한입 베어 무는 순간, 살얼음 같은 초콜릿 막이 바스러지듯 깨지면서 입안 가득 넘치는 하염없는 부드러움! 왜 그렇게 부드러울까요. 역시 간단합니다. 수분이 많기 때문입니다. 초코파이는 '고高수분 과자'죠. 이런 제품은 수분 함량이 보통 10퍼센트를 훨씬 넘습니다.

수분이 많으면 좋은가요. 부드러워서 먹기는 좋지요. 하지만 식품으로서 피할 수 없는 약점이 따라붙습니다. 자칫 변질되기 쉽다는 것. 유통 과정에서 특히 주의해야 합니다. 반드시 냉장고에 넣고 팔아야 하죠. 실제로는 어떤가요. 초코파이 매대에는 냉장 시설이 없습니다. 아무 데나 박스째 쌓아놓고 팝니다. 그럼에도 변질 문제가 없지요. 곰팡이조차 피지 않습니다. 수분이 그렇게 많은데도요.

초코파이

보존료, 다시 말해 방부제를 생각하셨다면 전문가 수준이십니다. 그러나 정답은 아니네요. 라벨을 보세요. 보존료는 물론, 그 비슷한 표기도 없습니다. 이 사실 속에 초코파이의 아킬레스건이 들어 있답니다. 일단 설탕 등 당류를 많이 쓰면 보관성이 좋아지죠. 산도조절제와 유화제 따위도 보관성 향상에 기여하고요. 하지만 미미한 정도입니다. 강력하게 보관성을 높여주는 물질이 있습니다. 짐작하셨을지도 모르겠네요. 인공경화유, 다름 아닌 쇼트닝입니다.[2] 정제가공유지라고 표기하는 경우도 있지요. '플라스틱 유지'라는 말, 기억하시죠?

커스터드, 슈크림, 머핀, 시폰, 카스텔라, 케이크, 크루아상……. 이 과자들도 부드러움이 최대의 무기죠. 역시 수분이 많다는 공통점이 있습니다. 쇼트닝·마가린 같은 인공경화유를 씀으로써 유통기한을 길게 할 수 있지요. 유통기한만 길게 하나요. 식품회사의 수명도 길게 합니다. 반면에 짧게 하는 것도 있습니다. 여러분의 수명입니다. 물론 저 같은 건강 지킴이의 수명도 짧게 하지요. 인공경화유의 불공평한 민낯입니다.

국민과자 제2호, 새우맛 스낵은 어떤가요. 진한 새우맛이 깊은 감칠맛과 기막히게 균형을 이룹니다. 한마디로 맛있습니다. '저절로, 자꾸자꾸' 손이 갑니다. 왜 그렇게 맛있을까요. 이 스낵 과자엔 인공경화유는 쓰지 않습니다. 대신 액상유인 추출정제유를 씁니다. 이때 함께 넣어주는 것이 있지요. 인공 맛의 화신, '조미료와 향료'입니다. 그 감동적인 맛의 주역이 바로 식품첨가물이었군요.

몇 해 전에 한국에 혜성처럼 떠오른 스낵이 있었지요.[3] 포테이토칩인데, 기존 제품과는 맛의 속살이 사뭇 다릅니다. 포테이토칩은 원래 짭조름한 맛을 기본으로 하잖아요. 새로 등장한 이 스낵은 달짝지근한 맛입니다. 그 맛은 묘하게 허니맛을 연상시키죠. 이 허니맛은 버터맛과 어색하면서도 친근하게 조화를 이룹니다. 스낵 시장의 판도를 바꿀 듯 기세등등한 이 과자의 명성도 알고 보니 '첨가물 찬스'의 아바타였네요. 합성감미료가 있잖아요. 여기에 인공조미료와 향료가 합세했습니다.

유명 과자라고, 또 장수 브랜드라고 안심하시면 안 됩니다. 국민과자 제1호, 초코파이. 제가 가장 싫어하는 과자입니다. 정제당과 인공경화유가 쌍

절곤이 되어 저를 공격하지요. 국민과자 제2호, 새우맛 스낵. 제가 그다음으로 싫어하는 과자입니다. 추출정제유와 조미료, 향료가 삼두마차를 끌고 저를 공격하죠. 과자들이 대체로 비슷합니다. 흔히 과자를 정크푸드의 전형으로 꼽잖아요. 여러분을 매료하는 과자의 특질들이 현대병의 초대장인 식품첨가물의 허상이기 때문입니다.

그럼 과자는 무조건 퇴출해야 할 나쁜 식품인가요. 다시 환기해드리겠습니다. 과자가 나쁜 것이 아닙니다. 나쁜 과자가 나쁜 것입니다. 아니, 그 안에 들어 있는 나쁜 물질이 나쁜 것입니다. 나쁜 물질을 쓰지 않고 제대로 만든 과자는 좋은 식품입니다. 그런 좋은 과자는 영양 간식의 반열에도 충분히 올릴 수 있습니다. 과자라고 다 정크푸드가 아니지요.

과자를 대표하는 비스킷의 라벨입니다. 비스킷 하면 거의 자동으로 따라붙는 첨가물이 있지요. 유화제, 산도조절제, 조미료, 향료 따위입니다. 이 제품에 그런 물질들이 있나요. 아무리 눈 씻고 봐도 안 보입니다. 이른바 '무첨가 과자'입니다. 맛은 어떨까요. 조미료, 향료를 안 썼으니 맛이 없겠지요. 천만에요. 꽤 맛있습니다. 물론 맛이 자극적이진 않습니다. 은근히 당기는 자연의 맛이 충분히 만족스럽습니다.

- 식품유형: 비스킷류(과자류)
- 영업신고: 충북
- 내용량: 150g
- 원료명: 밀가루(국산) 51.6%, 검은콩(국산) 5.1%, 마스코바도(당류가공품) 23.2%, 유정란(국산,계란)17.3%, 버터2.3%, 소금(국산)0.3%
- 제조원:

무첨가 과자

맛은 조미료만의 전유물이 아닙니다. 향료를 꼭 써야 하는 것도 아닙니다. 좋은 원료를 쓰면 맛이 저절로 나옵니다. 여러분이 평소에 드시는 일반 가공식품에는 대개 값싼 수입·정제 원료를 쓰지요. 당연히 맛이 잘 안 나올 수밖에요. 가공식품에 조미료·향료 따위가 필요한 이유입니다. 이런 녀석들이 만드는 맛은 자연의 맛이 아닙니다. 인공의 작위적인 맛입니다. 문제는 그 맛이 안전하지 않다는 것.

위 비스킷에서 좋은 원료의 가치를 느껴보십시오. 국산 농산물, 이른바 로컬푸드들임을 한눈에 알 수 있지요. 로컬푸드는 신선합니다. 신선한 먹거리에는 자연의 맛과 영양이 살아 있습니다. 검은콩, 유정란 등에서 신뢰감이 느껴지지 않습니까. 유지는 뭐를 썼나요. 일반 비스킷에서 흔히 보는 쇼트닝이나 마가린이 아닙니다. 자연의 굳기름, 버터입니다.

생소한 물질명이 보이는군요. '마스코바도'라고요. 뭘까요. 설탕입니다. 설탕에도 좋은 것이 있고 나쁜 것이 있다고 했죠. 마스코바도는 좋은 설탕입니다. 비정제설탕이거든요. 앞에서 언급한 머스코바도와 같은 말입니다.

이 비스킷 제품은 시사하는 바가 큽니다. 식품첨가물 없이도 얼마든지 훌륭하게 과자를 만들 수 있다는 교훈을 던져주잖아요. 과자뿐만이 아닙니다. 모든 가공식품이 마찬가지입니다. 꼭 식품첨가물이 필요한 것이 아닙니다. 제조·유통 과정에서는 좀 번거로울 수 있지요. 그 번거로움은 식품 안전을 위해서, 소비자 건강을 생각해서 충분히 감내할 가치가 있습니다.

위험한 믹스

고당분·고지방의 상징, 커피믹스

회사는 다 마찬가지겠습니다만, 특히 식품회사에게는 신제품 전략이 중요합니다. 히트상품 하나만 잘 개발하면 회사가 일취월장하죠. 반대로 이렇다 할 신제품을 내놓지 못하면 위기에 봉착합니다. 그래서 회사의 모든 조직이 히트상품 개발에 목을 매게 됩니다. 그 중심에 있는 조직이 마케팅 부서죠.

오늘날 가공식품 회사에서 마케팅 부서의 힘은 실로 막강합니다. 마케팅 부서의 결정이 곧 법이라 할 수 있죠. 다른 부서는 마케팅 부서의 결정에 이의를 제기할 수 없습니다. 최고경영자의 의중이 늘 마케팅 부서에 실리기 때문입니다. 유감스럽게도 이 현실이 '가공식품의 정크화'를 부추기는 원인이 되고 있습니다.

마케팅 담당자가 지향하는 최고의 목표는 무엇일까요. '잘 팔리는 제품 개발'입니다. 히트상품을 만들어 장수 브랜드로 키우는 것이 마케팅 담당자의 사명이자 꿈입니다. 그들은 '값싸게', '맛있게'를 좌우명처럼 암송합니다. 그들 머릿속에 소비자 건강에 대한 책임 의식이 들어설 틈은 없습니다.

이런 그들 나름의 영감이 결실을 맺은 것이 초코파이, 새우맛 스낵이죠. 콜라, 바나나맛우유, 게맛살 따위일 수도 있고요. 이와 같은 효자 제품을 업계에서는 흔히 '코어 브랜드core brand'라 부릅니다. 말 그대로 '핵심 상표'라는 뜻이지요.

코어 브랜드 제품은 회사를 살찌게 합니다. 그 회사들은 지금 굴지의 식품 대기업이 되어 있지요. 코어 브랜드 제품은 또한 소비자도 살찌게 합니다. 살찐 소비자는 그럼 위대한 인물이 되어 있을까요. 유감스럽게도 비만의 질곡에 빠져 있습니다. 그 사람 몸 안에 있는 저 같은 호르몬은 고통의 나날을 보내고 있고요. '코어 브랜드의 역설'이죠.

이 역설을 방증할 법한 제품이 하나 있습니다. 식품 장르는, 커피입니다. 한국을 단숨에 커피 대국으로 끌어올린 이 제품은 간편성을 최대 무기로 합니다. 값도 무척 싸고요. 간편하고 값싸면 인기를 끌 수밖에 없죠. 연간 매출액 1조 원 돌파![1] 태어난 지 반세기를 바라보는 오늘, 이미 장수 브랜드가 된 이 제품은, 이제 한국인의 생필품이 되었습니다. 명성에 걸맞게 대형 마트에서 최고 권좌에 올라 있죠. 슈퍼나 편의점에서도 '귀하신 몸'으로 대접받고 있고요. 다름 아닌 '커피믹스'입니다.

이 위대한 커피 제품의 고향은 한국입니다. 한국에서 태어나 성장했지요. 커피의 본고장인 서양에는 이런 커피 시장이 거의 없습니다. 한국인의 독특한 식문화를 대변하는 제품이라고 할 수 있죠. 비빔밥이 한국 음식을 대변하는 것처럼요. 그러고 보니 커피믹스와 비빔밥은 서로 통하는 일면이 있네요. 여러 재료를 섞는다는 점에서 말이죠. 물론 소비자 건강 측면에서는 둘이 천지 차이지만요.

어떤 이는 커피믹스를 '현대판 숭늉'이라고 하더군요. 한국인들이 예전엔 식후에 숭늉을 마셨는데, 요즘엔 커피믹스를 타서 마신다는 것입니다. 단순한 기호식품을 떠나 필수 디저트 식품이 되어버렸네요. 음식 문화는 생활양식을 말해주고, 그 사회의 미래를 예언해주죠. 건강을 결정하는 가장 큰 인자가 식생활이니까요. 이 위대한 '믹스'는 한국인의 건강에 어떻게 기여하고 있을까요.

여러분의 건강 지킴이로서 말씀드리겠습니다. 커피믹스를 최대한 멀리하십시오. 그 '믹스'에 열광하는 이유가 뭡니까. 맛있어서입니까. 정제당·정제가공유지·향료 따위의 첨가물 맛입니다. 그 맛이 자꾸 생각나십니까. 중독되셨을 가능성이 큽니다. 식품첨가물은 중독성이 있다는 사실, 아시잖아요.[2] 그

강렬한 맛과 중독성은 여러분을 위로할지 모릅니다. 하지만 잠시일 뿐입니다. 그 끝에 대사증후군의 늪이 있습니다.[3] 아시다시피 현대병의 입구죠. 바이러스성 팬데믹의 '부채'일 수도 있고요.

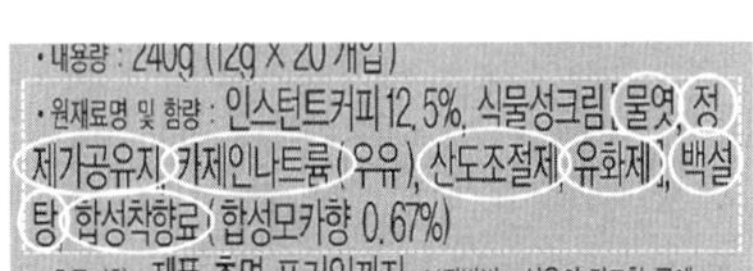

커피믹스

커피믹스에서 가장 거슬리는 '눈 안의 들보'가 설탕입니다. 길쭉한 필름 봉지 안의 '파우더 믹스'. 그 절반가량이 백설탕입니다. 전형적인 고당분 식품이죠. 크리머는 어떻습니까. 우유를 연상하십니까. 우유와는 관계가 멉니다. 카제인나트륨이라는 우유 성분의 화학첨가물이 안정제로 조금 들어갈 뿐입니다. 주원료는 정제가공유지예요. 인공경화유 또는 추출정제유에 첨가물을 섞어 크림 가루처럼 만들었지요. 고지방 식품이면서, 유감스럽게 이것도 짝퉁 냄새를 물씬 풍기네요. 핵심인 크림이 진짜가 아니잖아요.

짝퉁도 짝퉁이지만, 더 주목해야 할 민모습이 있습니다. 커피믹스의 숨겨진 콘셉트가 '고당분·고지방'이라는 점입니다. 뼈대가 정제당과 정제가공유지잖아요. 정제원료의 정점에 있는 이 두 녀석이 여러분 몸 안으로 동시에 밀려들면 횡포가 더욱 사나워집니다.[4] 저 같은 호르몬은 쥐구멍을 찾아야 해요. 테러리스트 둘이 한꺼번에 덤벼드는 꼴이거든요. 제가 일을 제대로 하겠습니까. 대사증후군이 빠르게 진행됨은 물론, 치매로도 이어질 수 있다는 연구가 있습니다.[5]

그럼에도 여러분은 이 '위대한 믹스'를 여간해서 끊지 못하시죠. 이유가 있습니다. 마약성 진통제, 모르핀 아시잖아요. "고당분·고지방 식품을 자주 먹으면 모르핀을 투여했을 때와 똑같은 약물 중독 현상이 나타난다"는 연구에 답이 있습니다.[6] 중독되신 것입니다. 식품첨가물 중독의 연장선에서 이해하시면 되겠네요.[7] 첨가물의 음험한 마각이 살짝 드러난 장면이죠.

앞에서 말씀드렸던 초코파이가 국민과자 제1호에 등극한 현실도, 오랜 기간 그 지존의 권좌를 유지하고 있는 비밀도, 알고 보면 별것 아닙니다. 초코파이 역시 뼈대가 정제당과 정제가공유지 아닙니까. 전형적인 고당분·고지방 식품이지요. 어릴 때부터 이 과자를 입에 달고 자란 아이들, 십중팔구 중독되었다고 봐야 합니다. 안 먹으면 금단현상도 오죠. 매장에서 날개 돋칠 수밖에요.

사실 커피에 대해서는 제가 할 말이 많답니다. 굳이 '고당분·고지방'을 들먹이지 않더라도 말이죠. 저에겐 알쏭달쏭한 식품이 커피거든요. 먼저, 카페인입니다. 아시다시피 커피를 상징하는 물질이죠. 저는 이 카페인과 그다지 친분을 쌓지 못했습니다. 워낙 까탈스러운 녀석이라서요. 툭하면 저의 발목을 잡고 시비를 건답니다.[8] 저는 솔직히 이 녀석 생각만하면 요즘 말로 '멘붕' 상태가 되곤 해요.

다행히 커피가 카페인만의 독무대는 아니죠. 다른 물질도 꽤 많습니다. 그 친구들은 대부분 저에게 우호적이랍니다. 그 가운데 으뜸이 '폴리페놀' 계통의 물질들이에요. 저는 이 친구들에게 진심으로 고맙게 생각합니다. 나쁜 무리들, 예컨대 활성산소 따위가 저를 공격할라치면 앞장서서 막아주거든요.[9] 앞에서 말씀드렸죠. '천연 항산화제'라고. 폴리페놀류가 대표적인 '항산화 물질'이에요. 이 친구들만 있으면 저는 마음 놓고 일에 몰두할 수 있지요.[10]

비록 인스턴트라도 커피 자체에 대한 저의 인식은 그다지 나쁘지 않습니다. 여러분이 커피를 많이만 드시지 않는다면 저는 결코 반대하지 않아요. 하지만 그 '짝퉁 믹스'는 절대 반대입니다. 폴리페놀 같은 헌신적인 친구들이 이 믹스 커피에서는 거의 힘을 쓰지 못하거든요. 비장의 무기인 항산화력이 식품첨가물, 즉 정제당·정제가공유지·화학물질에 무참히 짓밟히기 때문입니다.[11]

그렇다면 낙담하실 필요가 없겠네요. 역시 커피믹스가 나쁜 것이 아니잖아요. 나쁜 것은 커피믹스의 나쁜 물질들이잖아요. 크리머는 우유로 만든 진짜 크리머를 쓰자고요. 설탕은 비정제설탕을 쓰고요. 화학물질들은 미련 없이 빼냅니다. 이렇게 만든 커피믹스라면 제가 반대할 까닭이 없지요. '웰빙커피'가 마냥 멀리 있는 것만은 아닙니다.

다만, 아무리 웰빙커피라도 카페인에 민감한 분들은 자제하셔야겠지요. 특히 아이들이 걱정입니다. 카페인은 신경독성물질이거든요.[12] 중추신경계를 손상합니다. 어른은 신경독성물질에 대한 저항력이 어느 정도 있어요. '혈뇌장벽'이라는 차단막이 신경계를 보호하기 때문입니다.[13] 아이들은 그 차단막이 아직 채 갖추어져 있지 않지요.[14] 어린이나 학생이 커피를 마시면 안 되는 이유입니다.

현실은 쉽지 않네요. 커피만 피한다고 되는 것이 아니잖아요. 각종 음료, 유가공품, 과자 등등. 라벨을 보세요. 도처에 카페인이라는 글자가 널려 있습니다. 노골적인 것이 콜라, 커피우유 따위이고, 초콜릿도 사실 카페인 은신처지요. 죄다 어린이 기호식품 아닙니까. 여러분 자녀의 신경계가 온전할 수 없는 환경이에요. 저와의 갈등으로 인한 잡음은 어찌 보면 조족지혈, 즉 '새 발의 피'라는 말씀입니다.

한때 에너지음료가 인기를 끈 적이 있지요. 물론 아직도 음료시장에서 어엿한 존재감을 자랑하고 있습니다만. 저는 이 음료를 감히 '몰상식한 식품'이라고 명토박겠습니다. 타깃이 누굽니까. 어린 학생들 아닙니까. 카페인 함량이 콜라보다 훨씬 많다는 사실을 아시는지요. 영국의 한 연구팀은 최근 '에너지음료가 혈관병의 원인'이라며, 젊은 층일수록 더 조심하라고 경고합니다.[15] 미국에서는 이 음료로 인해 학생이 사망한 사건까지 있었지요.[16]

카페인 하면 빼놓을 수 없는 식품이 제약회사의 각성 드링크류입니다. 그 '신박한' 각성 효과가 카페인의 마력이라는 사실, 잘 아시죠? 식품첨가물의 복마전이라는 점은 언급하지 않겠습니다. 요즘 한국 사회의 화두가 '안전'이지요. 식탁에서도 안전을 외쳐야 하는 현실이 답답합니다. 건강 지킴이 호르몬으로서 피곤한 나날의 연속일 수밖에요.

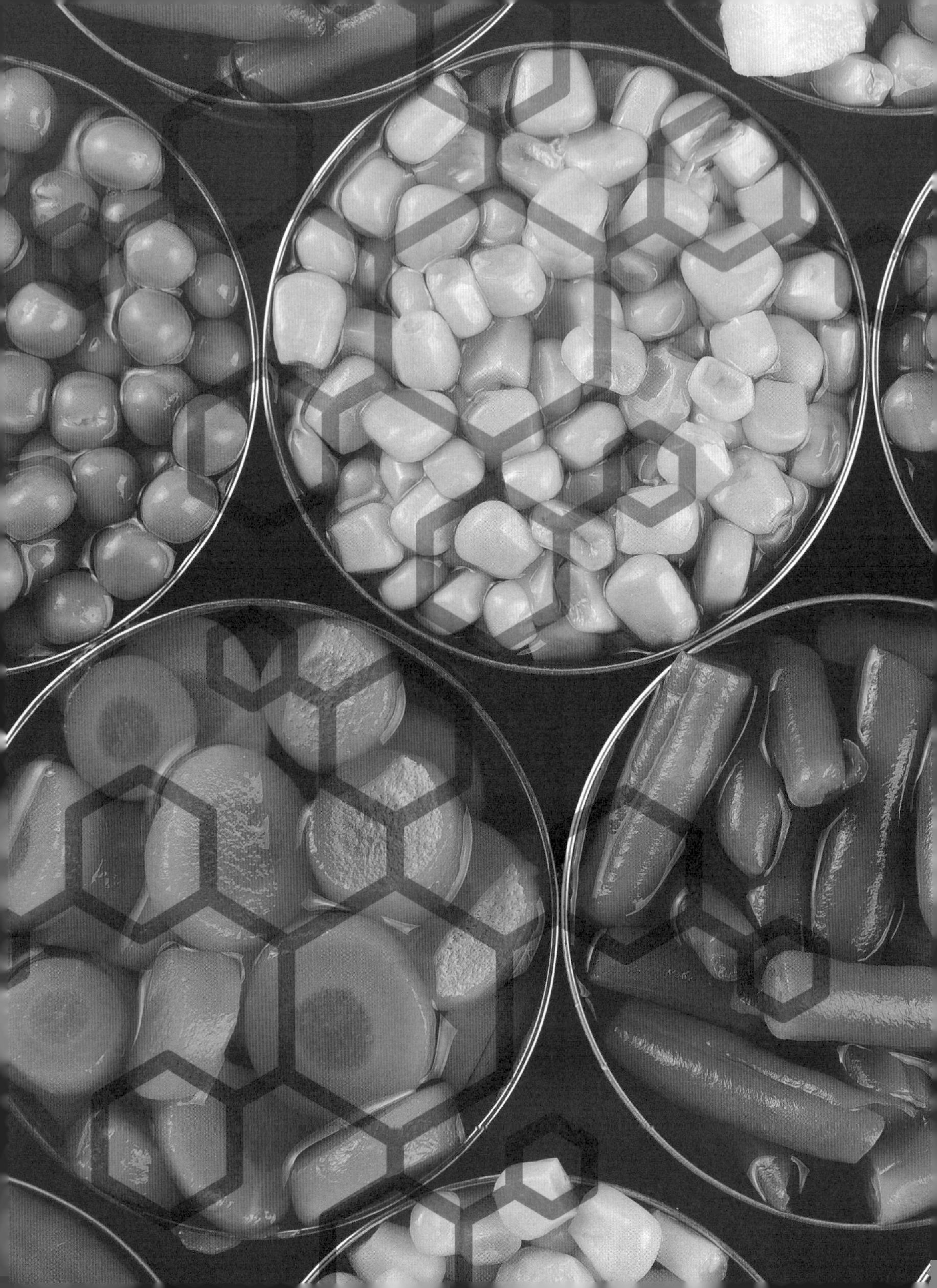

네 번째 이야기

내 몸을 지키는 식생활

칵테일 효과

'신경독성 첨가물'의 교활성

현대인의 신경계는 참 괴롭습니다. 신경독성물질, 즉 신경계를 공격하는 물질이 여러분 주변에 너무 많아서요. 가장 안전해야 할 식생활에서조차 신경독성물질을 감시해야 한답니다. 식품첨가물에도 위험한 신경독성물질이 꽤 많거든요.[1]

맛 중의 맛, 감칠맛을 보시죠. 이 맛을 가장 값싸게 내주는 물질이 MSG입니다. 식품첨가물이잖아요. 대표적인 신경독성물질입니다. 또 향수를 불러일으키는 맛, 단맛은 어떤가요. 합성 감미료의 기린아, 아스파탐이 값싸게 내줍니다. 역시 식품첨가물인데, 마찬가지로 신경독성물질이지요. 보존료나 색소, 향료 따위에도 신경계를 괴롭히는 녀석들이 꽤 많습니다. 업계가 영혼을

팔아서라도 지킬 법한 이 첨가물들은 신경계뿐만 아니라 저 같은 호르몬까지 닦달하곤 하죠.[2]

신경독성물질을 이해하는 데 꼭 필요한 상식이 하나 있습니다. 이른바 '비빔밥의 역설'입니다. 비빔밥은 원래 한국이 자랑하는 건강식이죠. 여러 음식을 섞어 먹는 만큼 영양분을 고루 섭취할 수 있다는 점이 매력입니다. 하지만 조건이 하나 있습니다. 좋은 음식들을 섞을 때에 한해서입니다. 나쁜 음식들, 이를테면 첨가물 같은 화학물질이 들어 있는 음식을 섞으면 이롭기는커녕 오히려 더 해롭습니다.[3] 무슨 이야기냐고요?

사례를 몇 가지 보시죠. MSG가 사용된 식품을 합성색소가 들어 있는 식품과 함께 드시지 마십시오. 신경독성이 더 커집니다.[4] 아스파탐이 사용된 식품도 마찬가지입니다. 합성색소와 섞어 드시면 신경독성이 더 커집니다.[5] 앞에서 말씀드린 '아스파탐 막걸리'가 생각나네요. 막걸리 단맛의 실체인 아스파탐이 알코올과 만나 유해성을 더 키운다고 했지요. 커피의 영혼 격인 카페인도 이 못된 대열에 들어 있습니다. 보존료 등 다른 화학물질을 만나면 발톱이 더 날카로워집니다.[6] 카페인에도 신경독성이 있다고 했지요.

이 난잡한 현상을 설명하는 이론이 저 유명한 '화학물질의 칵테일 효과'입니다. '화학물질을 섞으면 유해성이 더 커지거나 새로운 유해성이 나타날 수 있다'는 이론이죠. 비타민C 음료를 통해 처음 밝혀졌습니다. 한창 인기를 끌던 비타민C 음료에서 독성물질인 '벤젠'이 검출된 것입니다. 알고 보니 첨가물 짓이었습니다. 보존료로 사용한 안식향산나트륨과 영양제인 합성비타민C가 '불륜'을 저질러 벤젠이라는 '사생아'를 만든 것이죠.[7]

다행히 요즘엔 비타민C 음료에 안식향산나트륨을 쓰지 않지요. 두 물질의 '부정 행각'이 뒤늦게나마 드러난 덕분입니다. 그 전까지는 많은 소비자들이 '벤젠 음료'를 마신 셈이죠. 아직도 제약회사의 몇몇 드링크류에서는 안식향산나트륨의 꼬리가 보이더군요. 그 안에는 틀림없이 비타민C 성분도 있을 텐데요. 무책임하거나 비양심적이거나, 둘 중 하나죠. 안식향산나트륨은 벤조산나트륨이라고도 합니다. 합성비타민C는 아스코브산이라고도 하고요.

칵테일 효과는 색소에서도 관찰됩니다. 합성색소를 대표하는 타르색소. 무척 해로운 물질이지요. 한국에서 16가지가 사용되고 있습니다. 이 색소도 한 가지만 단독으로 먹으면 그나마 좀 낫습니다. 하지만 두 가지, 세 가지를 섞어 먹으면 훨씬 해롭습니다.[8] 신경독성이 더 커지거든요. 안식향산나트륨이나 타르색소나 똑같이 신경독성물질이라는 사실에 시사점이 있네요.

실은 발암물질도 이 대열에 들어 있답니다. 발암물질 여러 가지를 동시에 먹는 일이 있으신가요. 조심하시오. 발암성이 더 커집니다.[9] 이 사실은 중요한 의미를 담고 있지요. 발암물질의 기준치, 즉 '역치threshold value'라는 개념이 무의미해진다는 뜻입니다.[10] 역치란 암세포를 만드는 최소 농도를 말하죠. 이 수치는 발암물질 한 가지만 먹었을 때를 가정하여 설정하거든요. 현실 식생활에서는 여러 발암물질을 동시에 먹는 일이 비일비재한데 말이죠.

식품첨가물에도 발암 의심물질이 꽤 많습니다. 이 물질들은 대개 사용량 기준이 정해져 있지요. 발암성이 있어도 기준만 잘 지키면 안전하다고 말합니다. 칵테일 효과, 즉 '발암성 상승 현상'을 무시한 발언이에요. 첨가물 사용량 기준을 다시 검토하여 재설정해야 합니다. 물론 사용을 아예 금지하는 것이 최선이겠지만요.

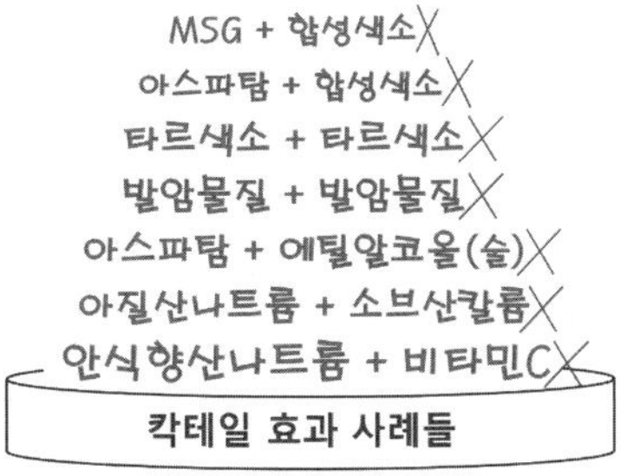

MSG + 합성색소X
아스파탐 + 합성색소X
타르색소 + 타르색소X
발암물질 + 발암물질X
아스파탐 + 에틸알코올(술)X
아질산나트륨 + 소브산칼륨X
안식향산나트륨 + 비타민CX
칵테일 효과 사례들

칵테일 효과는 식품첨가물의 아킬레스건입니다. 오늘날 식생활 안전의 근간을 흔드는 맹점이죠. 그럼에도 식품첨가물 규정에는 이 개념에 대한 고려가 전혀 없습니다. 가공식품에 식품첨가물을 하나만 쓰나요. 그런 제품은 거의 없습니다. 한 제품에 보통 열 가지부터 스무 가지, 많게는 수십 가지의 첨가물을 동시에 씁니다. 가공식품의 안전성에 큰 구멍이 뚫려 있다는 뜻이에요. 식품첨가물이 얼마나 무책임하게 관리되고 있는 것인가요.

일반적으로는 혼식混食, 즉 여러 음식을 섞어먹는 것이 건강에 좋습니다. 밥도 잡곡밥이 좋은 것처럼 말이죠. 그러나 식품첨가물은 그 반대입니다. 섞어 먹으면 더 나쁩니다. 지금까지 알려진 칵테일 효과들은 빙산의 일각이에요. 앞으로 더 많은 사례가 보고될 것입니다. 이참에 '무첨가 식생활'을 원칙으로 하면 어떨까요.

예전에 쌀이 부족했던 시절이 있었습니다. 금석지감이 듭니다만, 당시엔 정부가 앞장서서 잡곡밥을 권장했지요. 사실 그때가 저에겐 가장 행복했던 시기였답니다. 최고의 컨디션을 유지하며 편안하게 저의 일과를 즐길 수 있었으니까요. 원래 잡곡밥이 저를 편안하게 해주거든요.[11] 무엇보다 당시에는 식품첨가물을 사용한 현대식 가공식품이 귀했지요. 여러분이 먹고 싶어도 먹을 수 없었습니다. 지금은 너무 변했어요. 잘못된 쪽으로.

비빔밥은 좋은 음식임이 틀림없습니다. 다만, 좋은 식품으로 비벼야 합니다. 나쁜 식품으로 비비면 더 나쁩니다. 좋은 식품이란 비타민, 미네랄, 섬유질 등 자연의 영양분이 잘 보존된 식품을 말합니다. 이런 식품에는 대개 첨가물이 없습니다. 나쁜 식품은 과도하게 가공된 정제식품을 말합니다. 이런 식품은 거의 첨가물 범벅이죠.

코로나의 '절친'

리콜 대상 제1호, 가공육

고혈압약, 위장약, 당뇨병약. 이들 세 의약품엔 공통점이 하나 있습니다. 차례대로 구설에 오른 적이 있다는 점입니다. 얼마 전에 꽤나 시끄러웠지요. 이들 몇몇 유명 제품에 발암물질이 들어 있다고 해서요. 제약업계에 난리가 났었죠. 의약품에 발암물질이라니! 해당 제품들은 즉각 판매 중지되고, 리콜에 들어갔습니다.[1] 갑자기 의아스러우실지 모르겠네요. 난데없이 웬 의약품 이야기냐고. 식품첨가물과 관계가 있답니다. 자못 중요한 이야기예요.

문제의 발암물질은 '니트로사민'이라는 녀석이었습니다.[2] 니트로사민? 좀 생소하실지 모르겠네요. 여러분의 일상에서 거의 접할 일이 없는 물질이라서요. 그럼 '아질산염'이라는 말은 들어보셨겠죠. 식품첨가물에 '아질산나트륨'이라고 있잖아요. 중요한 첨가물이죠. 그 형제들이 몇 있는데, 통틀어 아질산염이라고 합니다. 이 아질산염이 변하면 니트로사민이 된답니다.[3] 의약품 제조 과정에서 아질산염이 저절로 만들어질 수 있어요.[4] 그 녀석이 변한 것이지요. 결과적으로 불청객인 아질산염이 발암물질 소동의 원흉이었던 것입니다.

아질산염의 여러 형제 가운데 맏형 격인 물질이 아질산나트륨입니다. 콧대가 꽤나 높은 녀석이에요. 식품업계, 특히 육가공업계가 신줏단지처럼 모시는 '귀하신 몸'이거든요. 소시지·햄·베이컨 따위 육가공품에 안 들어가는 것이 거의 없어요. 일반 식품 매장의 가공육에 아질산나트륨이 없는 제품은 아마 없다고 해도 과언이 아닐걸요.

여기서 의문이 하나 생깁니다. "의약품의 아질산나트륨이 니트로사민으로 변한다면 가공육에 들어 있는 그것은?" 대단히 합리적인 의문이지요. 왜 아니겠습니까. 그렇게 변하고말고요.[5] 얼마 전에 소시지·햄이 발암물질이라고 언론들이 떠들어댔잖아요.[6] 그 의문이 현실로 드러난 것입니다. 논란의 발암물질은 아질산나트륨이 탈 벗고 나온 니트로사민이었습니다.[7]

"그럼 가공육도 판매 중지하고 리콜해야 하는 것 아닌가." 저와 이심전심이시네요. 굳이 전문성을 필요로 하지 않는, 지극히 상식적인 제언이지요. 소시지·햄 따위도 아질산나트륨이 들어 있는 한, 똑같은 상황이잖아요. 마찬가지로 판매 중지하고 리콜해야지요. 보건당국의 판단 기준이 뭡니까. 의약품의 아질산염과 가공육의 아질산염은 다른가요. 다르다면 '저절로 만들어진 것'과 '일부러 넣은 것'의 차이입니다. 그 차이로 인해 발암성이 다르게 나타나나요?

아질산나트륨의 '암적 독침'은 특히 경계해야 합니다. 고약하게도 이 녀석이 면역력을 떨어뜨리는 짓거리까지 하거든요.[8] 앞에서 말씀드린 카라멜색소의 못된 무용담이 생각나네요. 면역력이 약한 상태에서 발암물질이 들어오면 여러분 몸은 암세포의 활극장이 된다고 했잖아요. 한 저명한 암 전문가의 증언이 귓전을 때립니다. 미국 의회에서 그는 "가공육에 쓰는 아질산나트륨이 암의 가장 큰 원인"이라고 말했습니다.[9]

암뿐만이 아니에요. 아질산나트륨이 탈바꿈하면 발톱이 한층 날카로워집니다. '니트로사민이 비알코올성지방간염, 치매 등의 원인'이라는 보고가 있거든요.[10] 그 녀석은 또 저 같은 호르몬까지 핍박한답니다. "니트로사민이 인슐린저항을 일으킨다"는 연구를 주목하십시오.[11] 아예 '니트로사민이 당뇨병의 원인'이라는 연구도 있습니다.[12] 다 그 녀석이 저에게 몹쓸 짓을 해댄 결과들이지요.

답은 역시 '무첨가 철학'입니다. 가공육 제품을 이용하지 말자는 이야기가 아니잖아요. 후렴처럼 반복하게 됩니다만, 가공육이 나쁜 것이 아니죠. 나쁜 것은 그 안에 들어 있는 나쁜 물질이죠. 그 상징어가 아질산나트륨입니다. 다행히 요즘엔 그런 몹쓸 녀석이 들어 있지 않은 가공육이 더러 눈에 띄더군요. 마음만 먹으면 얼마든지 안전한 선택을 할 수 있다는 말씀입니다.

● 제품명: 내용량:650 g ● 축산물가공품의 유형:소시지(식육가공품)
● 원재료명 및 함량:돼지고기52.73%(국산), 닭고기26.88%(국산), 정제수, 옥수수전분, 대두단백(대두), 정제소금, 설탕, 글리신, 아질산나트륨(발색제), 소르빈산칼륨(합성보존료), 에리쏘르빈산나트륨(산화방지제), 코치닐추출색소(코치닐색소엔), 소스류(밀), 복합조미식품, 산도조절제, 혼합제제(유화제, 후말산),
● 보존기준:0~10℃에서 냉장보관 ● 유통기한:후면하단 표시일까지

일반 소시지

• 제품명 : 소시지 • 축산물가공의 유형 : 소시지 • 중량 : 300 g
• 원재료명 및 함량 : 돼지고기93.14 % (국산), 찹쌀가루(국산), 프락토올리고당, 볶은소금, 천연향신료, 천연조미료, 천연항산화제(로즈마리추출물), 칼슘 I (패각추출물), 칼슘 II (패각추출물) • 제조원 : 식품 충북
☎043) • 유통전문 판매원 :

무첨가 소시지

어쩔 수 없이 '아질산나트륨 가공육'을 드셔야 한다면? 아쉬운 대로 방법이 있습니다. 이미 아시는 분도 계시겠습니다만, 끓는 물에 데쳐드십시오. 일리 있는 방법입니다. 가공육을 데치는 과정에서 식품첨가물이 상당량 빠져나가지요. 80퍼센트가량 줄어든다는 보고가 있습니다.[13] 다만 유념하실 점은, 이때 식품첨가물만 빠져나가는 것이 아니라는 사실입니다. 맛 성분, 영양분 등도 함께 빠져나가죠.

방법이 하나 더 있습니다. 채소의 힘을 빌리는 것입니다. 가공육을 드실 때는 되도록 채소를 곁들이십시오. 가공육과 채소, 찰떡궁합입니다. 채소의 비타민C가 가공육의 아질산나트륨을 꼼짝 못하게 한답니다.[14] 니트로사민으로 변하는 것을 막아준다는 말씀이에요. 채소의 섬유질이 고약한 녀석들을 몸 밖으로 내쫓는 효과는 덤이고요.[15] 중요한 이야기인데 잘 알려져 있지 않네요.

김밥이 생각납니다. 가장 한국적인 음식이라 할 수 있죠. 시중 김밥엔 십중팔구 햄이 들어갑니다. 이때 시금치도 함께 넣으시나요. 좋은 조합입니다.

시금치의 비타민C가 햄의 아질산나트륨을 잘 감시할 테니까요. 시금치 외에 단무지나 우엉도 있군요. 여기에도 비타민C가 있겠네요. 이 친구들도 그 나름대로 역할을 하겠죠.

부대찌개 좋아하십니까. 이 찌개의 백미는 소시지, 햄이죠. 시중의 일반 소시지나 햄을 넣고 끓이신다면 채소를 충분히 넣으셔야겠어요. 이때 주의하실 점 하나, 어묵은 넣지 마십시오. 어묵에는 대부분 '소브산칼륨'이라는 보존료가 들어 있지요. '소르빈산칼륨'이라고도 합니다. 이 녀석이 가공육의 아질산나트륨과 반응하여 '에틸니트롤산'이라는 물질을 만듭니다.[16] 역시 발암성을 가진 고약한 녀석이에요. 이것도 칵테일 효과의 추태 가운데 하나죠.

식품첨가물 리스트에서 가장 먼저 없어져야 할 품목을 든다면 저는 주저 없이 아질산나트륨을 꼽겠습니다. 한마디로 몰상식한 녀석이에요. 고질적인 현대병의 주범이기 이전에 맹독성 물질이거든요. 얼마 전에 뉴스에 나왔지요. 어떤 사람이 아질산나트륨을 먹고 숨졌다고요. 물론 실수였습니다. 국이 좀 싱거워서 소금을 넣는다는 것이 어이없게도 아질산나트륨을 넣어버렸던 것이었습니다.[17] 아질산나트륨이 소금과 비슷하거든요. 국의 간을 맞추기 위해 소금을 넣었다면? 글쎄요, 양이 1그램이나 될까요. 그야말로 '눈곱만한' 양에도 사람 생명이 왔다 갔다 할 정도라니 그 독성을 능히 짐작하고도 남겠네요.

아이러니하게도 이런 겁나는 물질을 좋아하는 생명체가 있답니다. 그다지 유쾌한 존재는 아니겠죠. 그렇습니다. 괘씸하기 이를 데 없는 녀석입니다. 다름 아닌 '팬데믹성 바이러스'랍니다. 아질산나트륨이 여러분의 면역력을 떨어뜨린다고 했잖아요. 저를 핍박함으로써 인슐린저항을 일으킨다고도 했고요. 이런 인체는 코로나 바이러스에겐 최적의 숙주입니다. 그야말로 지상낙원이죠. 그런 황홀한 보금자리를 마련해준 아질산나트륨이 코로나19에겐 둘도 없는 '절친'이자 은인이죠.

이 사실을 뒷받침이라도 하듯, 최근 미국 노스웨스턴 대학 연구진이 의미 있는 연구를 하나 내놓았습니다. "가공육을 매일 0.43인분만 섭취해도 코로나19 감염 확률이 유의미하게 높아진다"고요.[18] 가공하지 않은 고기는 비록 적색육이라도 감염률에 아무 영향을 미치지 않았다네요. 가공육과 '비가공육'의 차이, 무엇일까요. 아질산나트륨이 있고 없고의 차이입니다.

아질산나트륨은 '일석삼조'의 첨가물이랍니다. 변질을 억제하고, 선명한 색깔을 내주며, 맛을 좋게 하거든요. 아무리 일석삼조가 좋기로서니 이런 흉악한 녀석의 손을 꼭 빌려야 할까요. 비단 가공육뿐만이 아닙니다. 명란젓이나 연어알젓, 유난히 싱싱해보입니까. 아질산나트륨의 농간일 가능성이 큽니다. 소울푸드 같은 그런 젓갈류에까지 이 녀석의 검은손이 뻗쳐 있는 현실, 여러분 식생활의 현주소예요.

오늘날에도 신문고가 있다면 크게 울리고 싶습니다. 꼭 좀 제 생각을 해달라고요. 아니, 여러분 몸 안 생각을 좀 해달라고요. 제품 라벨을 꼼꼼히 살피는 것이 첫 단추입니다. 여러분이 라벨을 살피면 업체는 여러분의 눈치를 살핍니다. 업체가 여러분의 눈치를 살피면 첨가물의 검은 그림자가 점점 흐려집니다. 결국엔 없어지죠. 이 시대에 식생활 안전을 이룰 수 있는 거의 유일한 방법입니다.

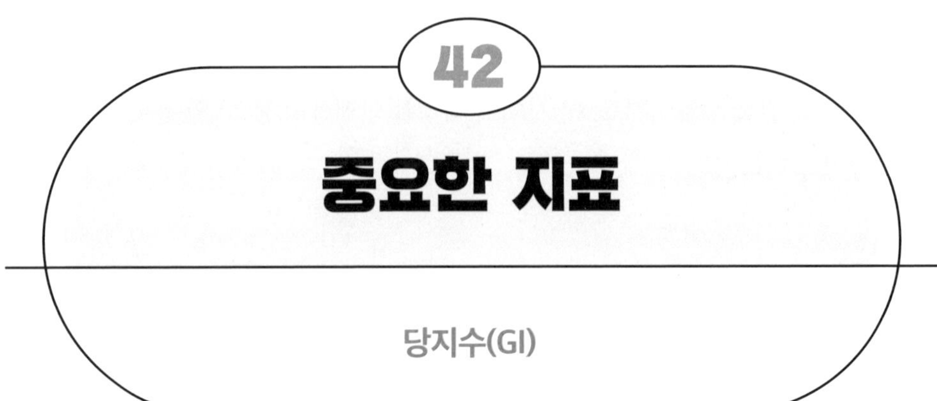

42 중요한 지표

당지수(GI)

식품은 두 가지로 나눌 수 있습니다. 좋은 식품과 나쁜 식품입니다. 좋은 식품은 여러분의 건강을 지켜줍니다. 나쁜 식품은 여러분의 건강을 해치지요. 건강을 위해서라면 당연히 좋은 식품을 드셔야죠. 여러분은 어떤가요. 평소 좋은 식품을 잘 드시나요.

제가 보기엔 그렇지 않은 것 같습니다. 여러분이 즐겨드시는 식품은 대개 나쁜 것인 경우가 많습니다. 왜 그럴까요. 건강이 그다지 중요하다고 생각하시지 않기 때문인가요. 역시 그렇지 않지요. 늘 건강을 최고의 가치로 꼽으시잖아요. 아마 여러분이 좋은 식품과 나쁜 식품의 차이를 정확히 구분하지 못하기 때문 아닐까요.

저는 좋은 식품과 나쁜 식품의 차이를 본능적으로 압니다. 여러분이 좋은 식품을 드시면 저는 아주 편안해져요. 기분도 좋아집니다. 일이 저절로 되지요. 인슐린저항이란 것, 강 건너 불입니다. 문제는 여러분이 나쁜 식품을 드실 때입니다. 저의 신경이 곤두섭니다. 초조하고 불안해서 안절부절못합니다. 당연히 저의 일이 제대로 안 되지요. 인슐린저항이란 작자가 수시로 노크를 해댑니다.

좋은 식품이 저를 편안하게 하는 것은 그 안에 저를 진심으로 배려하는 친구가 많기 때문입니다. 자연의 각종 영양분들이 그것이죠. 저의 영원한 팬이자 산소 같은 보배들입니다. 이 친구들이 지키고 있는 식품에는 저를 해코지하는 불량배 물질이 거의 없습니다. 그 식품을 만든 분의 '양심 창고'에 그런 위험한 물질이 없거든요.

나쁜 식품이 저를 불안하게 하는 것은 그 안에 고약한 녀석들이 진을 치고 있기 때문입니다. 그 몸통이 바로 식품첨가물이에요.[1] 저를 시기하고 모함하는 데 이골이 난 녀석들이죠. 그 녀석들은 저에게만 못된 짓을 하는 것이 아닙니다. 저의 소중한 친구인 자연의 영양분들에게도 눈을 부라리며 겁박한답니다.[2] 순박한 친구들이 저를 돕고 싶어도 도울 수 없게 되죠. 영양분으로서 그 중차대한 역할을 제대로 못한다는 뜻입니다.

관건은 결국 식품첨가물이네요. 그 녀석들이 똬리를 틀고 있는 한, 결코 좋은 식품이 될 수 없습니다. 좋은 식품이기 위해서는 일단 그 녀석들이 없어야 합니다. 물론 상대적으로 적으면 그만큼 좋은 식품이죠. 여기서 질문 하나를 던져보겠습니다. 그럼 그 녀석들, 즉 식품첨가물만 없으면 되나요. 다시 말해 '무첨가 조건'만 갖추면 좋은 식품인가요.

식생활 상식은 역시 호락호락하지 않네요. 첨가물은 식품의 선악을 판단하는 중요한 잣대임이 틀림없습니다. 하지만 다는 아닙니다. 첨가물 외에 고려요소가 또 있습니다. 다름 아닌 '탄수화물'이에요. 세포의 가장 효율적인 에너지원이라고 했지요. 그 탄수화물에 비밀이 있습니다. 정확하게는 탄수화물의 '존재 형태'가 되겠네요. 식품에는 거의 대부분 탄수화물이 들어 있잖아요. 터줏대감 격인 전분이 바로 탄수화물이니까요. 당분도 탄수화물에 속한다고 했고요. 이들 탄수화물이 식품 안에 '어떤 모습으로 들어 있는지'가 무척 중요합니다. 무슨 뜻일까요.

좋은 식품은 대개 탄수화물이 다른 성분과 결합되어 있습니다. 아니면

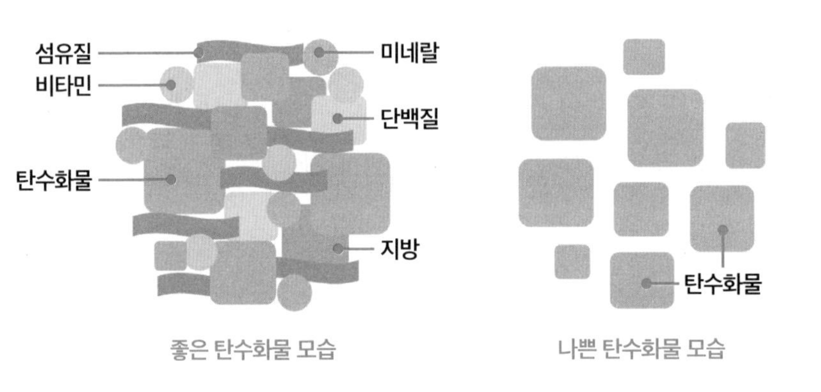

좋은 탄수화물 모습

나쁜 탄수화물 모습

다른 성분에 단단히 둘러싸여 있을 수도 있고요. 탄수화물만 단독으로 노출되어 있거나 분리된 형태로 존재하는 경우는 거의 없습니다. 여기서 다른 성분이란 단백질, 지방, 비타민, 미네랄, 섬유질 등 수많은 자연 물질을 말합니다. 이것들이 서로 사이좋게 손을 꼭 잡고 있다고 보시면 돼요.

반면에 나쁜 식품은 대개 탄수화물 성분이 분리되어 있습니다. 단일 물질로 각각 노출된 형태를 띠지요. 다른 성분이 주변에 없거나, 있다 해도 연결고리가 거의 없는 모습입니다. 탄수화물이 요즘 말로 '왕따되어 있다'고 표현할 수 있겠네요. 전문적으로는 탄수화물 입자가 '유리되어 있다'고 말합니다.

탄수화물이 다른 성분과 결합해 있으면 여러분의 몸에서 천천히 분해됩니다. 탄수화물은 분해되면 거의 대부분 포도당이 된다고 했지요. 이 포도당들이 조금씩 혈액으로 흘러들어갑니다. 혈당치가 천천히, 살짝 올라가겠네요. 제가 나가서 일을 해야지요. 여유 있게, 준비운동까지 충분히 한 뒤, 가벼운 마음으로 일을 해냅니다. 스트레스가 있을 리 없죠. 컨디션은 늘 최고고요.

반대로 탄수화물이 단일 물질로 분리되어 있으면 여러분의 몸에서 빠르게 왈칵 분해됩니다. 혈당치가 급격하게 높이 올라가지요. 저는 안절부절못합니다. 준비가 전혀 안 된 상태에서 맨발로 뛰어나가 헐레벌떡 일을 합니다. 짜증나고 피곤한 일들이죠. 스트레스가 밀려옵니다. 컨디션이 엉망입니다. 탄수화물의 존재 형태가 저에게 얼마나 중요한가요.

여기서 의문이 하나 생깁니다. "탄수화물이 왜 분리된 형태로 존재할까." 핵심을 짚으셨네요. 중요한 의문이지요. 사달의 출발점이잖아요. 간단합니다. 과도하게 가공되었기 때문입니다. 백미나 백밀가루를 보세요. 흔히 정제곡류라 하죠. '정제'라는 말은 씻어낸다는 뜻입니다. 탄수화물을 둘러싸고 있는 각종 물질들을 완벽하게 씻어서 빼내죠. 탄수화물만 덩그러니 남게 됩니다. 고순도의 정제 탄수화물이에요. 현대인이 너무 많이 먹어서 탈인 것. 당연히 좋은 식품일 수 없지요.

설탕도 마찬가지입니다. 원래 사탕수수나 사탕무에 들어 있는 당류는 좋은 탄수화물입니다. 섬유질을 비롯한 다른 여러 성분들과 굳게 손잡고 있으니까요. 이것을 정제하면 단단하게 연결된 부분이 느슨해지고 풀어집니다. 좋은 성분들은 빠져나가고 당분 알갱이들만 달랑 남지요. 그것이 백설탕입니다. 다른 정제당들도 같은 이론으로 판단하면 이해가 쉽죠.

인스턴트식품이 정크푸드일 수밖에 없는 이유도 비슷한 맥락입니다. 대개 정제원료를 쓰잖아요. 정제원료도 가루로 곱게 빻아 사용합니다. 백밀가루나 흰쌀가루가 그것이죠. 그래야 간편하게 빨리 익힐 수 있거든요. 편리해서 좋다고요? 저에겐 큰 위협입니다. 정제원료는 여러분의 몸에서 빠르게 분해되니까요.[3]

이 위협 요인은 제조·조리 과정에서 더 커집니다. 인스턴트식품은 만들 때 대개 여러 번 익히잖아요. 라면을 생각해보세요. 먼저 면을 증기로 찌고 기름에 튀깁니다. 여러분은 그것을 사다가 먹을 때 또 한 번 삶죠. 탄수화물이 헐렁하게 분리된 상태에서 찌고, 튀기고, 삶는 것입니다. 그러잖아도 분리된 입자들이 더 심하게 노출될 수밖에요. 제가 아주 싫어하는 모습이죠.

현미와 통밀이 새삼 돋보이는 이유가 여기에 있습니다. 정제하지 않은 통곡류는 탄수화물이 섬유질을 비롯한 각종 자연 성분들에 단단히 둘러싸여 있습니다. 여러분의 몸에서 조금씩 천천히 분해되죠. 저를 편안하게 하면서 여유롭게 대사됩니다. 그럼, 가공식품에도 이런 통곡류를 사용하면? 핵심 포인트입니다. 가공식품에 이른바 '자연식품 철학'을 살리는 방법이죠. 좋은 가공식품이 되기 위한 필수 조건이에요. 실제로 이런 제품이 있잖아요.

요컨대 탄수화물이 분해되는 양상, 즉 혈당치를 올리는 정도가 중요하다는 말씀인데요. 자, 이제 제 말씀의 여러 봉우리 가운데 또 하나의 높은 정상에 이르렀습니다. 잠시 휴식을 취하며 생각에 잠겨보시죠. 그 중요한 '혈당치 올리는 정도'를 식품별 수치로 나타낼 수는 없을까요.

왜 없겠습니까. 전문가들이 천착하면 방법이 나옵니다. 주요 식품을 중심으로 소화된 뒤의 혈당치 상승 양상을 조사했습니다. 그것을 수치로 나타냈습니다. 수치라면 식품끼리 서로 비교도 할 수 있겠네요. 물론이죠. 요즘 언론 지면에 부쩍 자주 등장하는 용어, '당지수Glycemic Index'가 그것입니다.[4] '혈당지수'라고도 하지요. 영어로는 줄여서 그냥 'GI'라고 씁니다.

당지수는 비교치인 만큼 기준 식품이 있겠네요. 그렇습니다. 바로 '포도당'입니다. 가공식품 원료로 쓰는 정제 포도당을 기준 식품으로 사용하지요. 이 포도당은 단당류로 이미 분해되어 있기 때문에 여러분이 먹자마자 곧바로 혈액으로 흘러들어갑니다. 그대로 혈당치를 올려버리죠. 혈당치를 가장 빨리, 많이 올리는 당류일 터. 이 정제 포도당의 당지수를 100으로 설정합니다. 다른 식품들은 대개 100 이하로 정해지겠네요. 그 상대적인 수치가 바로 당지수인 것이죠.[5]

이렇게 말씀드리면 벌써 짐작이 가시지 않을까요. '당지수가 낮을수록 좋겠다'고. 맞습니다. 당지수가 낮은 식품, 즉 '저당지수 식품'은 여러분의 몸에서 천천히 분해되어 혈당치를 느리게 올립니다. 당연히 좋은 식품이죠. 반대로 당지수가 높은 식품, 즉 '고당지수 식품'은 여러분의 몸에서 빠르게 분해되어 혈당치를 급하게 올립니다. 나쁜 식품이겠죠.

일반적으로 당지수가 55 이하면 저당지수 식품, 56~69면 중당지수 식품, 70 이상이면 고당지수 식품으로 분류합니다.[6] 자연의 영양분이 비교적 잘 보존된 식품은 대개 저당지수 식품에 속하죠. 가공할수록 당지수가 높아지는데, 과자·빵·인스턴트식품처럼 가공도가 높은 식품은 대부분 고당지수 식품에 속합니다.

당지수는 에너지대사를 맡고 있는 저에게 무척 중요한 지표입니다. 저당지수 식품은 저를 편안하게 하죠. 고당지수 식품은 저를 불안하게 합니다. 알고 보면 식생활을 잘하는 것이 어려운 일이 아니에요. 당지수가 낮은 식품을 골라 먹으면 됩니다. 이른바 '저당지수 식생활'이죠. 여러분이 저와 여러분 몸의 세포들에게 베풀 수 있는 가장 훌륭한 봉사랍니다.

여러분은 어떠신가요. 그 거룩한 봉사를 잘 실천하고 계신가요. 유감스럽게도 그렇지 않은 분이 많은 것 같아요. 여러분이 즐겨드시는 식품들이 대개 고당지수 식품이거든요. 미각 말초가 이미 '고당지수 식생활'에 길들어 있어서죠. 그 결과는 어떻습니까. 가끔 언론이 뽑아내는 건강 기사 제목들이 현실을 말해줍니다.

'30세 이상의 성인 세 명 중 한 명이 대사증후군', '30세 이상의 성인 세 명 중 한 명이 당뇨이거나 잠재적 당뇨', '30세 이상의 성인 다섯 명 중 한 명이 고지혈증', '40대 다섯 명 중 한 명이 고혈압', '65세 이상 노인 두 명 중 한 명이 만성질환', '남자 다섯 명 중 두 명에서 암 발병, 여자는 세 명 중 한 명에서 암 발병', '어린이 네 명 중 한 명이 과체중', '중고생 네 명 중 한 명이 비만', '어린이 여덟 명 중 한 명이 아토피', '어린이 열 명 중 한 명이 ADHD'…….

신기한 물질

불가사의한 인슐린의 세계

저는 요즘 정말 힘듭니다. 여러분 입을 통해 매일 들어오는 음식들, 하나같이 저를 못살게 구는 것들이라서요. 제 컨디션이 말이 아닙니다. 일을 정상적으로 할 수 없을 정도예요. 최근 들어 저는 부쩍 능력의 한계를 느낍니다. 솔직히 걱정 반, 송구한 마음 반이랍니다. 저만의 문제로 끝나지 않잖아요. 저의 잘못은 곧 여러분의 불행이니까요.

사실 저는 그렇게 함부로 내둘릴 존재가 아니랍니다. 알고 보면 무척 귀한 호르몬이거든요. 제가 하는 일의 중요성도 중요성이지만, 무엇보다 저는 아주 희소한 물질이에요. 여러분 몸에 들어 있는 저의 양이 어느 정도일까요. 해변의 모래알만큼이나 많은 세포들 문을 일일이 노크하며 돌아다녀야 하니 꽤나 많겠지요. 여러분 몸의 혈액이 대략 5리터입니다. 저도 그 정도 양은 되지 않을까요.

천만의 말씀입니다. 저를 혈액과 비교하다니요. 훨씬 적습니다. 수 마이크로그램이에요. 이 양이 어느 정도인지 감이 잘 안 잡히시죠. 1마이크로그램이 100만분의 1그램이잖아요. 수 마이크로그램이라면……, 상상을 초월하는 적은 양, 극미량이에요. 혈액과 굳이 비교한다면 10억분의 1 수준이랍니다.[1] 먼지 몇 알갱이 정도죠. 그 티끌 같은 양으로 그 중차대한 일을 해내는 저는, 귀한 정도를 넘어 '신성한 물질'로 칭송받아야 하지 않을까요. 물론 약국에서 팔고 있는 저의 짝퉁들을 떠올리면 말이 안 되지만요.

자칭 신성한 물질이라는 말씀에 냉소하실지 모르겠군요. 그럼 표현을 바꾸겠습니다. '신기한 물질'이라고요. 생각해보세요. 흔적에 불과한 물질이 여러분 머리끝에서 발끝까지 하루 24시간 구석구석 돌아다니며 그 많은 세포들의 에너지대사를 하나하나 지휘·감독합니다. 이보다 더 신기한 일이 또 있을까요.

저를 기특하게 여기셔야지요. 칭송은 못할망정 함부로 대하시지는 말아야지요. 아끼고 또 아껴서 사용하셔야지요. 제가 무한자원이 아니라고 말씀드렸잖아요. 함부로 쓰면 고갈될 수 있다고 했잖아요. 끔찍한 일이지요. 저 없는 여러분 몸은 상상할 수 없습니다.

이렇게 반문하실지 모르겠네요. "아껴서 사용하라니. 무슨 말이야. 호르몬을 어떻게 아껴서 사용하니?" 제가 너무 어렵게 설명했나 보군요. 정답은 가까이에 있습니다. 여러분 몸에 저를 편안하게 하는 음식들을 넣어주시면 됩니다. 제가 그토록 강조했듯 좋은 음식을 드시라는 말씀입니다. 일단 식품 첨가물을 빼거나 줄인, '무첨가' 또는 '저低첨가' 음식이어야겠지요. 여기에 생각할 것이 하나 더 있습니다. 앞에서 장황하게 설명한 당지수 상식을 접목하십시오.

제가 좋아하는 것이 저당지수 식생활이라고 했지요. 되도록 당지수가 낮은 식품, 즉 저당지수 식품으로 식단을 꾸리십시오. 저당지수 식품을 드신 여러분의 몸 안은 저에겐 말 그대로 평화 그 자체입니다. 소수 정예로 구성된 저와 저의 분신들은 평화로운 일터에서 가볍게 일을 마치고 돌아옵니다. 저는 늘 최상의 컨디션을 유지하죠.[2]

제가 컨디션이 좋아 일을 잘하면 평화의 복음이 저의 고향에까지 전해집니다. 저의 고향은 아름다운 섬, 췌장이라고 했지요. 여러분의 췌장은 유유자적하며 천천히, 정성껏 저를 만듭니다. 제가 건강하게 태어나죠. 건강한 저는 감도가 뛰어납니다. 세포와 소통을 아주 잘 하죠. 당연히 일의 능률이 올라갑니다. 저의 고향은 저를 조금씩만 만들어 내보내면 되지요. 저를 만드는 샘이 마를 일이 없습니다. 여러분이 천수를 누릴 때까지 영원히.

이런 말이 있지요. '가장 좋은 가공 방법은 자연 그대로를 최대한 살리는 것.' 가공식품에 딱 어울리는 말입니다. 식품은 가공을 많이 할수록 나빠집니다. 당지수를 생각하면 고개가 끄덕여지죠. 가공을 전혀 하지 않은 자연식품은 당지수가 낮거든요. 채소, 과일, 통곡류, 콩류, 견과류, 해산물, 유乳제품 등이 모범적인 저당지수 식품입니다. 이것들을 그대로 또는 살짝만 가공하여 사용하면 비록 가공식품이라도 좋은 식품입니다.

문제는 고당지수 식품이죠. 산업화 이후 모습을 드러낸 각종 가공식품이 대부분 높은 당지수를 보입니다. 과자·빵·스낵, 패스트푸드, 인스턴트식품, 청량음료……. 이들 식품엔 공통점이 있습니다. 가공을 무척 많이 한다는 점. 또 식품첨가물이 꼭 들어간다는 사실. 이것들이 바로 '자연식품 철학이 훼손된' 현장이에요. 아무리 가공식품이라도 자연식품 철학이 살아 있으면 당지수는 올라가지 않습니다.

그렇다면 쉽네요. 이렇게 정리하겠습니다. 당류는 비정제당을 씁니다. 곡류는 되도록 통곡류를 씁니다. 콩류·견과류를 많이 씁니다. 우유·치즈 등 유제품도 두루 씁니다. 채소·과일을 듬뿍 넣습니다. 친환경 농산물이라면 더욱 좋지요. 식품첨가물 같은 화학물질은 최대한 피하고요. 어떤가요. 쉽지 않은가요. '자연식품 철학을 살리는 길', 결코 어려운 길이 아닙니다.

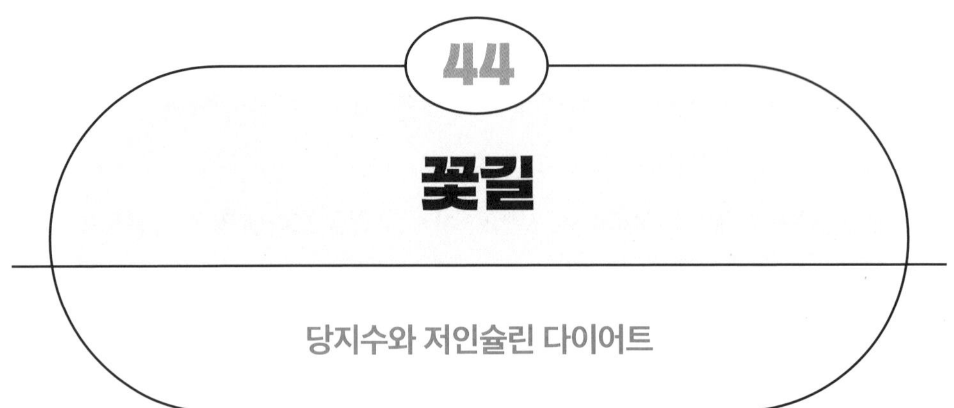

44 꽃길

당지수와 저인슐린 다이어트

혹시 다이어트를 생각하고 계시는지요. 당지수 상식에 길이 있습니다. 저에게 '비만 호르몬'이라는 별명이 있다고 했지요. 저와 지방脂肪의 부적절한 커넥션을 다시 한 번 떠올려보십시오. 그 결과가 고지혈증인데, 출발점이 고인슐린혈증이라고 했습니다. 제가 여러분 몸에 많아지면 필연적으로 지방세포가 발달한다는 뜻입니다. 이것이 비만이죠.[1]

여러분 몸 안에서 저의 양이 많아지면 좋을 일이 없습니다. 다이어트를 위해서는 최대한 저를 소수 정예로 운용하시는 쪽이 좋습니다. 이 '소수 정예 전략'을 헝클어뜨리는 것이 고당지수 식생활이에요. 여러분이 당지수가 높은 식품을 드시면 제가 할 일이 많아지잖아요. 저를 많이 필요로 한다는 뜻이고, 저의 고향에서는 저를 더 많이 만들어 내보낼 수밖에 없죠. 비만 호르몬인 제가 문전성시를 이루게 됩니다. 다이어트가 제대로 되겠습니까.

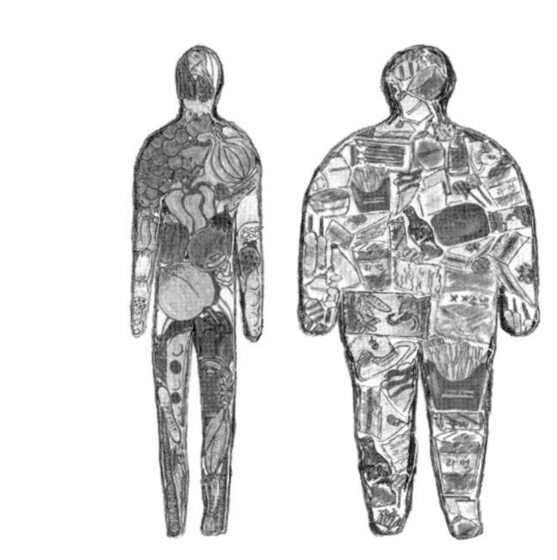

그럼 정답이 나왔네요. 맞습니다. 저당지수 식생활입니다. 당지수가 낮은 식품을 골라 드십시오. 저를 많이 필요로 하지 않습니다. 제가 많이 나올 이유가 없죠. 지방이 여간해서 만들어지지 않을 터이고, 지방세포도 발달할 까닭이 없습니다.[2] 다이어트가 저절로 되는 것이죠. 이것이 그 유명한 '저인슐린 다이어트'입니다. 요요현상 우려가 없는 안전한 다이어트 기법으로 일본에서 선풍적인 인기를 끈 바 있지요.[3]

칼로리 측면에서도 저당지수 식생활은 다이어트에 유리합니다. 당지수가 낮은 식품은 대개 거칠거든요. 거친 식품에는 저의 소중한 친구, 즉 자연의 미량 영양분이 많습니다. 섬유질·비타민·미네랄 등이죠. 각종 천연 항산화물질도 풍부하고요. 이런 친구들이 가득한 거친 식품은 여러분의 몸에서 천천히 분해됩니다. 비교적 오랫동안 포만감을 유지시켜주죠.[4] 과식 또는 폭식을 막아주는 효과가 있다는 뜻입니다. 자연스럽게 저칼로리 식생활을 할 수 있지요.

다이어트 기법의 하나로서 저당지수 식생활에 대한 연구는 많습니다. 동양에서 당지수 이론을 가장 먼저 체계화한 일본 국립건강영양연구소의 자료가 눈길을 끕니다. 저당지수 식품을 섭취할수록 체질량지수BMI가 낮아지는 사례를 흥미롭게 분석하고 있습니다.[5] 고당지수 식품은 반대로 체질량지수를 높인다고 설명합니다.

서양에서는 연구가 더 많이 이루어져 있습니다. 덴마크 연구진은 "단백질 섭취를 조금 늘리고 저당지수 식생활을 한 결과 체중 감량 효과가 뚜렷하게 나타났다"고 밝혔습니다.[6] 뒤이어 스페인에서 발표된 연구 결과도 비슷합니다. "저당지수 식품이 다이어트에 무조건 좋다"고 결론짓고 있습니다.[7]

'슈거버스터 다이어트'에 대해 들어보셨는지요. 한때 미국에서 유행했던 다이어트 기법이죠. 이 다이어트의 기본 이론이 저당지수 식생활입니다. 저인슐린 다이어트를 응용한 형태라고 보시면 돼요. 이런 유형의 다이어트 기법은 꽤 많습니다. 부작용 우려 없이 일상 식생활에서 쉽게 실천할 수 있다는 점에서 전문가들이 기꺼이 추천하죠. 결국 저를 배려하는 길이 '꽃길'이네요.

45

밀월 관계

생활습관병의 시발점, 고당지수 식품

비만뿐만이 아닙니다. 고당지수 식품은 다른 현대병들과도 긴밀히 내통합니다. 여러분이 가장 두려워하는 현대병이 암이지요. 암 발병 경로의 한 가닥을 고당지수 식품이 쥐고 있답니다. 한국 숙명여대와 미국 하버드대 공동연구팀은 "혈당치를 빠르게 올리는 고당지수 식생활이 대장암과 유방암 발병률을 높인다"고 보고했습니다.[1] 중국 수초우 대학 연구팀도 맞장구를 칩니다. "고당지수 식생활을 5년 이상 지속할 경우 유방암 발병 위험이 8퍼센트 증가한다"고 발표했습니다.[2]

기억나시나요. 여러분의 몸에서 제가 비정상적으로 많아지는 현상, 즉 고인슐린혈증이 되면 종양세포가 춤을 춘다고 했죠. 고당지수 식생활과 암의 연결 끈을 알면 저절로 이해가 되네요. 고당지수 식품이 고인슐린혈증을 만들고, 고인슐린혈증이 암을 만드는 구도였어요. 그러고 보니 암의 시발점은 고당지수 식품이었군요. 제 책임이 아니었어요. 물론 고인슐린혈증 자체는 제 잘못입니다만.

고혈압을 비롯한 혈관 질환도 밑바탕에 고당지수 식생활이 있습니다. 여성 30명을 표본으로 한 연구에서 저당지수 식생활이 뚜렷하게 혈압 안정 효과를 주는 것으로 나타났습니다.[3] 콜레스테롤 수치는 더욱 긍정적이었습니다. 저당지수 식생활이 나쁜 콜레스테롤인 LDL-콜레스테롤을 유의미하게 낮추는 것으로 밝혀졌습니다.[4] 하지만 좋은 콜레스테롤인 HDL-콜레스테롤은 낮추지 않았지요.

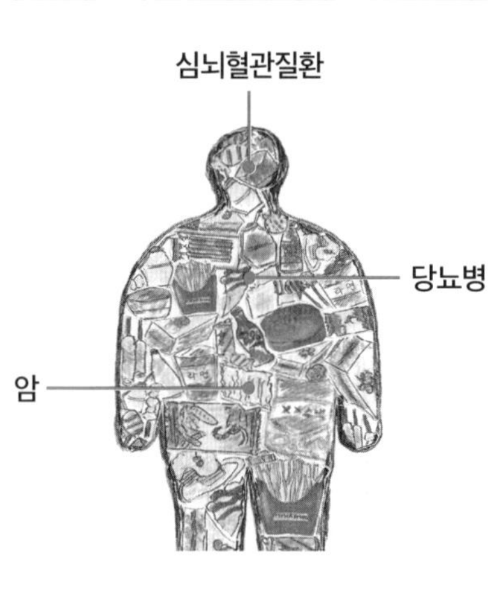

심장병 발병 인자도 식품의 당지수에 영향을 받습니다. 저당지수 식생활이 심장병 위험을 낮추는 것으로 나타났습니다.[5] 흔히들 포화지방을 심뇌혈관질환의 주범으로 알고 있지요. 유럽인들을 대상으로 한 생태조사에서 포화지방보다는 고당지수 식품이 심뇌혈관 건강에 더 나쁘게 작용하는 것으로 밝혀졌습니다.[6]

당뇨병도 당지수와 관계가 깊습니다. 미국 대사질환연구센터에서는 "당뇨병을 줄이기 위해 고당지수인 정제식품 대신 저당지수인 비정제식품을 먹으라"고 충고합니다.[7] 이 센터에서는 정제식품으로 백설탕과 백밀가루 등을 듭니다. 비정제식품으로는 통곡류와 채소 등을 들고 있지요. 호주의 시드니대학 연구팀은 "저당지수 식생활이 당뇨병 환자에게 저혈당증 우려 없이 내당능耐糖能을 개선한다"고 발표했습니다.[8]

현대병, 즉 생활습관병은 공통점이 하나 있는 셈이네요. 고당지수 식품과 은밀하면서도 끈끈한 밀월 관계라는 사실입니다. 그 현장에서 제가 스트레스를 받게 되고, 건강 지킴이로서 본의 아니게 배임을 한 결과가 현대병인 것이죠. 이 신종 병마는 예전엔 흔치 않았습니다. 요즘 들어 첨가물 범벅인 고당지수 식품이 물밀듯 밀려들면서 유행병처럼 되었지요. '현대판 고질병'이랄까요. '팬데믹'이라는 표현이 낫겠네요.

자녀의 학교 성적에 관심이 있으십니까. 아이들 식단의 당지수에 먼저 관심을 가지십시오. 아침에 저당지수 식품을 먹은 아이들은 학교에서 집중력이 좋아집니다.[9] 당연히 학습력이 올라가고 좋은 성적을 받게 되죠. "우유와 과일을 즐겨먹는 아이들이 학교 성적이 좋다"는 연구가 이 사실을 뒷받침합니다. 인스턴트식품을 좋아하는 아이들은 성적이 나쁘지요.[10]

'자녀 교육은 태교부터'라는 말이 있습니다. 곱씹어볼 만한 말입니다. 임신했을 때 엄마가 먹는 음식의 중요성을 마치 염화시중의 미소처럼 조용히, 하지만 분명하게 설파하네요. '산모가 먹는 저당지수 식품이 건강한 아기를 보증한다'는 강력한 암시지요.[11] 그 아기는 건강한 어른으로 큽니다. 고당지수 식품은 그 반대죠.

스포츠 선수라면 식단의 당지수에 더욱 관심을 가져야 합니다. 저당지수 식품이 탄수화물의 효용을 높여줍니다. 경기 내내 적량의 에너지를 지속적으로 공급함으로써 최고의 컨디션을 유지해주죠.[12] 선진화된 스포츠 과학에서는 식단 짜기에서 이미 당지수 이론을 활용하고 있습니다. 저만 오지랖이 넓은 것이 아니었네요. 당지수 이론도 꽤나 오지랖이 넓네요.

전 세계 유수의 건강 관련 기관이 식품의 당지수를 조사·발표하고 있습니다. 당지수를 조사하는 일은 전문성은 물론이고 시간과 비용이 적잖이 필요한 작업입니다. 그럼에도 이 일을 마다하지 않는 것은 당지수가 현대인의 건강에 꼭 필요한 정보이기 때문입니다. 권위 있는 당지수 연구기관으로 미국당뇨병학회ADA를 추천합니다. 현재 전 세계 주요 식품 2,400여 가지의 당지수 정보를 무료로 제공하고 있습니다.[13]

46 한계와 보완

당부하지수(GL)

그렇다고 당지수 이론이 만능의 보검은 아닙니다. 서양 속담에 '예외 없는 규칙은 없다'는 말이 있지요. 당지수에도 적용할 수 있는 말입니다. 이 지표에도 예외가 있습니다. 어떤 식품은 저에게 우호적인데도 당지수가 꽤 높은 경우가 있지요. 반대로 저에게 공격적인데도 당지수가 의외로 낮은 경우도 있고요. 갑자기 어렵게 느껴지시겠네요. 예를 들어보시죠.

늙은호박 또는 맷돌호박이라고도 하는 청둥호박. 자타가 인정하는 웰빙 채소입니다. 언제 어디서든 그 존재만으로도 건강 이미지를 듬뿍 발산하죠. 이 채소는 당지수가 얼마일까요. 당연히 낮겠지요. 채소 하면 대표적인 저당

지수 식품이니까요. 그런데 웬일입니까. 청둥호박의 당지수가 무려 75나 됩니다(별표 참조). 고당지수 식품이잖아요.

여름철 여러분 식탁에서 통쾌하게 시원함을 발산하는 수박. 수박은 채소인가요, 과일인가요. 편의상 과일로 보겠습니다. 과일에는 대개 당분이 들어 있지요. 당분이 있는 식품은 일반적으로 당지수가 높습니다. 그런데 과일은 좀 다르죠. 거의 대부분 저당지수 식품에 속합니다. 자연의 여러 영양분들, 특히 섬유질이 당지수를 떨어뜨리기 때문입니다. 수박도 그럼 당지수가 낮겠네요. 그렇지 않습니다. 72로 나옵니다. 고당지수 식품이에요.

청둥호박도 그렇고, 수박도 그렇고, 당지수 이론으로 보면 피해야 할 식품입니다. 하지만 저는 여러분이 그 식품들을 드셔도 편안하답니다. 두 식품 모두 저를 잘 배려해준다는 뜻입니다. 웬일일까요. 당지수 이론이 무색하잖아요. 이를 어떻게 해석해야 할까요.

청둥호박과 수박은 공통점이 하나 있습니다. '탄수화물 함량이 무척 낮다는 점'입니다. 이 사실 속에 힌트가 있지요. 탄수화물이 극히 적게 들어 있는 식품은 당지수 이론의 취지를 정확히 반영하지 못한다는 것. 이런 식품은 당지수를 측정할 때 비현실적으로 많은 양을 먹어야 해요. 포도당과 단순 비교하다 보니 생기는 문제죠. 당지수 이론에 예외가 있다고 한 것이 바로 이 대목입니다. 당지수의 어쩔 수 없는 한계라 할 수 있겠네요.

고심하던 전문가들이 다시 머리를 맞댔습니다. 궁리 끝에 내린 결론. 지표를 하나 더 만드는 것이었습니다. 혹시 '당부하지수'라고 들어보셨는지요. '혈당부하지수'라고도 합니다. 일반인에게는 좀 생소한 용어일 텐데요. 당지수의 한계를 보완할 수 있는, 좀 더 현실적인 지표랍니다.

당부하지수Glycemic Load, GL의 핵심은 '일회섭취량 개념'을 도입했다는 점입니다. 일회섭취량이란 현실 식생활에서 보통 한 번에 먹는 양을 말하지요. 식품마다 일회섭취량을 정해놓고, 정확히 그 양을 먹었을 때의 혈당치 변화를 비교합니다. 그 비교값이 당부하지수인 것이죠.[1] 이 지표가 현실 식생활을 잘 반영할 수 있는 이유입니다.

당부하지수GL도 당지수GI처럼 수치로 표시합니다. 다만, 당부하지수는 임상적으로 직접 측정할 필요가 없습니다. 당지수를 알고 일회섭취량을 알면 수식으로 쉽게 계산해낼 수 있거든요.[2] 청둥호박의 당부하지수는 3으로 나오네요. 수박은 4고요. 이 수치가 10 이하면 당부하지수가 낮은 식품입니다. 11~19이면 중간 식품, 20 이상이면 높은 식품으로 분류합니다.[3]

당지수가 높더라도 당부하지수가 낮으면 저에게 친절한 식품입니다. 청둥호박과 수박은 당부하지수가 꽤 낮네요. 비록 당지수는 높지만 안심하고 드셔도 된다는 뜻입니다. 제가 잘 알지요. 여러분이 그 식품들을 드시면 제가 편안하거든요. 제가 편안하면 여러분 몸도 편안하게 마련입니다. 그것이 바로 제가 여러분 건강을 지켜드리는 공식이죠.

당부하지수는 당뇨병 환자에게 특히 유용한 지표입니다. 미국당뇨병학회에서는 당뇨병 환자식으로 당부하지수가 낮은 식품을 사용하도록 권합니다.[4] 혈당치 관리가 훨씬 수월하기 때문이죠.

이 권고는 당뇨병 환자가 아니더라도 귀담아 들을 필요가 있습니다. 일반인도 당부하지수가 높은 식품을 오래 먹으면 당뇨병은 물론이고 심장질환까지 위험도가 높아진다는 보고가 있거든요.[5] 당부하지수도 앞에서 말씀드린, 당지수를 조사·발표한 기관에서 무료로 제공하고 있습니다.

47

금상첨화

알쏭달쏭한 식품 감자, 알고 먹기

감자 좋아하시는지요. 많은 이들이 좋아하실 터입니다. 동서양을 막론하고, 남녀노소를 불문하고 폭넓게 사랑받아온 식품이니까요. 감자는 그럼 좋은 식품인가요, 나쁜 식품인가요. 여러분은 어렵지 않게 대답하시겠죠. 좋은 식품이라고. 자연이 만든 각종 영양분이 그득하잖아요. 영양분뿐입니까. 가격이 부담 없는 데다 어느 요리에든 잘 어울립니다. 담백하면서 물리지 않는 맛도 매력이고요. 무엇보다 감자는 소화가 잘 되죠.

호르몬인 저에게는 감자가 좀 특이한 식품이랍니다. 감자가 좋은 식품이냐고 저에게 물으시면, 글쎄요, 선뜻 대답하기가 어렵네요. 저의 기준으로 보

면 피해야 할 식품일 수 있거든요. 벌써 눈치 채셨을 것입니다. 당지수를 보세요. 구운감자의 경우 85입니다. 고당지수 식품이잖아요. 그럼 당부하지수를 봐야 하는데, 얼마인가요. 26으로 나오네요. 저런, 당부하지수도 높습니다.

감자는 채소에 속하죠. 뿌리채소입니다. 채소는 대개 당지수가 낮지요. 설사 당지수가 높더라도 당부하지수는 낮습니다. 청둥호박이나 수박처럼 말이죠. 감자는 어찌된 일입니까. 두 지표 모두 높지 않습니까. '특이한 식품'이란 말을 듣는 것이 그래서예요. 유감스럽게도 그 사실이, 감자가 채소임에도 불구하고 저와 악연일 수 있음을 시사한답니다. 낭패로군요. 여러분은 저 때문에 그 매력적인 식품을 포기해야 하나요.

사실 감자는 묘한 식품입니다. 여러분이 감자를 드시면 저는 분명 바빠져요. 눈치 없이 오르는 혈당치를 놔두면 안 되니까요. 아무리 묵묵히 일하는 호르몬이라도 바쁜 것을 좋아할 리 없지요. 바쁘다는 것은 귀찮다는 말과 통하잖아요. 그렇습니다. 감자는 저에게 묘한 식품이면서 '귀찮은 식품'입니다. 감자 조각이 여러분 몸의 소화기관 안으로 들어오면 저는 짜증이 나지요.

이상한 것은 그다음입니다. 귀찮고 짜증스러우면서도 다른 한 편에서는 가슴이 두근거린답니다. 설렌다는 표현이 나을까요. 여러분이 감자를 자주 드시면 저는 두근거리고 설레다 못해 어떤 환희 같은 것을 느끼게 돼요. 짜증과 환희, 이 이중적인 느낌은 무엇일까요. 저는 역시 간사한, 아니 갈대 같은 연약한 호르몬인가요.

잠깐, 여기서 퀴즈를 하나 내겠습니다. 감자와 사과, 어느 쪽이 비타민C가 많을까요. 많은 분들이 주저 없이 "사과"라고 답하지 않을까요. 감자는 시지 않지만 사과는 시잖아요. 비타민C의 트레이드마크가 신맛이죠. 송구스럽게도 그 대답은 틀렸습니다. 비타민C는 사과보다 감자에 훨씬 많습니다. 감자가 세 배 가까이 됩니다.[1]

비타민C뿐입니까. 비타민A, B, K 외에 미네랄, 천연항산화제 등 여러분 몸에 꼭 필요한 보배들이 감자에 즐비합니다.[2] 이것들은 여러분 몸에만 필요한 것이 아니죠. 저 같은 호르몬에게도 꼭 필요한 친구들이에요. 이 친구들과 함께 있으면 저는 기분이 좋아집니다. 왠지 마음이 들떠요. 연인을 만났을 때처럼.

제가 감자에 '묘한 식품'이란 수식어를 붙이는 것이 그래서입니다. 전문가들조차 논란을 벌인답니다. "다이어트를 위해서는 감자를 되도록 피하는 게 좋다"[3]는 주장과 "천만에, 오히려 감자가 다이어트에 도움이 된다"[4]는 주장이 늘 충돌하죠. 여러분 몸 안에서 감자의 대사 과정을 온몸으로 지켜보는 호르몬으로서 송구한 일이군요. 정확한 판단을 내려드려야 하는데, 저부터 이중적인 느낌으로 갈팡질팡하고 있으니까요.

감자가 당지수와 당부하지수 둘 다 높다는 것은 엄연한 팩트지요. 감자에겐 치명적인 핸디캡임이 틀림없습니다. 그 점만 극복한다면 감자는 그야말로 황홀한 식품이 될 텐데요. '당지수 전문 호르몬'으로서 이런저런 궁리 끝에, 아쉬운 대로 몇 가지 팁을 소개해드리겠습니다. 감자의 핸디캡을 보완하는, 비결이라면 비결일 수도 있겠네요. 제 입장만 고려한 내용인 듯싶어 좀 민망하긴 합니다만, 요약하면 이렇습니다.

첫째, '미끌미끌한 감자는 금金, 푸석푸석한 감자는 동銅'. 감자를 자주 드시는 분이라면 아마 아실 터입니다. 먹을 때 식감이 조금씩 다르다는 사실을요. 어떤 감자는 입 안에서 푸석푸석한 느낌을 줍니다. 반면에 어떤 감자는 좀 미끌미끌한 느낌을 주죠. 여러분은 어떤 감자를 좋아하시는지요.

감자의 식감은 여러 인자의 영향을 받습니다. 가장 큰 인자가 품종입니다.[5] 품종이 같으면 식감도 대개 비슷하죠. 여기서 우리가 놓치지 말아야 할 것이, 식감 차이가 당지수와 관련이 있다는 사실입니다. 푸석푸석한 느낌을 주는 감자는 대체로 당지수가 높습니다. 반대로 미끌미끌한 느낌을 주는 감자는 당지수가 낮고요.[6]

감자의 당지수가 품종과도 관계가 있다는 이야기네요. 그렇습니다. 흥미로운 대목이죠. 이를 뒷받침하는 연구가 있습니다. 감자 여덟 가지 품종을 놓고 당지수를 측정했더니 낮게는 56부터 높게는 94까지 폭넓게 분포해 있었습니다.[7] 감자라고 다 고당지수 식품이 아니라는 말씀이죠. 중요한 것은 그럼 선택 요령이겠네요. '되도록 미끌미끌한 식감의 감자를 선택할 것.' 좀 막연한 듯싶지만, 그것이 정답입니다.

둘째, '찬 감자는 금, 뜨거운 감자는 동'. 감자를 익히면 당연히 뜨겁죠.

뜨거운 상태에서 그대로 드시나요, 아니면 차게 식혀서 드시나요. 저를 생각하신다면 되도록 식혀서 드십시오. 온도에 따라 당지수 차이가 큽니다. 감자를 삶아서 당지수를 측정했더니, 뜨거울 때는 89였는데 차게 식히자 56으로 뚝 떨어졌습니다.[8] 아뿔싸! 여러분 사회에서 자주 쓰는 '뜨거운 감자'라는 말의 어원이 당지수 이론에서 나온 것이나 아닐지.

감자에 들어 있는 전분을 생각하면 이해가 됩니다. 전분이 익으면 풀처럼 부풀잖아요. 흔히 '호화糊化'라고 합니다. 호화된 전분이 식으면 분자 구조가 미세하게 바뀌어 꼬들꼬들해지죠. 이것은 '노화老化'라고 합니다. 노화된 전분은 여러분의 몸에서 천천히 분해돼요. 이런 전분을 전문 용어로 '저항성 전분'이라 합니다.[9] 제가 무척 좋아하는 전분이에요.[10] 섬유질과 비슷한 역할을 하거든요. 당지수를 낮춰줄 뿐 아니라 여러분의 장 건강에까지 도움을 줍니다.[11]

셋째, '다른 음식과 함께 먹으면 금, 감자만 먹으면 동'. 감자는 되도록 다른 음식과 함께 드십시오. 단, 조건이 있습니다. 함께 먹는 음식의 당지수가 낮아야 합니다. 이 음식이 감자의 당지수를 떨어뜨려줍니다. 음식 두 가지 이상을 함께 먹을 때, 당지수는 각 음식의 당지수를 평균한 값이 됩니다.[12] 물론 각 음식의 탄수화물 함량을 고려한 가중평균입니다.

잠깐, 한국인의 주식인 흰밥을 보시죠. 당지수가 꽤 높습니다. '밥이 한국인의 다이어트에 방해가 된다'는 구설이 나오는 이유입니다. 하지만 저는 그다지 크게 우려하지 않아요. 여러분이 밥만 먹는 경우는 없잖아요. 항상 반찬과 함께 먹지요. 반찬이 흰밥의 당지수를 끌어내립니다. 이 원리를 감자에도 적용하면 되겠네요. 감자를 밥처럼 먹는 것입니다. 반찬과 함께 말이죠. 가장 현실적인 방안이 될 수 있겠네요.[13]

샐러드 요리 좋아하시는지요. 샐러드에 감자를 넣어보십시오. 감자 샐러드죠. 이 음식이야말로 '금 중의 금'이라 할 만합니다. 샐러드의 채소들이 감자의 핸디캡을 크게 줄여주지요. 이 샐러드 요리의 당지수는 감자와 채소 각각의 당지수 중간 어디쯤 되겠네요.

혹시 감자 샐러드에 식초를 치시나요. 금상첨화입니다. 식초가 저와 아삼륙이라는 사실, 잘 아시잖아요. 저에게 산소 같은 존재라고 했죠. 여러분에게 보약이 있다면, 저에겐 식초가 있답니다.[14] 식초 밥, 즉 초밥에 힌트가 있어요. 흰밥과 달리 초밥은 혈당치를 천천히 올리거든요.[15] 식초를 친 감자 샐러드는 저에겐 그야말로 행복 그자체입니다. 다만 한 가지, 반드시 천연 발효식초이어야 해요. 합성식초는 딱 질색입니다.

그러고 보니 치즈도 있네요. 치즈도 식초 못지않게 감자와 찰떡궁합이랍니다. "구운감자를 체더치즈와 함께 먹었더니 당지수가 39로 뚝 떨어졌다"는 보고가 있습니다.[16] 당지수 85가 일순간에 39로 급전직하! 놀랍네요. 치즈가 대표적인 저당지수 식품이란 점을 주목하십시오. 두 식품은 영양적으로도 이상적인 '콜라보'를 이루죠.

감자를 소금에 찍어먹는다고요? 아무리 섞어먹는 것이 좋다 해도 그것만은 말리고 싶네요. 소금은 저에게 대체로 비협조적인 물질입니다. 혈당치를 빠르게 올리는 녀석 가운데 하나거든요. 여러분 몸에서 전분 분해 효소인 아밀라제의 활성을 높여 당분 흡수를 촉진합니다.[17] 오히려 감자의 핸디캡을 키우는 결과가 되죠. 이는 감자만의 이야기가 아니에요. 다른 음식에서도 마찬가지입니다. '소금은 되도록 적게.' 영원한 진리라고 생각하세요. 소금이 그런 짓까지 하는군요.

그렇다고 소금과 아예 등지라는 말씀은 아닙니다. 소금은 대단히 중요한 식품이에요. 아시겠지만 안 먹어도 위험합니다. 소금의 핵심 성분인 나트륨이 원래 중요한 미네랄이잖아요. 문제는 현대인이 너무 많이 먹는다는 것. 십중팔구 권장섭취량을 넘습니다. 가공식품을 즐기는 이라면 특히 말이죠. 역시 과유불급입니다.

노파심에서 한 말씀 드려야겠네요. 설마 감자에 설탕을 뿌려먹는 분은 안 계시겠죠. 예전엔 꽤 많았는데요. 감자와 정제당의 궁합은 막말로 '빵점'이라고 보시면 됩니다. 감자의 흠결을 더욱 키우는 결과가 되지요. 저를 완전히 무시하는 식사법이에요. 당지수에 기초한 음식 궁합을 꼭 고려해주시길.

음식의 당지수는 거시巨視이론입니다. 영향을 미치는 인자가 워낙 많아서요. 농산물의 품종에서부터 먹는 방법 등에 이르기까지 시시콜콜한 것들이 모두 변수로 작용하죠. 이는 비단 감자에만 해당하는 이야기가 아닙니다. 당질과 전분질 식품, 통틀어 탄수화물 식품에 공통으로 적용할 수 있는 중요한 식생활 상식입니다.

그런 의미에서 식자재 가공 방법을 주목하고 싶네요. 여러분의 음식에는 대개 전분이 들어 있잖아요. 전분의 경우 입자 크기에 따라 당지수가 달라집니다. 보통 곱게 빻은 식품일수록 당지수가 올라갑니다.[18] 당연한 이야기겠죠. 전분 가루가 고우면 표면적이 더 넓어질 것이고, 그럴수록 빨리 분해될 테니까요. '거친 음식이 몸에 좋다'는 말이 상투적인 레토릭이 아니었네요. 당지수 측면에서 의미 있는 힌트였어요.

음식의 조리법도 중요합니다. 파스타 좋아하시나요. 이탈리아를 대표하는 음식이죠. 이탈리아인들은 파스타 면을 삶을 때 살짝 익힙니다. 요리 용어로 '알덴테al dente'라고 하지요. 쫄깃한 식감을 즐기기 위해서인가요. 예로부터 저를 배려해온 표시라고 생각합니다. 면을 오래 삶으면 퍼지잖아요. 퍼진 면은 여러분의 몸에서 빨리 분해됩니다. 당연히 당지수가 올라가죠.[19] 저에겐 큰 위협입니다. 알덴테는 그렇지 않지요.

표리부동

정제당의 난잡한 당지수

당지수 이론에서 뜨거운 감자가 '정제당'입니다. 정제당은 대개 당지수가 높지요. 포도당의 당지수가 100이잖아요. 설탕은 어느 정도일까요. 역시 높겠죠. 정제당을 대표하는 당류니까요. 표를 보니……, 어! 별로 높지 않네요. 61로 나옵니다. 감자보다 훨씬 낮잖아요. 그럼 당부하지수는요. 역시 높지 않습니다. 6입니다. 당지수와 당부하지수 둘 다 낮다면? 설탕은 저에게 친절한 식품인가요.

그럴 리가 없지요. 설탕은 제가 가장 경멸하는 식품 가운데 하나입니다. 저의 '잔혹사'는 설탕이란 녀석이 태어났을 때부터 이미 시작되었습니다. 제가 그동안 그 녀석으로부터 핍박받은 사연을 어떻게 다 말로 표현할 수 있을까요. 제가 기진맥진하여 여러분 건강을 지켜드리지 못하는 일이 요즘 부쩍 는 것도 그 녀석 탓이 가장 큽니다. 설탕은 당연히 고당지수 식품, 고당부하지수 식품이어야 합니다. 그럼에도 두 지표 모두 낮다니요. 여기서 또 당지수의 한계를 발견하게 되네요. 아니, 당부하지수까지 한계가 있는 것인가요.

결론부터 말씀드리겠습니다. 과당 때문입니다. 설탕은 포도당과 과당으로 이루어져 있다고 했지요. 설탕이 분해되면 과당이 나오는데, 이 과당은 좀 색다른 대사 특성을 보인다고 했습니다. 여러분의 몸에서 흡수되면 대부분 간으로 갑니다.[1] 간에서 분해되어 지방으로 변하죠.[2] 혈당치에는 거의 영향을 미치지 않아요.

당지수를 보세요. 19에 불과합니다. 당부하지수는 2고요. 과당의 이런 특이성이 설탕의 당지수는 물론, 당부하지수까지 끌어내린 것입니다. 당부하지수는 현실성을 잘 반영하는 지표임이 틀림없습니다.[3] 다만, 과당의 경우만 예외라고 생각하십시오.

기억나시는지요. 과당은 교활한 당류라고 말씀드렸지요. 교활하기도 하지만 실은 표리부동한 녀석입니다. 저를 배려하는 척하면서 뒤에서 훼방을 놓거든요. 사실 저는 포도당보다 과당을 더 싫어합니다. 과당이 여러분 몸에 들어오면 저의 일터에 금세 먹구름이 낀답니다. '밥맛 떨어지는' 지방 조각들이 곧 몰려올 터여서요. 과연, "과당이 인슐린저항을 거쳐 대사증후군을 일으킨다"는 연구들이 꼬리를 물고 있네요.[4] 이는 물론 과당의 못된 짓 가운데 빙산의 일각이지만요.

설탕뿐만이 아닙니다. 가공식품도 과당을 품고 있으면 당지수와 당부하지수 해석에 신중을 기해야 합니다. 시럽당인 기타과당이 들어 있는 식품도 마찬가지고요. 기타과당, 즉 액상과당은 특히 음료에 많이 사용하죠. 음료를 대표하는 콜라를 보세요. 당지수가 63이군요. 당부하지수는 16이고요. 중中당지수 식품이지만, 콜라는 저에겐 일반 고당지수 식품보다 더 고약해요. 표리부동, 양두구육, 구밀복검의 '아바타'가 바로 과당입니다.

복마전

고문 끝에 태어난 튀김식품

콜라 이야기를 하고 보니 튀김식품이 생각나네요. 튀김식품 좋아하시는지요. 다들 좋아하실 터입니다. 맛이 있거든요. 식품의 맛 성분 중에는 지용성 물질이 많습니다. 기름진 튀김식품에 맛 성분이 더 진하게 우러나기 마련이죠. 고지방 식품임에도 여전히 인기를 끌고 있는 이유입니다. 포장지 라벨에는 보통 '유탕처리제품'이라고 쓰죠.

가장 대중적인 튀김식품이 감자튀김 아닐까요. 서양에서 흔히 '프렌치프라이'라고 하는

것. 패스트푸드를 대표하는 음식입니다. 패스트푸드점에 가면 거의 자동으로 따라 나오잖아요. 한식의 김치처럼요. 저와는 어떤 관계일까요. 우호적일까요, 아닐까요.

당지수를 보시죠. 감자튀김, 75로 나옵니다. 구운 감자에 비하면 꽤 낮네요. 당연한 결과지요. 감자 안에 스며들어 있는 기름이 당지수를 낮추었습니다. 그럼 감자튀김은 저에게 그만큼 우호적이겠네요. 저를 생각하신다면 여러분은 감자를 삶거나 구워드시기보다 기름에 튀겨 드셔야겠어요.

천만의 말씀입니다. 이 대목도 당지수의 한계로 봐야겠지요. 식생활 상식은 그렇게 호락호락하지 않습니다. 저는 여러분이 감자튀김을 드시면 불안해져요. 물론 당지수가 낮기 때문에 제가 일하는 데 큰 어려움은 없습니다. 서두를 필요 없이 천천히 나가 혈당치만 슬쩍 낮춰놓으면 되니까요.

문제는 튀김유입니다. 정확히 말하면 '튀김유의 품질'입니다. 200℃ 안팎의 모진 조건에서 마구 휘둘리고 난 그 기름, 사실 품질이고 뭐고 논할 입장이 못 돼요. 불안하다기보다 역겹다는 표현이 낫겠네요. 저에겐 역겹기 그지없는 기름이 튀김유랍니다.[1]

저는 자연식품에 들어 있는 유지에 대해서는 대체로 고마운 마음을 가지고 있습니다. 제 친구인 지용성 영양분들의 보금자리 역할을 하면서 당지수를 기꺼이 낮춰주거든요. 그러나 여러분이 튀김유로 흔히 사용하는 기름은 딱 질색입니다. 일단 추출정제유잖아요. 저로서는 상종하기 싫은 것들 복마전이죠.[2] 앞에서 말씀드린 그 녀석들, 잘 아시잖아요.

역겹기로 치면 추출정제유보다 더한 것이 인공경화유입니다. 쇼트닝 또는 마가린, 기억나시죠. 추출정제유와 함께 정제가공유지라고 했습니다. 정말 만나고 싶지 않은 기름들이에요. 저와는 도저히 교감할 수 없는 이질적인 유지죠. 오죽하면 '플라스틱 유지'라 했을까요. 이런 유지가 있는 곳에서는 제가 일을 제대로 할 수 없습니다.[3] 낯설고 꺼림칙해서 일이 손에 안 잡혀요.

감자튀김뿐만이 아닙니다. 튀김식품들은 다 한통속이에요. 치킨, 돈가스, 도넛, 크로켓……. 감자튀김과 사촌 관계인 포테이토칩은 물론이고 각종 튀김과자나 어묵, 탕수육 등까지 모두 튀김식품에 들어갑니다. 저를 생각하신다면 되도록 이런 '고문당한 식품', 즉 유탕처리제품은 멀리하십시오. 만들지도 말고 먹지도 마십시오. 꼭 해로운 물질이 아니더라도 튀김식품은 영양적으로 불리합니다. 제조 과정에서 귀한 성분들이 쫓겨날 수 있거든요.[4]

그래도 꼭 튀김식품을 드셔야겠다면, 댁에서 직접 만들어드십시오. 신선한 압착유로 되도록 낮은 온도에서 튀기십시오. 온도가 낮으면 불량 물질이 그다지 만들어지지 않습니다. 시중의 튀김식품은 꽤 높은 온도에서 튀기잖아요. 상처받은 기름을 누차 반복해서 사용하지요. 식재료가 들어 있는 상태에서 뜨겁게 가열하면 기름의 상처가 더 깊어집니다. 산패가 훨씬 빠르기 때문이에요.[5] 몹쓸 것들이 더 많이 만들어지죠.[6]

저는 언젠가는 유탕처리제품이 여러분 식탁에서 사라진다고 봅니다. 현대병의 굵은 통로 하나를 그 식품이 쥐고 있거든요. 아직은 전문가들이 조용한 편이죠. 여러분 미각 말초의 탐욕성을 설득하기가 쉽지 않아서입니다. 하지만 현대병을 더 이상 방치할 수 없는 상황이 되면 결국 입들을 열겠지요. '튀김식품, 먹지 말라'고. 먼저 시작하시면 어떨까요.

'콜라보'

인스턴트 라면의 피할 수 없는 숙명

유탕처리제품 하면 빼놓을 수 없는 것이 '인스턴트 라면'입니다. 요즘엔 기름에 튀기지 않은 라면도 더러 있더군요. 하지만 라면의 핵심은 기름에 튀긴다는 점입니다. 그래서 아예 '유탕면'이라는 이름으로 따로 부르죠. 국민간식 제1호 라면, 저에겐 어떤 식품일까요. 당연히 좋지 않겠죠. 튀김식품에 속하니까.

인스턴트 라면은 제가 극도로 경계하는 식품 가운데 하나입니다. 일단

당지수부터 꽤 높지요. 인스턴트식품 공통의 특징입니다. 간편하게 먹도록 설계한 식품이잖아요. 제조 과정에서 여러 번, 많이 익히게 됩니다. 면발의 전분이 완전히 풀어지지요. 이런 전분은 여러분의 몸에서 소화가 빠를 수밖에 없습니다. 소화가 빠르다는 것은 바로 '고당지수'를 의미하죠.

당지수가 73이네요. 역시 고당지수 식품이군요. 한데 인스턴트식품치고는 그다지 높은 편이 아니에요. 고당지수 경계선을 살짝 넘긴 정도잖아요. 역시 기름 때문입니다. 튀길 때 면에 스며든 기름이 당지수를 낮추었습니다. 아무리 인스턴트식품이라도 유탕 처리하면 당지수가 내려갑니다. 문제는 당지수를 낮춘 그 기름이에요. 고온에서 휘둘린 그런 기름은 딱 질색이라고 말씀드렸지요.

제가 라면을 경계하는 것은 기름 때문만이 아닙니다. 전문가들이 합창하듯 꾸짖는 공공연한 허물이 따로 있지요. 식염, 즉 소금입니다. 현대인은 소금을 너무 많이 먹어서 탈이잖아요. 라면 한 그릇만 먹어도 소금 일일권장섭취량을 넘길 정도니까요. 짜게 먹지 말라는 말을 귀 따갑게 들으면서도 실천하기가 쉽지 않은 것이 사실이죠. 그 그림자가 암이나 심뇌혈관질환 같은 현대병 아닙니까.[1]

저 인슐린 역시 짠맛이 대세인 현대인의 식단이 싫습니다. 짠맛의 실체인 소금이 여러분 몸에서 당분 흡수를 촉진한다고 했지요. 간접적으로 저를 괴롭힌다는 뜻입니다. 실제로 담백한 맛으로 포장한 고염도 식품이 저에겐 큰 부담입니다. 이를 뒷받침하듯, "짠맛을 탐닉하면 인슐린 감도가 떨어져 대사증후군의 위험을 높인다"는 연구가 많더라고요.[2] '짠맛에 가까우면 현대병에 가깝다'는 경구가 관행적 레토릭이 아니었네요.

특히 정제된 소금, 즉 정제염이 문제입니다.[3] 라면에는 대개 정제염을 쓰죠. 이 소금엔 저의 친구인 미네랄들이 거의 없습니다. 나트륨과 염소만 있을 뿐이에요. 이 두 성분도 자체로는 중요한 미네랄이지만, 여러분 몸 안에 너무 많으면 탈이 납니다.

특히 나트륨 과잉이 문제예요. 짠맛이 고혈압을 부른다고 했는데, 정확히 말하면 나트륨 과잉이죠.[4] 사회적인 비용도 어마어마합니다. "한국인이 나트륨 섭취를 36퍼센트만 줄여도 매년 12조 원 이상의 경제적 이득이 있다"는 보고가 있습니다.[5]

천일염은 좀 다릅니다. 물론 천일염도 주성분은 나트륨과 염소지요. 하지만 저의 팬인 다른 미네랄들이 그대로 있잖아요. 이 친구들이 나트륨의 횡포를 막아줍니다. 가장 큰 공로자가 칼륨이에요.[6] 칼륨이 여러분의 몸에서 허튼짓하는 나트륨을 쫓아냅니다.[7] 고혈압 환자에게 칼륨이 풍부한 식품을 많이 먹으라고 하는 것이 그런 이유죠. 나트륨이 청개구리처럼 혈압을 올리려고 할 때, 칼륨이 눈을 부라려요. 나트륨이 기가 죽지요.[8]

칼륨은 호르몬인 저에게도 참 자상한 미네랄 친구랍니다. 제가 온갖 나쁜 물질들의 공격을 받아 기진맥진해 있을 때 따스하게 위로해주죠. 어쩐지,

"칼륨이 인슐린저항을 완화해준다"는 연구가 있더라고요.[9] 다만 한 가지, 칼륨 혼자서는 이런 선행을 베풀기가 쉽지 않습니다. 다른 미네랄 친구인 마그네슘의 도움이 필요합니다. 마그네슘이 있어야 칼륨이 여러분 몸 안에서 필요한 곳으로 움직일 수 있거든요.[10] 물론 이 자상한 칼륨도 너무 많으면 좋지 않습니다. 마그네슘도 마찬가지고요.

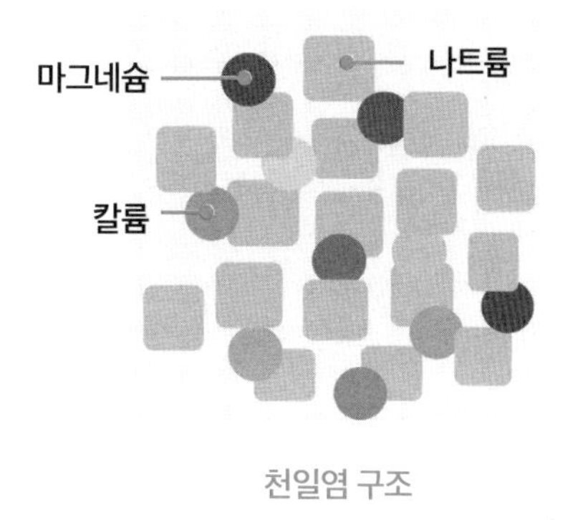

천일염 구조

협업, 즉 '콜라보'. 미네랄의 세계에서 금과옥조로 여기는 단어입니다. 아무리 능력이 뛰어난 미네랄이라도 혼자서는 일을 잘 못해요. 반드시 친구들의 도움이 필요합니다. 나트륨이 있는 곳에 칼륨이 있어야 하고, 칼륨이 있는 곳에 마그네슘이 있어야 하는 식이죠.[11] 정제염을 경계해야 하는 것이 그 때문이에요. 정제염에 칼륨이 있습니까. 마그네슘은요. 거의 없습니다. 천일염과 다른 점이 그 대목이죠.[12]

사실 라면과 나트륨의 관계는 바늘과 실처럼 운명적일 수밖에 없습니다. 인공조미료, 산도조절제, 향미증진제, 면류첨가알칼리제, 산화방지제……. 라면에 거의 단골로 등장하는 첨가물이죠. 이 녀석들을 잘 보세요. 공통점이 하나 있습니다. 대부분 나트륨염, 즉 나트륨 화합물이라는 사실입니다. 소금

외에 여러분 몸에 나트륨이 들어오는 파이프가 여럿 있다는 뜻입니다. 그 큰 파이프 하나를 라면이 맡고 있는 것이죠. 물론 라면만의 이야기는 아닙니다. 간편식의 피할 수 없는 숙명이죠.

불미스러운 기록

라면에 김치를 곁들이는 센스

인스턴트 라면은 가공식품 산업이 팽창할 즈음 일본에서 태어났습니다. 건강 지킴이 호르몬으로서 솔직히 말씀드리건대, 라면은 태어나지 말았어야 할 식품입니다. 인공조미료의 감칠맛과 인스턴트식품의 편이성을 양 날개로, 이 식품은 세상에 나오자마자 높이 날아올랐지요. 그 가공할 맛과 간편성에 많은 소비자들이 열광했습니다. 하지만 그분들 몸 안에 있는 저와 저의 종족들은 눈물을 흘리고 있답니다. 피눈물입니다.

인스턴트 라면이 출시된 초창기, 일본에서는 원인 불명의 사망 사고가 여러 건 발생했습니다. 일본의 한 심리영양학자는 비극의 주범으로 인스턴트 라면을 지목합니다.[1] 희생자들이 모두 라면 탐닉자들이었거든요. 한국에서는 다행히 사망 사고까지는 없는 것 같아요. 왜 일까요. 한국인들이 체질이 강해서인가요.

저는 김치가 한국인들을 살렸다고 생각합니다. 라면 드실 때 대개 김치를 곁들이잖아요. 일본과는 다른 모습입니다. 일본인들은 보통 라면만 그냥 먹거든요. 어떤 차이가 있을까요. 저 같은 호르몬에겐 쉬운 질문입니다. 여러분이 라면을 드시면 저는 신경이 날카로워져요. 하지만 김치와 함께 드시면 훨씬 낫습니다. 설명이 필요 없겠죠. 김치가 라면의 당지수를 낮춰주잖아요. 앞에서 말씀드린 이론 그대로예요.

그뿐인가요. 라면에 김치를 곁들이셔야 할 이유가 또 있습니다. 김치가 저의 팬이자 친구들의 아지트라는 사실을 놓치지 마세요. 섬유질·비타민·미네랄·유산균·항산화 물질……. 이 친구들은 주특기가 '헌신적 선행'인데, 저에게만 선행을 베푸는 것이 아닙니다. 여러분 몸의 모든 생명 주체에게 똑같이 선행을 베풉니다. 그 선행 가운데 으뜸인 것이 '나쁜 물질의 독성을 중화하고 몸 밖으로 배출을 촉진한다'는 점이에요.[2] 결국 김치가 '정크푸드 제1호 라면'의 해악까지 줄여준다는 말씀입니다.

다만 한 가지, 옥에도 티가 있다고 했죠. 소금 이야기를 한 번 더 해야겠네요. 제가 늘 경계하는 것이 소금이라서요. 정확하게 말하면 '과잉된 소금'이겠습니다만. 소금 범벅인 짠 김치, 그 안에 흘러넘치는 나트륨 무리, 그것이 옥의 티입니다. 이런 김치는 라면의 악행을 다스릴 능력이 없지요. 오히려 못된 짓을 도울 지경이에요. 라면 국물에 나트륨 일당이 일순간에 늘어나는 결과가 됩니다. 저에겐 감당 못할 악재죠.

김치는 되도록 싱거워야 합니다. 라면과 함께 먹는 김치는 더욱 그렇습니다. 짠 김치를 피할 수 없다면, 라면에 수프를 넣지 않거나 넣더라도 조금만 넣으십시오. 파, 양파, 당근, 부추 같은 채소를 넣고 면을 끓이면 굳이 김치의 도움을 받지 않아도 되죠. 물론 가장 좋은 선택은 '인스턴트 라면은 되도록 먹지 않는 것'이겠지만요.

요즘 침체 양상의 라면 시장에서 독보적으로 활황세를 보이는 라면이 있습니다. 이른바 컵라면입니다. 용기면이라고도 하죠. 간편성을 만끽할 수 있어 좋은가요. 저는 이런 유형의 라면을 더 경계합니다. 김치나 다른 채소와 함께 먹는 것이 쉽지 않잖아요. 넣을 것이라곤 수프뿐입니다. 수프의 정제염과 조미료가 동시에 저를 공격합니다. 막아줄 우군이 없는 저는 그대로 당할 수밖에요. 용기면의 간편성이 알고 보니 위험의 화신이었군요.

라면의 아킬레스건은 뭐니 뭐니 해도 식품첨가물이죠. 특히 인공조미료가 눈엣가시입니다. 라벨에서 '5'-리보뉴클레오티드이나트륨'이라고 보이시나요. MSG에

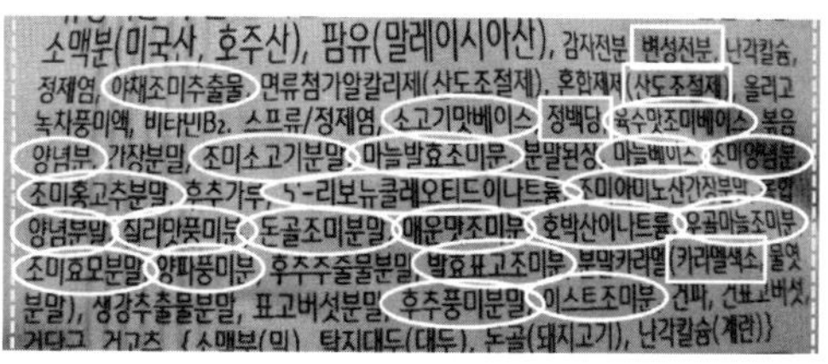

라면

필적하는 인공조미료죠. 호박산이나트륨도 있군요. 마찬가지로 인공조미료예요. ○○양념분, □□조미분, △△풍미분, ◇◇베이스 따위도 사실 조미료 또는 그와 유사한 혼합물이라고 보시면 됩니다. 이런 혼합물에는 향료를 비롯하여 유화제, 보존료 같은 녀석들도 슬그머니 들어갈 수 있지요. 산도조절제, 색소, 변성전분 등도 어김없이 도열해 있네요. 첨가물이라는 이름으로 이런 녀석들이 안방을 차지하고 있는 한, 라면은 정크푸드라는 험담을 피할 수 없습니다.

라면 종주국인 일본의 소비자들은 요즘엔 인스턴트 라면을 그다지 많이 먹지 않습니다. 오늘날 일본인들이 즐겨먹는 이른바 '라멘'은 인스턴트 라면이 아닙니다. 1인당 인스턴트 라면 소비량이 가장 많은 나라, 지금은 한국입니다.[3] 라면 종주국 지위를 한국이 이어받은 것 같아요. 또 다른 불미스러운 기록이죠.

역시 꿩 잡는 게 매입니다. 라면이라고 다 정크푸드가 아니죠. 안전한 라면, 얼마든지 가능합니다. 일본의 유서 깊은 '라멘집'이 본보기예요. 그 집 라면들은 유탕면이 아닙니다. 식품첨가물도 거의 없습니다. 다행히 한국에도 요즘 이런 '착한 라면집'이 더러 눈에 띄더군요. 더 많아져야 합니다. 소비자인 여러분이 하기 나름이에요. 중요한 것은, 라면도 얼마든지 웰빙식품이 될 수 있다는 사실입니다.

52

유유상종

코로나19에 대한 '창과 방패', 들깨와 생선

고지방 식품이라고 해서 다 지탄의 대상은 아니죠. 콩을 보실까요. 지방 함량이 꽤 높지요. 하지만 좋은 식품입니다. 단백질을 필두로 저의 '절친'이자 팬들이 그득하기 때문입니다. '밭에서 나는 쇠고기'라고 하잖아요. 단백질이 웬만한 육류보다 많습니다.[1] 여러분이 만일 채식주의자라면 콩 없이는 식단을 꾸릴 수 없을걸요. 미국에서는 요즘 '식물성 고기'를 앞세운 신생 벤처기업들이 대박을 터뜨리고 있다더군요.[2] 역시 콩 없이는 불가능한 일이죠. 모두들 콩에 감사해야 해요.

호르몬인 저도 콩에게 늘 고맙게 생각합니다. 여러분이 콩을 드시면 저는 기분이 좋아져요. 단백질뿐만 아니라 수많은 생리활성 물질들이 안에서 응원해주기 때문이죠.[3] 당지수는 어떨까요. 종류를 가리지 않고 콩은 당지수가 낮습니다. 콩을 대표하는 대두의 경우, 18로 나오네요. 내로라하는 저당지수 식품이군요. 저의 친구들이 힘써준 덕분이죠. 특히 섬유질의 공로가 큽니다. 콩은 대표적인 '고섬유질 식품'이거든요.[4]

콩과는 같은 듯 다른, 고지방 식품이 또 있지요. 마찬가지로 제가 무척 좋아한답니다. 다름 아닌, 견과류예요. 땅콩·호두·잣 등이 있죠. 로컬푸드는 아니지만 아몬드·캐슈너트·피칸·마카다미아 등도 좋은 견과입니다. 콩에 뒤질세라, 이 식품들도 듬뿍 제 친구를 품고 있지요. 견과류가 비만과 당뇨병까지 억제한다는 보고가 있는데, 그 친구들 덕분이에요.[5] 살찔까봐 견과류를 피하신다고요? 오히려 다이어트에 도움이 됩니다.[6] 제가 잘 알지요. '비만 호르몬'이라고 했잖아요.

견과류 가운데서도 저는 특히 호두를 좋아합니다. 호두에는 정말로 매력적인 친구가 있거든요. '알파-리놀렌산'이라는 물질입니다. 좀 생소한 이름일까요. 그럼 '오메가-3지방산'은 들어보셨겠죠. 같은 물질입니다. 요즘 건강보조식품 시장에서 큰 인기죠. 이 지방산은 제가 좋아하다 못해 존경할 정도입니다. 저를 돕는 정성이 워낙 극진해서요.[7] "오메가-3지방산이 인슐린저항을 개선한다"는 연구는 정말 많습니다.[8]

오메가-3지방산은 저에게만 좋은 친구가 아닙니다. 여러분 몸의 세포에도 산소 같은 친구랍니다. 세포의 발전소 격인 미토콘드리아가 최고 성능을 내도록 돕죠.[9] 이 지방산이 부족해지면 여러분 건강에 당장 빨간불이 들어옵니다. 저는 '현대병의 감시자'라는 표현을 쓰고 싶군요.[10] 특히 아이들에게 반드시 필요한 물질입니다. 결핍하면 지능 발달이 뒤떨어지거든요.[11] 두뇌 건강에도 중요한 역할을 한다는 뜻이에요.[12]

오메가-3지방산 친구는 팬데믹 시대에 특히 존재감이 돋보입니다. 단순한 현대병의 감시자를 넘어, 요즘 여러분에게 너무나 절실한 '감염병의 감시자'이기도 하거든요. 항염·항균 효능이 탁월할 데다 면역 강화 기능까지 있기 때문이죠.[13] 미국의 감염화학요법학술지IC 최근호에 "오메가-3지방산이 '코로나19' 억제 및 치료에 도움이 된다"는 논문이 실려 있습니다. 이 논문은 "오메가-3지방산이 값싸고 안전하게 팬데믹에 대처하는 '창과 방패' 역할을 할 수 있다"고 밝히고 있습니다.[14]

전문가들은 오메가-3지방산을 '필수지방산'이라고 하죠. 반드시 음식으로 섭취해야 한다는 뜻입니다. 처음엔 비타민의 하나로 분류할 정도였으니까요.[15] 말 그대로 '필수적인' 영양분인데요. 안타깝게도 이 중요한 성분이 현대인에겐 대개 결핍되어 있답니다. 여러분이 즐겨먹는 가공식품에 거의 들어있지 않기 때문이에요. 왠지 아세요.

'미인박명'이라는 옛말에서 답을 찾아봅니다. 필수지방산에는 약점이 하나 있어요. 생존력이 약하다는 사실. 지방산 가운데 안정성이 가장 떨어집니다. 열이나 공기, 광선 등과 접촉하면 제일 먼저 변질돼요.[16] 변질된 오메가-3지방산은 더 이상 친구가 아닙니다. '변절한 배반자'입니다.[17] 비타민 같은 이

지방산이 일반 가공식품에 남아 있지 않은 이유예요. 현대인이 대부분 결핍되는 까닭이죠.

자연의 섭리는 이런 오늘을 예측했을까요. 기막힌 식품을 만들었습니다. 이 식품에는 오메가-3지방산이 호두보다 훨씬 많습니다. 여러분이 일상에서 접할 수 있는 먹거리 가운데 오메가-3지방산이 가장 많은 식품이라고 보셔도 돼요. 다름 아닌 '들깨'랍니다. 여러분은 들깨에 대해 어떤 인식을 가지고 계신지요. 기름이나 짜먹는 허드레 식품? 아니면 옛날 보릿고개 시절에나 먹던 구황식품?

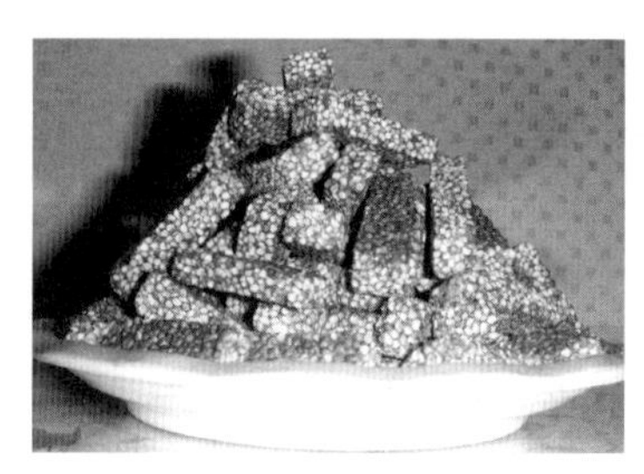

들깨조청강정

글쎄요, 그렇다면 오늘부터 인식을 바꾸세요. 들깨는 그런 저급 농산물이 아닙니다. 귀한 자연식품입니다. 자연의 섭리가 오메가-3지방산 결핍에 시달리는 현대인에게 특별히 만들어준 보배로운 선물입니다. 자그마치 60퍼센트! 들깨의 기름, 즉 들기름에 들어 있는 오메가-3지방산 함량입니다.[18] 그야말로 필수지방산 덩어리죠. 인체 내 들깨의 활약상을 보세요. 항암, 항염, 항균, 항산화, 항당뇨, 항천식, 심뇌혈관 보호…….[19] 실로 눈부시네요.

다만 한 가지, 좋다고 해서 어느 한 식품만 너무 많이 먹는 것은 좋지 않지요. 식생활의 기본 상식이에요. 들깨도 예외가 아닙니다. 지나치게 많이 드시면 오히려 저 같은 호르몬에게 부담이 될 수 있어요. "들기름을 과잉으로 투여하자 오히려 인슐린저항이 나타났다"는 연구가 있거든요.[20] '균형 식단 철학'을 다시 일깨우는 연구네요. 역시 과유불급이죠.

필수지방산 하면 또 빼놓을 수 없는 식품이 있습니다. 다름 아닌, 생선입니다. 생선의 기름, 즉 어유에 오메가-3지방산이 풍부하다는 것은 상식이죠. 어유의 지방산은 좀 특이합니다. '디에이치에이DHA' 또는 '이피에이EPA'라고 들어보셨나요. 오메가-3지방산 가문의 형제들인데, 여러분 몸에서 흡수·이용되기 쉬운 형태입니다. 전문가들은 보통 '고품질의 오메가-3지방산'이라고 해요. 저는 이런 오메가-3지방산을 특히 좋아합니다.[21] 생선 가운데서도 등푸른 생선에 이런 지방산이 많지요.

당지수 측면에서도 생선은 매력적입니다. 대표적인 저당지수 식품이거든요. 당연하겠죠. 탄수화물은 적고 단백질과 지방이 많으니까요. 비타민, 미네랄 등 미량 영양분도 둘째가라면 서럽고요. 해산물은 뭐든 다 좋은 것 같아요. 낮은 당지수에다 영양 만점이니까요. 하나같이 저에게 친절한 식품들이죠. 해초류의 중심인 미역을 떠올리면 동의하실 터입니다.

요즘 '슈퍼푸드'라는 말을 많이 쓰죠. 한마디로 '몸에 아주 좋은 식품'입니다. 저는 그 슈퍼푸드란 말을 이렇게 정의해봅니다. '인슐린을 최대한 배려하는 식품'이라고요. 너무 제 입장에서만 생각하나요. 저를 위해서가 아니니까요. 여러분을 위해서니까요. 다시 한 번 반복합니다만, 저를 배려하는 길이 곧 여러분 스스로를 배려하는 길입니다.

슈퍼푸드는 당연히 자연식품이겠지요. 감히 '팬덤'이라는 말을 쓰겠습니다. 자연의 귀한 영양분들이 팬덤처럼 저에게 열광하는 식품이 슈퍼푸드입니다. 앞에서 말씀드린 콩, 견과, 채소, 과일, 들깨, 생선, 해초류 같은 식품이 그 반열에 있지요. 물론 슈퍼푸드 자격이 있는 식품은 많습니다. 유기농우유, 천연버터, 자연치즈, 토종계란, '무첨가' 김치…….

유유상종일까요. 이들 슈퍼푸드는 공통점이 있습니다. 영양분 덩어리라는 사실 외에, 여러분 몸의 '보안관'이기도 하답니다. 불량 물질의 횡포를 막음으로써 세포들을 헌신적으로 보호하죠.[22] 무엇보다 저 같은 호르몬을 사심 없이 응원합니다.[23]

슈퍼푸드가 있기에 온통 저를 공격하는 식품이 난무하는 오늘날에도 그런대로 제가 품격을 유지하고 있는 것입니다. 가끔 본의 아니게 망가져서 송구스럽긴 하지만요. '정크푸드는 멀리, 슈퍼푸드는 가까이' 제 충언의 요지입니다. 팬데믹 시대의 금언金言이기도 하죠.

충분히 자주

내 몸에 대한 봉사, 물 마시기

물 마시는 것도 식생활의 중요한 일부입니다. 건강 전문가들은 이구동성으로 물을 많이 마시라고 하죠. 권장섭취량 하루 2리터.[1] 생수로 치면 큰 페트병 하나 가득입니다. 여러분은 어느 정도 마시나요. 대개 그보다는 훨씬 적을 걸요. 한국인의 평균 섭취량이 남성 1리터, 여성 0.8리터입니다.[2] 권장량의 절반 수준이네요.

물을 충분히 마시는 것은 저 같은 호르몬을 위해서도 중요합니다. 여러분 몸에 수분이 넉넉해야 제가 편히 일할 수 있거든요. 제 친구 중에 '바소프레신'이라는 호르몬이 있습니다. 저는 이 친구를 '물 호르몬'이라고 부릅니다.

물만 보면 사족을 못 써요. 무조건 꽉 움켜쥐려는 습성이 있죠.[3] 재미있다고요? 덕분에 여러분 몸이 늘 촉촉한 상태를 유지할 수 있는 것입니다. '항이뇨抗利尿 호르몬'이라고 있잖아요. 바로 이 친구예요.[4]

이 '물 호르몬' 친구는 평소에는 저와 친하게 잘 지냅니다. 오손도손 협조하며 원만히 소통하죠. 문제는 여러분 몸에서 수분이 부족해질 때예요. 이 친구의 태도가 돌변합니다. 저를 '패싱'하면서 신장으로 직접 사인을 보내버립니다. '물을 절대로 몸 밖으로 내보내지 말라'고요.[5] 물이 바로 소변이죠. 그다음이 더 가관입니다. 간장에도 사인을 보내 엉뚱하게 포도당을 만들어내라고 압박합니다.[6] 혈당치가 올라가겠죠. '항이뇨' 현상에다 '고혈당' 상황! 제가 가장 싫어하는 풍경입니다. 이때는 친구가 아니라 차라리 원수죠.

이런 일이 가끔 있다면 제가 얼마든지 참을 수 있어요. 잦은 경우가 문제입니다. 저는 인내심의 한계를 느낄 수밖에 없죠. 버럭 화를 냅니다. 화난 호르몬이 일을 제대로 하겠습니까. 고혈당 상태를 방치해버립니다.[7] 이 시나리오의 종착역이 바로 대사성질환이에요. 그 한복판에 당뇨병이 있지요.[8] 물론 옆에 있는 다른 현대병으로 연결될 수도 있고요. 인슐린저항은 이미 와 있죠.

여러분이 물을 마시는 것은 단순한 갈증 해소 행위가 아닙니다. 저를 비롯한 호르몬들을 배려하는 일입니다. 아니, 여러분 몸의 모든 생명 주체를 배려하는 일입니다. 무엇보다 체내 '항상성 유지' 차원에서 중요한 의미가 있지요. 항상성과 원활한 신진대사는 늘 한배를 탄다고 했잖아요. 몸에 수분이 부족하지 않도록 꼭 신경 써주세요. 갈증을 느끼셨다면 이미 늦은 것입니다.

물은 마시는 양뿐만 아니라 횟수도 중요합니다. 되도록 여러 번에 나누어 자주 마셔주세요.[9] 물론 좋은 물을 마셔야겠지요. 보리차나 옥수수차 같은 각종 차 종류도 좋습니다. 단, 식품첨가물이 들어 있는 음료성 제품은 사절입니다. 제가 청량음료를 그토록 싫어하는 것도 첨가물 같은 '비호감 물질'들이 안에 녹아 있기 때문이잖아요.[10]

천연광천수(Natural 표시 있음)

천연광천수 아님(Natural 표시 없음)

가장 무난한 것이 '생수'입니다. 요즘에는 언제 어디서든 쉽게 생수를 구할 수 있지요. 시중의 일반 생수, 좋습니다. 다만 종류가 너무 많아 혼란스러울 때가 있죠. 팁을 하나 알려드리겠습니다. 되도록 '천연광천수'를 선택하십시오. 'Natural mineral water'라는 표기가 있는 것이 천연광천수입니다. 반드시 'Natural'이라는 글자를 확인하십시오. 그냥 'Mineral water'라고만 표기되어 있거나, 다른 이름이 씌어 있으면 천연광천수Natural mineral water가 아닙니다. 무슨 차이일까요.

살균 방식 차이입니다. 생수 살균 방식에는 크게 두 가지가 있죠. '오존 살균법'과 '자외선 살균법'입니다. 오존 살균법을 쓴 생수에는 '천연광천수'

표기를 할 수 없습니다.[11] 'Natural'이라는 영자 표기도 할 수 없습니다.[12] 오존 살균법은 안전성 논란이 있지요. 브롬산염이라는 혐오 물질이 만들어질 수 있습니다.[13] 발암 의심물질이에요.

드물지만 '해양심층수'라는 생수도 있습니다. 말 그대로 깊은 해저에서 퍼올린 생수죠. 이 생수는 좀 다릅니다. 규정상 오존 살균을 할 수 없도록 되어 있습니다. 굳이 'Natural' 표기를 확인하지 않아도 된다는 뜻이죠. 이 생수만 그렇습니다.

되도록 멀리

음주, 특히 과음·폭음은 금물

술도 넓은 의미에서 음식에 속합니다. 그렇다고 음주를 식생활로 보기는 어렵죠. 여러분 세상에서 술은 '경계해야 할 것'이란 인식이 워낙 강해서요. 저와는 어떤 관계일까요. 역시 경계 대상이겠죠? 글쎄요, 술에 대한 저의 속내는 약간 복잡합니다. 뭐랄까, 알다가도 모를 존재랄까요.

여러분이 술을 마시면 저의 일터에 묘한 기운이 감돕니다. 어디선가 따스한 바람이 불어오는 느낌 같은 것 있죠. 왠지 기분이 들뜨면서 야릇한 활력이 생깁니다. 저의 업무 효율이 살짝 올라가죠. 이런 사실을 뒷받침이라도 하듯 "적당량의 음주가 당뇨병 위험을 약 30퍼센트 낮춘다"는 논문이 있더군요.[1] 의외로 이런 내용을 추적한 연구가 많더라고요. '술이 그럼 약인가' 하는 호기심을 불러일으키기에 충분한데요.

수락석출水落石出이라는 말이 있지요. 강에 물이 빠지면 바닥이 드러난다는 뜻입니다. 술을 설명하기에 딱 좋은 말이에요. 술이 저에게 활력을 준다고요? 알고 보니 그 반대였습니다. 교묘하게 저를 혼란에 빠뜨리며 오히려 발목을 잡는 것이었습니다. 요즘 들어 술의 이런 이중적인 일면을 추적하는 연구가 부쩍 많아졌더라고요. "적당량의 음주가 당 대사에 도움이 된다는 의견은 보편타당하지 않다"든가,[2] "술은 비교적 적은 양에서도 당뇨병 위험을 높일 수 있다"는 연구들이 그것입니다.[3] 앞의 내용과는 정반대네요.

첨단 과학도 더러 헷갈리나 봐요. 같은 대상을 놓고도 전혀 다른 의견을 내곤 하니 말이죠. 이런 때 호르몬의 감각이 필요해집니다. 저의 냉철한 감각은 뒤쪽, 즉 비판적인 견해 쪽에 손을 들어주네요. 술의 주성분이 뭡니까. 알코올이잖아요. 아시다시피 화학물질입니다. 몸 밖에서 들어온 이물질이죠. 영양분은 없고 칼로리만 그득한 외부 화학물질. 여러분 몸의 세포나 저나 그런 낯선 상대와는 만나고 싶지 않은 것이 진심이죠.

술의 속성을 알면 더 확실해집니다. 자칫 과음으로 이어지기 십상인 것이 술이잖아요. 과음 또는 폭음에 대해서는 제가 분명하게 말씀드릴 수 있어요. 해롭습니다. 무척 해롭습니다. 저의 일터에 알코올이 왈칵 쏟아져 들어오면 제가 갈피를 잡지 못한답니다. 저의 숭고한 사명인 혈당치 관리에 당장 빨간불이 들어오죠. 그것은 곧 여러분 건강의 빨간불이에요. "과음이 대사증후군과 당뇨병 위험을 높인다"는 연구는 정말 많습니다.[4] 간장 세포에까지 타

격을 준다는 사실은 삼척동자도 아는 상식이고요.[5]

더 큰 위기는 과음이 잦은 경우입니다. 끝자락에 알코올 중독의 문이 있죠. 그 문이 열리면 정말 심각해져요. 여러분 몸에서 제가 제대로 만들어지지 않는 지경이 될 수 있거든요. 평화롭고 아름다운 저의 고향 섬에 변고가 생기기 때문입니다. 제가 태어나는 곳, 전문가들은 '췌장의 베타세포'라고 하는데, 그 신성한 부위가 훼손될 수 있습니다.[6] 알코올 중독 현상은 단순한 인슐린 저항 차원이 아니라는 말씀이죠.

알코올 성분만 문제인가요. 술도 가공식품이잖아요. 미운 짓은 똑같이 해요. 식품첨가물 이야기를 안 할 수 없네요. 술에도 첨가물이 의외로 많이 사용된다는 사실, 아시는지요. 표시규정이 일반 가공식품과 달라 소비자가 확인하기 어려울 뿐입니다. 알코올에 온갖 첨가물이 녹아 있는 혼합 용액! 저는 정말 싫습니다. 칵테일 효과가 또 생각나네요. 해로운 물질들이 섞이면 유해성이 커진다고 했지요. 더 노골적으로 저의 발목을 잡습니다.[7] 비근한 예가 앞에서 말씀드린 '아스파탐 막걸리'예요. 신경독성이 더 커진다고 했잖아요.

서민의 술에 특히 첨가물이 많이 들어갑니다. 대표적인 '첨가물 술'이 한국의 대중주, 소주예요. 주로 희석식 소주를 드시죠? 희석식 소주에는 무조건 첨가물이 들어간다고 보시면 됩니다. 전통주인 막걸리에도 첨가물이 사용된다고 했고요. 가장 만만한 첨가물이 합성감미료죠. 감미료는 거의 대부분의 대중주에 사용되는 실정입니다. 고고한 듯 보이는 청주에까지 들어가니까요.

요령이 필요한 것이 그래서입니다. 술 선택 요령이죠. 소주는 되도록 '증류식 소주'를 택하십시오. 증류식 소주에도 제품에 따라 더러 첨가물이 발견되곤 합니다만, 대개 '무첨가'입니다. 대신 이 소주에는 좋은 친구가 있어요. '우로키나제'라는 물질.[8] 혈전용해효소로 알려져 있지요. 심뇌혈관 건강에 도움을 줍니다. '무첨가 철학'은 전통주에서 더 빛나죠. 막걸리나 청주 등도 잘 살피면 무첨가 제품을 쉽게 만날 수 있습니다.

식품첨가물로부터 비교적 안전한 술이 맥주예요. 시중의 일반 맥주 제품은 거의 무첨가라고 보셔도 됩니다. 다만, 흑맥주는 조심하십시오. 흑맥아를 쓰지 않았다면 색소가 사용됐을 가능성이 큽니다. 가장 흔한, 하지만 꽤나 해로운 카라멜색소가 주로 사용되죠. 알코올 도수가 높은 위스키와 브랜디도 대체로 첨가물로부터 자유롭습니다. 물론 일부 특수 제품은 예외입니다만.

이렇게 정리하겠습니다. '술은 득보다 실이 많다. 되도록 피하는 것이 좋다. 불가피한 상황이라면 적정량을 지키는 것이 중요하다. 과음, 폭음은 금물이다. 무엇보다 알코올 중독은 막아야 한다. 선택의 기준은 무첨가다.'라고 말이죠.

무조건 멀리

코로나 바이러스의 날개, 담배

여러분의 건강을 위협하는 희대의 '비음식적' 악성코드. 뭐가 떠오르시는지요. 저는 주저 없이 담배를 들겠습니다. 담배에 대해서라면 모든 이가 동의하실 터입니다. '무조건 해롭다'고. 저도 건강 지킴이 호르몬으로서 기꺼이 동의합니다. 여러분 몸에 해로우면 대개 저에게도 해롭지요. 아니면 저에게 해롭기 때문에 여러분 몸에 해로운 것일 수도 있고요. 건강에 관한 한 저와 여러분 몸은 공동체, 요즘 말로 '깐부 사이'입니다.

일단 담배 연기부터 보시죠. 아시다시피 수많은 화학물질로 이루어져 있습니다. 종류가 5,000가지 가까이나 됩니다.[1] 문제는 이 녀석들의 행실이 대부분 방자하다는 것. 가장 괘씸한 짓거리가 여러분 몸의 세포에 '미세한 염증을 만든다는 사실'입니다.[2] 가까이에서 보고 있는 저는 참 안타깝죠. 세포에 염증이 생기면 저와 소통이 어려워지거든요.[3]

세포가 저와 소통이 어려워진다? 무슨 뜻인가요. 저와 세포는 둘도 없는 '연인 사이'인데요. 연인끼리 사랑의 밀어를 나눌 수 없다는 이야기잖아요. 제가 세포에게 주는 신성한 서비스가 잘 들을 수 없음은 불문가지. 이런! 사달이 날 수밖에요. 그것이 바로 여러분 몸의 질병이지요. 또 다른 형태의 '인슐린저항'입니다. 그러네요. 현대병의 관문인 인슐린저항성증후군, 즉 대사증후군에 접근로가 또 있었다는 이야기예요. 그것이 담배였어요.[4] 어쩐지, 애연가들에게 만성병이 많더니만.

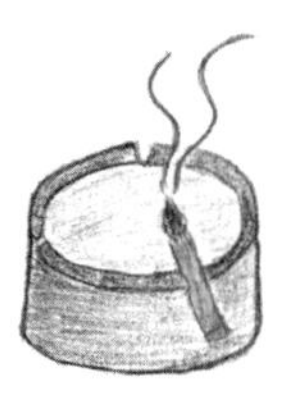

담배를 도마 위에 올렸을 때 용수철처럼 튀어나오는 것이 있습니다. 바로 '니코틴'입니다. 잘 아시죠, 니코틴. 담배를 상징하는 물질이죠. 이 녀석은 여러분의 몸에서 단순히 염증을 만드는 정도가 아닙니다. 저를 호시탐탐 노리며 존재 자체를 말살하려 합니다. 저의 아름다운 고향 섬, 췌장을 정면으로 공격하거든요.[5]

여러분의 췌장이 공격받으면, 그래서 행여 그곳 세포들이 상처라도 입을라치면, 어떻게 되죠? 상상하기 어렵지 않습니다. 제가 제대로 만들어지지 않지요. 제가 모자라거나 아예 말라버리는 상황이 올 수도 있습니다. 이때 여러분 몸의 안녕, 생각할 수 있을까요. 인슐린저항 정도가 아니에요. 고질적인 '당뇨병 통지서'가 날아듭니다. 다른 현대병은 덤으로 따라오고요.

니코틴은 요즘 같은 팬데믹 때 특히 더 경계해야 합니다. 앞에서 말씀드린 'ACE2'라는 효소 기억나시는지요. 배은망덕한 효소라고 했지요. 제가 탈이 나서 일을 잘 못하면, 이 효소가 엉뚱한 짓을 벌인다고 했습니다. 코로나 바이러스와 내통하여 여러분 몸의 세포 안에 안착하도록 돕는다고 말이죠.

이때 니코틴이 한술 떠 뜹니다. ACE2 효소와 코로나 바이러스가 만나는 현장에 레드카펫을 깔아준답니다. 두 녀석이 더 잘 내통하도록 부추기는 것이죠.[6] 코로나19의 '확진율'과 '치명률'이 동시에 오를 수밖에요. 흡연자는 감염병에 더 조심해야 한다더니, 이유가 있었네요. 니코틴이란 녀석 때문이었어요.

최근 들어 담배의 해악이 새롭게 조명되면서 금연하는 분들이 많아졌다더군요. 천만다행입니다. 하지만 여성 흡연은 늘고 있다지요. 또 젊은이들 사이에서 전자담배가 인기라고 하고요. 여성 흡연도 그렇고, 전자담배도 그렇고 흡연의 저변이 넓어진다는 점에서 담배를 경멸하는 저에게는 또 다른, 아니 더 큰 위협입니다.[7]

담배의 못된 짓은 그 오랜 역사만큼이나 길고 모집니다. 나 혼자만 금연한다고 될 일이 아니잖아요.[8] 옆에 있는 김 씨, 이 씨가 담배를 피우면 그 연기가 내 코 안으로도 들어오게 마련입니다. 이른바 간접흡연이죠. 어린 자녀를 두셨다면 간접흡연을 특히 조심해야 합니다. 아이들의 몸 안에 있는 순박한 저는 담배 연기에 더 취약하거든요.[9] 니코틴이란 녀석은 심지어 태아나 젖먹이에게까지 주먹질을 해댄다는 보고가 있습니다.[10] 젊은 부부일수록 담배를 조심하라는 강력한 권고죠.

암 이야기를 안 할 수 없네요. 암의 최대 위협 인자로 담배를 꼽는 데 이의를 제기하실 분 있을까요. 얼마 전 한국 법정에서 나온 판결이 어이없었습니다. 기억하시는지요. "담배를 암의 원인으로 볼 수 없다"고 판시했지요.[11] 이야말로 자다가 봉창 두드리는 소리 아닌가요. 차라리 지동설을 부정하시지요. '국민 건강은 국가나 공공기관이 책임지지 않는다'는 확실한 선포예요. 각자의 건강은 각자가 책임지라는 뜻이죠. 비정한 현실을 확인했다는 데에 만족해야 할까요. 또 가습기 살균제 사태가 생각나네요.

최고의 선물

스트레스 해소엔 운동이 최고

'구구팔팔이삼사'. 섭생의 해학적 표현이죠. '99세까지 팔팔(88)하게 살다가 2~3일 아프고 4일 만에 하늘나라로 가자'는 개그성 레토릭입니다. 여기서 가장 결정적인 인자가 음식이라는 데 주저하지 않겠습니다. 물론 음식이 다는 아니죠. 진정으로 섭생을 추구한다면 신경 쓸 일이 많습니다.

이번엔 여러분의 '스트레스'입니다. 초록은 동색이듯, 스트레스와 질병도 같은 색이죠. 스트레스가 자주 머문 자리에 질병의 싹이 틉니다. 병원 내과 입원 환자의 약 70퍼센트가 스트레스와 관련이 있다네요.[1]

여러분의 스트레스는 저 같은 호르몬에게도 큰 위협입니다.[2] 식품첨가물이 인슐린저항을 일으키는 이유가 저에게 스트레스를 주기 때문 아닙니까.

여러분이 스트레스를 받으면 그대로 저에게도 전달됩니다. 첨가물이 던지는 스트레스나 여러분이 떠넘기는 스트레스나 저에게는 매한가지랍니다. 똑같이 저를 닦달함으로써 인슐린저항을 불러오죠.[3]

특히 저를 곤혹스럽게 하는 것이 여러분의 만성 스트레스입니다. 저의 하루하루가 고된 나날의 연속이 되거든요.[4] 여러분 마음의 평안이 곧 저의 평안이란 말씀이죠.

아뿔싸, 이런 제 말씀에서 핑곗거리를 찾으신 모양이네요. 끊었던 담배에 다시 손을 대셨다고요. 스트레스엔 담배가 최고라는, 이른바 '이독제독以毒制毒'의 이론을 내세우시는군요. 어떨까요. 유감스럽게도 번지수를 잘못 짚으셨습니다. '설상가상雪上加霜'입니다. 담배는 스트레스를 풀어주지 못합니다. 오히려 더 키웁니다. 니코틴이 대표적인 스트레스 유발 물질이거든요.[5]

스트레스 때문에 담배를 무셨다면 저를 이중으로 괴롭히는 결과가 됩니다. 니코틴을 비롯한 화학물질이 저를 괴롭히고, 그 녀석들이 만든 스트레스가 또 저를 괴롭힙니다. 이것이야말로 쌍권총이지요. 어른에게만 해당하는 이야기가 아닙니다. 청소년도 절대 조심해야 해요. 습관적인 흡연자가 아니더라도 담배를 피우면 스트레스 수치가 확 올라갑니다.[6] 흡연을 중지하면 다시 내려가죠.

음주도 비슷합니다. 스트레스를 풀기 위해 술을 드신다고요? 이런 때 과음으로 이어지기 십상이죠. 마찬가지로 저를 이중으로 괴롭히는 일입니다.

과음은 오히려 스트레스를 키우거든요.[7] 과음 탓에 제가 혼비백산한 상태에서 스트레스 수치가 더 올라가면? 우울증이 싹트기 딱 좋은 환경이지요.[8]

이 우울증이 또 저의 발목을 노골적으로 잡습니다. 인슐린저항이 더 깊어지는 것은 불 보듯 뻔한 일.[9] 굳이 금주까지는 권하지 않겠습니다. 과음 또는 폭음만은 피해주십시오. 저를 생각하신다면 '절주節酒'입니다.

'잠이 보약'이라는 말이 있죠. 제가 잘 압니다. 여러분이 잠을 설치면 저의 일터가 금방 황량해지거든요. 숙면의 중요성을 명쾌히 알려주는 연구가 있습니다. "하룻밤을 뜬눈으로 지새우면 6개월간 고지방 식생활을 한 것과 비슷한 결과를 보인다"는 내용입니다.[10] 실제로 '숙면 장애가 인슐린저항의 또 다른 경로'라는 연구도 있고요.[11] 그렇다고 술이나 약물에 의존하시지는 않겠지요. 악순환을 자초하는 일이라서요.

가장 안전한 해결사는 운동입니다. 규칙적인 운동을 권해드립니다. 운동은 '일석삼조'의 효과가 있지요. 신진대사 촉진, 스트레스 해소, 숙면 제공입니다. 이 효과는 여러분 몸에 '평화의 팡파르'를 울립니다. 저에게도 그 울림이 전해지죠. 저의 사기가 올라갑니다. "규칙적인 운동이 인슐린저항을 개선한다"는 연구가 그 방증이에요.[12] 이런 연구는 무척 많습니다.

올바른 식생활. 여러분이 스스로에게 줄 수 있는 이 시대 최고의 선물입니다. 여기에 절주, 금연, 숙면, 운동이 함께하면 그 선물은 더욱 빛납니다. 여러분 마음의 지갑에 이 단어들을 넣고 다니십시오. 생활 속에서 실천하십시오. 제가 반드시 보답하겠습니다. 여러분 몸을 지켜드리겠습니다. 현대병을 막겠습니다. 그 병에는 정신질환도 있다고 했지요. 바이러스성 팬데믹도 포함한다고 했고요. 제가 여러분의 건강 지킴이잖아요. 약속합니다. 마스터 호르몬의 마지막 약속이자 고언苦言입니다.

'인슐린 캐러밴'이라는 말을 들어보셨나요. 저의 짝퉁인 '인공 인슐린'을 사기 위해 국경을 넘는 미국인들을 가리킵니다. 미국은 인공 인슐린 값이 무척 비싸거든요. 이웃 나라 캐나다는 비교적 싸고요. 저를 필요로 하는 미국의 당뇨병 환자들이 시간 낭비를 무릅쓰고 캐나다에 들어갑니다. 조금이라도 싼 값에 저의 짝퉁을 구하기 위해서죠. 인슐린 캐러밴이라는 말에 미국 당뇨인들의 애처로움이 물씬 묻어 있네요.

저는 애처로움 이전에 의아함이 앞섭니다. 미국이 인공 인슐린 값이 비싼 나라라니요. 세계 최대 인공 인슐린 시장이 미국인데요.[1] 시장이 크면 공급도 많을 것 아닙니까. 당연히 거래가 활발하겠지요. 그런 시장에서는 대개 상품 값이 싼 것이 상식입니다. 그런데 왜 비싸죠?

언론은 제약회사를 나무라더군요. 의약품으로 폭리를 취하고 있다고요. 글쎄요, 정말 그런가요. 그것이 주된 이유인가요. 미국은 자본주의의 심장 같은 나라입니다. 시장경제가 가장 잘 작동하는 일류 국가죠. 저는 경제의 기본 이론에서 원인을 찾고 싶습니다. '수요가 공급을 초과하기 때문'이라고. 그동안 미국에서는 저의 짝퉁 수요가 지속적으로 증가해왔습니다. 그 산업은 그야말로 황금알을 낳는 거위예요.

이 현실은 국민 입장에서는 결코 좋은 일이 아닙니다. 국민 몸 안에 있는 저의 종족들이 건강하지 못하다는 뜻이잖아요. 그 말은 곧 미국인들이 건강하지 못하다는 뜻입니다.[2] 왜일까요. 초일류 국가의 국민이라면 당연히 건강해야 할 텐데요. 이유는?

간단합니다. 저를 학대하는 사람이 많기 때문입니다. 미국이 '패스트푸드의 나라'라는 사실을 떠올리셨다면 저는 이제 안심하겠습니다. 그런 여러분은 저를 더 이상 학대하지 않을 테니까요. 패스트푸드에 저를 겁박하는 것들, 즉 식품첨가물 따위가 유독 많이 들어 있다는 사실은 이미 잘 아실 터.

저에게 식품첨가물은 한마디로 '괴물'입니다. 인간의 몸은 수백만 년에 걸쳐 조금씩 진화해왔지요. 하지만 생리학적으로는 거의 변한 것이 없습니다.[3] 그 안에서 묵묵히 일만 해온 저 역시 변한 것이 없습니다. 그동안 여러분은 저를 전혀 주목하지 않았지요. 아니, 주목할 필요가 없었습니다. 여느 호르몬과 다를 바 없이, 묵묵히 주어진 일에만 몰두하는, 그저 그런 '단백질 흔적'

의 하나였으니까요.

최근 들어 상황이 급변하기 시작했습니다. 이상한 것들이 저의 일터에 나타나더니 점점 출몰 횟수가 잦아졌습니다. 종류도 다양해졌습니다. 저에겐 극히 이질적인 존재들입니다. 저는 그것들과 마주하면 갈피를 잡지 못합니다. 어떻게 대처해야 할지 모르겠어요. 때로는 역겹기도 하고요. 여러분이 식품첨가물이라고 부르는 것, 바로 그 녀석들이에요. 어느덧 현대인 식단에서 '안방의 주인'이 되어버렸죠.

이 이질적인 것들, 즉 식품첨가물에는 크게 세 가지가 있습니다. 정제당, 정제가공유지, 화학물질입니다. 이들 세 원료군은 공통점이 있습니다. 에너지 대사 호르몬인 저에게 끊임없이 스트레스를 가한다는 사실입니다. 제가 하는 일을 노골적으로 방해한답니다. 그 말로가 오늘날 여러분 사회의 현대병이에요. 이른바 생활습관병이라고 하는 것. 비단 신체질환뿐만이 아닙니다. 정신질환까지 포함합니다. 아이들의 경우 심리·행동·정서·성격에까지 나쁜 영향을 미치지요.[4]

근래 들어 대규모 감염성 질환이 연이어 출몰합니다. 조류독감, 사스, 신종플루, 메르스, 코로나19……. 과거엔 없던 질병들이죠. 앞으로 더 잦을 것이라고 하네요. 왜 의학이 발달하고 위생 관념이 높아진 오늘날 이런 감염성 질환이 마구잡이로 창궐하는 것일까요.

원인은 여러 가지가 있겠지요. 가장 큰 원인으로 저는 '면역력 감퇴'를 꼽는 데 주저하지 않겠습니다. 현대인들은 면역력이 약해졌어요. 바이러스에겐 유례없이 좋은 환경이죠. 여러분 각자가 자청해서 바이러스 숙주 노릇을 해주는 셈이잖아요. 식품첨가물의 못된 짓 가운데 빼놓을 수 없는 것이 면역력 약화라는 사실, 아시는지요.[5] 그 중요한 상식을 소홀히 여긴 데 대한 자연의 응징이 바로 오늘의 팬데믹입니다.

식생활은 어울림입니다. 자연과 자연의 어울림입니다. 여러분 몸은 자연의 일부지요. 여러분 몸 안에 있는 저 역시 자연의 일부고요. 여러분 몸에는 자연의 물질을 넣어야만 어울립니다. 비자연 물질은 어울리지 않습니다. 그럼에도 여러분은 매일 수시로 비자연 물질을 넣고 있네요. 식품첨가물이 대표적인 비자연 물질이잖아요. 당연히 엇박자가 날 수밖에요. 그 엇박자가 현대병이자 팬데믹인 것이죠.

해답은 간단합니다. 빼면 됩니다. 문제가 있는 것은 당연히 빼내야지요. '무첨가 식생활'이 그것입니다. 식품첨가물을 써야만 가공식품을 만들 수 있다고요? 무지 또는 위선 아니면 탐욕의 발언입니다. 첨가물 없이도 얼마든지 가공식품을 만들 수 있습니다. 아니, 첨가물을 쓰지 말아야 더 훌륭한 식품을 만들 수 있습니다.

정말 좋은 식품에는 첨가물이 사용되지 않습니다.[6] 일류 요리사의 레시피에 조미료·향료 따위가 있습니까. 없습니다.[7] 정 '무첨가'가 어렵다면 일단 '저첨가'라도 모색하십시오. 이렇게 말씀드리면 반론을 제기하실지 모르겠네요. 비용이 더 든다고. 생활비가 올라간다고. 그런가요. 정말인가요.

'생애의료비'라고 있습니다. 한 사람이 평생 쓰는 의료비를 말합니다. 한국인의 경우 꽤 오래전에 1억 원을 넘었습니다.[8] 4인 가족으로 치면 한 집에 4억 원이죠. 국민 전체로는 수천조 원에 달합니다. 어마어마한 금액이네요. 이 돈은 국민이 건강하면 지출할 까닭이 없는 비용입니다.

'무첨가 식생활'로 인한 추가 비용이 이 금액보다 많을까요. 길게 보십시오. 생활비를 줄이기 위해서라도 '착한 식생활'이 필요합니다. 실제로 해보면 비용이 그다지 더 들지 않아요. 요령이 생기거든요.

'건강 전문 호르몬'으로서 저는 가공식품을 부정하지 않습니다. 가공식품은 바쁜 현대인에게 대단히 중요한 먹거리입니다. 제가 문제 삼는 것은 나쁜 가공식품입니다. 더 정확하게는 나쁜 가공식품에 들어 있는 나쁜 물질입니다. 그 몸통이 식품첨가물이지요.

이 세상의 가공식품은 둘로 나눌 수 있습니다. '소비자 건강을 생각하고 만든 제품'과 '업체 돈벌이를 위해 만든 제품'입니다. 어느 쪽을 선택하시겠습니까. 정답은 뻔하지요. 유감스럽게도 여러분은 생각과 반대로 행동하시는군요. 여러분의 이런 잘못된 행동이 오늘의 식품첨가물 만능 사회를 만들었습니다. 건강 지킴이인 제가 도저히 행복할 수 없는 환경이지요. 이런 풍토에서는 제가 여러분 건강을 지켜드리기 어렵습니다.

요즘 들어 저를 부쩍 섭섭하게 하는 것이 있답니다. 여러분의 '미각味覺' 입니다. 왜 여러분은 미각만 생각하십니까. 저를 비롯한 수많은 호르몬 생각도 좀 하셔야죠. 여러분이 미각 말초에 휘둘리실 때, 몸 안에 있는 저희 호르몬들은 고통의 계곡에서 신음합니다.

두뇌의 이성적 판단에 따르셔야지요. 말초의 경박한 욕구를 다스리셔야지요. 처음에는 좀 어려우실지 모르겠네요. 식생활이 습관이라서요. 하지만 습관은 한번 익히면 저절로 이루어집니다. 식생활도 그렇습니다.

다시 한 번 제안합니다. 지금 혹시 장 보러가셨다면, 식품 매장에 계시다면, 가공식품 라벨을 꼭 살피십시오. 식품첨가물이 없는 제품을 선택하십시오. 쉽지 않다면 최대한 적은 제품을 선택하십시오. 일반 식품 매장에는 마땅한 제품이 없을지 모르겠네요. 친환경 식품 매장으로 발걸음을 옮기십시오. 제법 만족스러운 제품들을 만나실 수 있을 것입니다. 여러분의 이런 행동이 모이면 앞으로는 일반 매장에서도 쉽게 '무첨가 제품'을 만나실 수 있게 됩니다.

감사합니다. 저의 하소연을 들어주시느라 수고 많으셨습니다. 여러분 건강을 진심으로 염려해서 드리는 충언이었습니다. 사회 안녕에도 조금이나마 보탬이 되었으면 좋겠습니다. 건승하시길 빕니다. 여러분 몸 안에서 지금 이 순간에도 열심히 땀 흘리며 일하고 있는 '수호천사 인슐린'이었습니다.

|별표| 주요 식품의 당지수와 당부하지수[1]

식품명	당지수(GI)	일회섭취량(g)	일회섭취량당 탄수화물 함량(g)	당부하지수 (GL)
청둥호박	75	80	4	3
수박	72	120	6	4
감자(구운 것)	85	150	30	26
흰밥	86	150	43	37
현미밥	55	150	33	18
설탕	61	10	10	6
과당	19	10	10	2
콜라	63	250	26	16
우유	27	250	12	3
버터	0	-	-	0
치즈	10 이하	-	-	2 이하
요구르트	36	200	9	3
감자튀김	75	150	29	22
인스턴트 라면	73	-	-	-
콩(대두)	18	150	6	1
땅콩	14	50	6	1

첫 번째 이야기 – 건강의 열쇠, 인슐린

1. 천사의 약속 · 마스터 호르몬의 커밍아웃

[1] https://www.healthline.com/health/diabetes/insulin-effects-on-body

[2] https://www.sciencedaily.com/releases/2018/02/180219103256.htm

[3] Newsholme E. A. et al., "Integration of biochemical and physiologic effects of insulin on glucose metabolism." Exp Clin Endocrinol Diabetes. 2001;109 Suppl 2:S122-34.

[4] https://www.healthline.com/nutrition/artificial-sweeteners-blood-sugar-insulin#section2

[5] 丸山工作, 新インスリン物語, 東京化学同人, 1995, p.183

[6] Gerald Reaven et al., Syndrome X The Silent Killer, Fireside, 2000, p.17-20

[7] https://teriringham.com/master-hormone-key-hormone-balance/

[8] 丸山工作, 新インスリン物語, 東京化学同人, 1995, p.6

2. 신성한 사명 · 인슐린의 '고향 마을', 췌장

[1] Howard JM et al., History of the Pancreas: Mysteries of a Hidden Organ. Springer Science & Business Media, 2012, p. 24.

3. 장엄한 의식 · 인체 세포의 경이로운 생명활동

[1] G. Scheiner, Think like a pancreas, Marlowe & Company, 2004, p.45

[2] 二宮陸雄, インスリン物語, 医歯薬出版株式会社, 2002, p.274

[3] 二宮陸雄, インスリン物語, 医歯薬出版株式会社, 2002, p.272-276

[4] G. Scheiner, Think like a pancreas, Marlowe & Company, 2004, p.187-190

[5] G. Scheiner, Think like a pancreas, Marlowe & Company, 2004, p.187

4. 길벗 · 포도당과 오묘한 혈당치 변화

[1] https://www.hsph.harvard.edu/nutritionsource/carbohydrates/carbohydrates-and-blood-sugar/

[2] David H. Wasserman, "Four grams of glucose" Am J Physiol Endocrinol Metab 296: E11–E21,

2009.

[3] 위와 같음

[4] https://diabetestalk.net/diabetes/stevia-and-insulin-resistance

[5] Enrica Golia et al., "Inflammation and cardiovascular disease: from pathogenesis to therapeutic target" Curr Atheroscler Rep. 2014 Sep;16(9):435.

[6] Miryam E. Williamson, Blood Sugar Blues, Walker Publishing, 2001, p.50-57

[7] G. Scheiner, Think like a pancreas, Marlowe & Company, 2004, p.33-36

[8] David H. Wasserman, "Four grams of glucose" Am J Physiol Endocrinol Metab 296: E11–E21, 2009.

[9] American Diabetes Association, "Diagnosis and Classification of Diabetes Mellitus" Diabetes Care 2014 Jan; 37(Supplement 1): S81-S90.

5. 이상한 반전 · 삐걱거리는 혈당관리시스템

[1] https://www.healthline.com/health/low-blood-sugar-effects-on-body#1

[2] https://getyourleanon.com/nutrition/the-3-hormones-that-regulate-hunger-cravings-and-satiety/

[3] パーボ エイローラ, 大沢博 訳, 低血糖症, ブレーン出版(株), 1996, p.14

[4] Rita Elkins, Fiber Facts, Woodland Publishing, 1999, p.19-20

[5] Gustav E. Lienhard et al., "How Cells Absorb Glucose" Sci Am. 1992 Jan;266(1):86-91.

[6] パーボ エイローラ, 大沢博 訳, 低血糖症, ブレーン出版(株), 1996, p.14-15

[7] パーボ エイローラ, 大沢博 訳, 低血糖症, ブレーン出版(株), 1996, p.19-22, 57-58

[8] https://www.biologyonline.com/tutorials/sugar-homeostasis

6. 악순환 · 설탕 중독의 본질

[1] https://observer.com/2018/02/sugar-is-wreaking-havoc-on-your-hormonal-health/

[2] パーボ エイローラ, 大沢博 訳, 低血糖症, ブレーン出版(株), 1996, p.53-58

[3] James M. Rippe et al., "Sucrose, High-Fructose Corn Syrup, and Fructose, Their Metabolism and Potential Health Effects: What Do We Really Know?" American Society for Nutrition. Adv. Nutr. 4: 236–245, 2013

[4] 바니 하리, 김경영 역, 내 몸을 죽이는 기적의 첨가물, 동녘라이프, 2020, p.141-142

[5] 今村光一, キレない子どもを作る食事と食べ方, 主婦と友社, 2002, p.86-89

[6] 松田有利子, あなたの病は自然食で直る, 廣済堂, 1999, p.71-72
[7] Kirsty Brown et al., "Diet-Induced Dysbiosis of the Intestinal Microbiota and the Effects on Immunity and Disease" Nutrients 2012, 4, 1095-1119

7. 찰나의 변화 · 인슐린저항이 부르는 대사증후군

[1] Richard F. Heller et al., Carbohydrate Addicted Kids, Harper Perennial, 1997, p.118
[2] 橋本三四郎, 減インスリンダイエット, マキノ出版, 2002, p.47
[3] Gerald Reaven et al., Syndrome X The Silent Killer, Fireside, 2000, p.18-20
[4] Mariam Manoukian et al., Metabolic Syndrome Survival Guide, Westchester Publishing, 2004, p.2
[5] http://news.chosun.com/site/data/html_dir/2012/03/22/2012032201985.html
[6] Gerald Reaven et al., Syndrome X The Silent Killer, Fireside, 2000, p.18
[7] DeFronzo RA., "Insulin resistance, hyperinsulinemia, and coronary artery disease: a complex metabolic web" J Cardiovasc Pharmacol. 1992;20 Suppl 11:S1-16.
[8] パーボ エイローラ, 大沢博 訳, 低血糖症, ブレーン出版(株), 1996, p.12-18, 53-58
[9] Julia Otten et al., "Effects of a Paleolithic diet with and without supervised exercise on fat mass, insulin sensitivity, and glycemic control: a randomized controlled trial in individuals with type 2 diabetes" Diabetes Metab Res Rev. 2017 Jan;33(1):10.1002/dmrr.2828.
[10] Jennie B. Miller et al., The New Glucose Revolution, Marlowe & Company, 2003, p.4-5
[11] Jennie B. Miller et al., The New Glucose Revolution, Marlowe & Company, 2003, p.5-6
[12] Jennie B. Miller et al., The New Glucose Revolution, Marlowe & Company, 2003, p.12, 51

8. 산 넘어 산 · 암세포의 온상, 고인슐린혈증

[1] Walter C. Willett, Eat, drink, and be healthy, Simon & Schuster Source, 2001, p.96-100
[2] Walter C. Willett, Eat, drink, and be healthy, Simon & Schuster Source, 2001, p.86-90
[3] 今村光一, キレない子どもを作る食事と食べ方, 主婦と友社, 2002, p.73
[4] Mariam Manoukian et al., Metabolic Syndrome Survival Guide, Westchester Publishing, 2004, p.27
[5] Paola De Marco et al., "GPER1 is regulated by insulin in cancer cells and cancer-associated fibroblasts" Endocr Relat Cancer. 2014 Oct;21(5):739-53.
[6] Rainer J Klement et al., "Is there a role for carbohydrate restriction in the treatment and prevention of cancer?" Nutrition & Metabolism volume 8, Article number: 75 (2011)

[7] Gunter MJ et al., "Obesity and colorectal cancer: epidemiology, mechanisms and candidate genes." J Nutr Biochem. 2006;17(3):145-56.

[8] E. M. Othman et al., "Signaling steps in the induction of genomic damage by insulin in colon and kidney cells" Free Rad Biol and Medicine 2014 Mar;68:247-57

[9] Richard F. Heller et al., Carbohydrate Addicted Kids, Harper Perennial, 1997, p.267

[10] R Vigneri et al., "Insulin, insulin receptors, and cancer." J Endocrinol Invest. 2016 Dec;39(12):1365-1376.

[11] Seeley S. et al., "Diet and breast cancer: the possible connection with sugar consumption." Med Hypotheses 1983 Jul;11(3):319-27.

9. 중요한 힌트 · 고지혈증과 심뇌혈관질환

[1] 나가타 다카유키, 정은영 역, 저인슐린 다이어트, 국일미디어, 2003, p.29

[2] パーボ エイローラ, 大沢博 訳, 低血糖症, ブレーン出版(株), 1996, p.14-15

[3] 1)Guin Van, Why Fat Sticks, Author House, p.11-12, 21-23

2)S. Moreno-Fernández et al., "High Fat/High Glucose Diet Induces Metabolic Syndrome in an Experimental Rat Model" Nutrients 2018, 10, 1502; doi:10.3390/nu10101502

[4] 橋本三四郎, 減インスリンダイエット, マキノ出版, 2002, p.16

[5] 나가타 다카유키, 정은영 역, 저인슐린 다이어트, 국일미디어, 2003, p.76

[6] 橋本三四郎, 減インスリンダイエット, マキノ出版, 2002, p.17

[7] Michael Charlton, "Obesity, Hyperlipidemia, and Metabolic Syndrome" Liver Transplantation, Vol 15, No 11, Suppl 2 (November), 2009: pp S83-S89

[8] Katsunori Ikewaki et al., "Dyslipidemia in metabolic syndrome" Nihon Rinsho. 2004 Jun;62(6):1099-103.

[9] R A DeFronzo, "Insulin resistance, hyperinsulinemia, and coronary artery disease: a complex metabolic web." Cardiovasc Pharmacol. 1992;20 Suppl 11:S1-16.

[10] Zeinab Emruzi et al., "Effect of Hyperlipidemia on Cell Mediated Immunity; Could it be as Predisposing Factor of Cancer Risk" Biomedical Journal of Scientific & Technical Research, Volume 12- Issue 3: 2018

10. 1922년 · 인공 인슐린의 탄생, 축복할 일인가?

[1] Walter C. Willett, Eat, drink, and be healthy, Simon & Schuster Source, 2001, p.88-89

[2] https://www.sciencedirect.com/topics/medicine-and-dentistry/hypoinsulinemia

[3] https://www.bbc.com/news/health-16657425

[4] 丸山工作, 新インスリン物語, 東京化学同人, 1995, p.54

[5] Elvira Isganaitis et al., “Fast food, central nervous system insulin resistance, and obesity” Arterioscler Thromb Vasc Biol. 2005 Dec;25(12):2451-62.

11. 팬데믹 · 코로나19의 숨은 부역자

[1] Sue Tsai et al., “Insulin Receptor-Mediated Stimulation Boosts T Cell Immunity during Inflammation and Infection” Cell Metabolism 28, 922–934, December 4, 2018

[2] https://www.donga.com/news/article/all/20060519/8308767/1

[3] http://news.chosun.com/site/data/html_dir/2012/03/22/2012032201985.html

[4] Fabian Sanchis-Gomar et al., “Obesity and Outcomes in COVID-19: When an Epidemic and Pandemic Collide” Mayo Clin Proc. 2020;95(7):1445-1453

[5] Francis M. Finucane et al., “Coronavirus and Obesity: Could Insulin Resistance Mediate the Severity of Covid-19 Infection?” Frontiers in Public Health, May 2020, Volume 8, Article 184

[6] Andrey Santos et al., “Diabetes, obesity, and insulin resistance in COVID-19: molecular interrelationship and therapeutic implications” Diabetol Metab Syndr. 2021; 13: 23.

12. 삼각관계 · 정신건강의 뒤안길

[1] 1)Seyed Alireza Ebadi et al., “Hypoglycemia and cognitive function in diabetic patients” Diabetes & Metabolic Syndrome: Clinical Research & Reviews, Volume 12, Issue 6, November 2018, 893-896
2)Andrew J. Sommerfield et al., “Short-Term, Delayed, and Working Memory Are Impaired During Hypoglycemia in Individuals With Type 1 Diabetes” Diabetes Care 2003 Feb; 26(2): 390-396.

[2] Sang Youl Rhee, “Hypoglycemia and Dementia” Endocrinol Metab (Seoul). 2017 Jun; 32(2): 195–199.

[3] Sue Pearson et al., “Depression and Insulin Resistance” Diabetes Care. 2010 May; 33(5): 1128–1133.

[4] Min Jung Park et al., “Acute hypoglycemia causes depressive-like behaviors in mice” Metabolism. 2012 Feb;61(2):229-36.

[5] Sue Penckofer et al., "Does Glycemic Variability Impact Mood and Quality of Life?" Diabetes Technol Ther. 2012 Apr; 14(4): 303–310.

[6] 大沢博, "激増する統合失調症に対処できるビタミンB3中心の栄養療法" 自然食ニュース, テキストデータ 2003-11 (359号)

[7] 위와 같음

[8] 今村光一, いまの食生活では早死にする, タッツの本, 2002, p.167

[9] Purtell KM et al., "Fast Food Consumption and Academic Growth in Late Childhood." Clinical Pediatrics, 05 Dec 2014, 54(9):871-877

[10] Simon C. Moore et al., "Confectionery consumption in childhood and adult violence" The British Journal of Psychiatry (2009) 195, 366–367.

[11] Sara J Solnick et al., "The 'Twinkie Defense': the relationship between carbonated non-diet soft drinks and violence perpetration among Boston high school students" Inj Prev. 2012 Aug;18(4):259-63.

[12] So Young Kim et al., "Dietary Habits Are Associated With School Performance in Adolescents" Medicine (Baltimore). 2016 Mar; 95(12): e3096.

[13] Richard Hayhoe et al., "Cross-sectional associations of schoolchildren's fruit and vegetable consumption, and meal choices, with their mental well-being: a cross-sectional study." BMJ Nutrition, Prevention & Health, 2021; e000205 DOI: 10.1136/bmjnph-2020-000205

[14] https://www.nytimes.com/2017/12/26/well/eat/fish-brain-iq-intelligence-children-kids.html

13. 회색코뿔소 · 당뇨병을 보는 인슐린의 회한

[1] Gerald Reaven et al., Syndrome X The Silent Killer, Fireside, 2000, p.59-60

[2] https://www.diabetes.co.uk/insulin/insulin-sensitivity.html

[3] 1)https://www.medicalnewstoday.com/articles/325018#the-pancreas

2)Walter C. Willett, Eat, drink, and be healthy, Simon & Schuster Source, 2001, p.88-89

[4] 위와 같음

[5] Rita Elkins, Fiber Facts, Woodland Publishing, 1999, p.15

[6] 위와 같음

14. 단맛, 그 영원한 향수 · '가공식품 산업의 쌀', 설탕

[1] Blass, E. M. "Opioids, sweets and a mechanism for positive affect: Broad motivational implications." In J. Dobbing (ed.). Sweetness, 1987, London: Springer-Verlag, 115-124

[2] http://darwinian-medicine.com/the-reasons-you-crave-sugar-part-1/

15. 귀한 손님 · 자연과 가까운 비정제설탕

[1] 木村善行 外, "黒砂糖中の黒色物質の糖および脂質代謝に及ぼす影響" 薬学雑誌, 102(7) 666-669 (1982)

[2] 위와 같음

[3] http://www.foodsafetykorea.go.kr/foodcode/01_03.jsp?idx=25

[4] Ranilla LG et al., "Antidiabetes and antihypertension potential of commonly consumed carbohydrate sweeteners using in vitro models." J Med Food. 2008 Jun;11(2):337-48.

[5] 박정훈, 잘 먹고 잘 사는 법, 김영사, 2002, p.111

[6] Walter R. Jaffe "Nutritional and functional components of non centrifugal cane sugar: A compilation of the data from the analytical literature" Journal of Food Composition and Analysis 43 (2015) 194–202

[7] Patricia Casas-Agustench et al., "Nuts, inflammation and insulin resistance" Asia Pac J Clin Nutr 2010;19 (1):124-130

[8] Takara, K. et al., "New antioxidative phenolic glycosides isolated from Kokuto non-centrifuged cane sugar." Biosci. Biotechnol. Biochem., Volume 66, 2002, 29-35

[9] Matsuura Y. et al., "Effect of aromatic glucoside isolated from black sugar on intestinal adsorption of glucose" Journal of Medical and Pharmaceutical Society for Wakan-Yaku 7: 168-172

[10] Yoshiyuki Kimura et al., "Effects of Non-Sugar Fraction in Black Sugar on Lipid and Carbohydrate Metabolism; Part II New Compounds Inhibiting Elevation of Plasma Insulin" Planta Med 1984; 50(6): 469-473

[11] Lena Galvez Ranilla et al., "Antidiabetes and antihypertension potential of commonly consumed carbohydrate sweeteners using in vitro models." Journal of medicinal food 11(2):337-48·July 2008

[12] Masashi INAFUKU et al., "Effect of Kokuto, a Non-Centrifugal Cane Sugar, on the Development of Experimental Atherosclerosis in Japanese Quail and Apolipoprotein E Deficient Mice." Food Sci.

Technol. Res., 13(1), 61-66, 2007

[13] Walter R. Jaffé, "Health Effects of Non-Centrifugal Sugar (NCS): A Review" Sugar Tech (2012) 14:87-94

[14] Eisa O. et al., "Mineral elements in unrefined sugar, and rat reproduction. Int J Vitam Nutr Res.1989;59(1):77-9.

16. 페이크 세상 · 검다고 다 흑설탕인가?

[1] Will Clower, The Fat Fallacy, Three Rivers Press, 2003, p.7

[2] Nicole E De Long et al., "Early-life Chemical Exposures and Risk of Metabolic Syndrome" Diabetes Metab Syndr Obes. 2017 Mar 21;10:101-109.

[3] William Nseir et al., "Soft drinks consumption and nonalcoholic fatty liver disease" World J Gastroenterol 2010 June 7; 16(21): 2579-2588

[4] Liwei Chen et al., "Prospective Study of Pre-Gravid Sugar-Sweetened Beverage Consumption and the Risk of Gestational Diabetes Mellitus." Diabetes Care. 2009;32(12):2236–2241.

[5] https://www.marketwatch.com/press-release/Caramel-Color-Market-Size-Set-to-Reach-600-million-USD-by-2024-2019-06-04

[6] William Nseir et al., "Soft drinks consumption and nonalcoholic fatty liver disease." World J Gastroenterol 2010 June 7; 16(21): 2579-2588

17. 검붉은 오아시스 · 팬데믹을 부채질하는 콜라

[1] 매일경제신문 2012.3.10 [A8]

[2] Hengel M. et al., "Carcinogenic 4(5)-methylimidazole found in beverages, sauces, and caramel colors: chemical properties, analysis, and biological activities." J Agric Food Chem. 2013 Jan 30;61(4):780-9

[3] Chan P. C. et al., "Toxicity and carcinogenicity studies of 4-methylimidazole in F344/N rats and B6C3F1 mice." Arch Toxicol. 2008 Jan;82(1):45-53.

[4] Doris Sarjeant et al., Hard to Swallow, Alive Books, 1999, p.38-39

[5] Houben GF. et al., "Immunotoxic effects of the color additive caramel color III: immune function studies in rats." Fundam Appl Toxicol.1993 Jan;20(1):30-7.

[6] William Nseir et al., "Soft drinks consumption and nonalcoholic fatty liver disease." World J Gastroenterol 2010 June 7; 16(21): 2579-2588

[7] https://www.openpr.com/news/1878541/global-caramel-color-market-2019-by-manufacturers-regions

[8] https://www.worldofcoca-cola.com/about-us/coca-cola-history/

[9] Adel Alkhedaide et al., "Chronic effects of soft drink consumption on the health state of Wistar rats: A biochemical, genetic and histopathological study" Mol Med Rep. 2016 Jun; 13(6): 5109–5117.

[10] Gerhard Sundborn et al., "Are Liquid Sugars Different from Solid Sugar in Their Ability to Cause Metabolic Syndrome?" Obesity (Silver Spring). 2019 Jun;27(6):879-887.

[11] https://www.medicalnewstoday.com/articles/297600

[12] Jacques Togo et al., "Impact of dietary sucrose on adiposity andglucose homeostasis in C57BL/6J mice dependson mode of ingestion: liquid or solid" Molecular Metabolism 27 (2019) 22-32

[13] Gitanjali M. Singh et al., "Estimated Global, Regional, and National Disease Burdens Related to Sugar-Sweetened Beverage Consumption in 2010" Circulation. 2015 Aug 25; 132(8): 639–666.

18. 확증편향 · '야누스'를 빰치는 과당

[1] European Food Safety Authority (EFSA), Scientific Opinion on the substantiation of health claims related to fructose and reduction of post-prandial glycaemic responses (ID 558) pursuant to Article 13(1) of Regulation (EC) No 1924/2006, EFSA Journal 2011;9(6):2223

[2] Isabelle Aeberli et al., "Moderate Amounts of Fructose Consumption Impair Insulin Sensitivity in Healthy Young Men" Diabetes Care 2013 Jan; 36(1): 150-156.

[3] George A Bray et al., "Consumption of high-fructose corn syrup in beverages may play a role in the epidemic of obesity" Am J Clin Nutr 2004;79:537–43

[4] Sharon S Elliott et al., "Fructose, weight gain, and the insulin resistance syndrome" Am J Clin Nutr 2002;76:911–22.

[5] Guenther Silbernagel et al., "Effects of 4-week very-high-fructose/glucose diets on insulin sensitivity, visceral fat and intrahepatic lipids: an exploratory trial" British Journal of Nutrition (2011), 106, 79–86

[6] Miriam E. Bocarsly et al., "High-fructose corn syrup causes characteristics of obesity in rats: Increased body weight, body fat and triglyceride levels" Pharm Biochem and Beh. 2010 Nov ; 97(1) : 101-106

[7] Sharon S Elliott et al., "Fructose, weight gain, and the insulin resistance syndrome" Am J Clin Nutr 2002;76:911–22.

[8] Guenther Boden, "Obesity, Insulin Resistance and Free Fatty Acids" Curr Opin Endocrinol Diabetes Obes. 2011 April ; 18(2): 139–143.

[9] Heather Basciano et al., "Fructose, insulin resistance, and metabolic dyslipidemia." Nutrition & Metabolism volume 2, Article number: 5 (2005).

[10] Guenther Boden, "Obesity, Insulin Resistance and Free Fatty Acids" Curr Opin Endocrinol Diabetes Obes. 2011 April ; 18(2): 139–143.

[11] Isabelle Aeberli et al., "Moderate Amounts of Fructose Consumption Impair Insulin Sensitivity in Healthy Young Men" Diabetes Care 2013 Jan; 36(1): 150-156.

[12] Lim JS et al., "The role of fructose in the pathogenesis of NAFLD and the metabolic syndrome." Nat Rev Gastroenterol Hepatol. 2010 May;7(5):251-64.

[13] 위와 같음

[14] http://www.hani.co.kr/arti/society/health/644997.html

[15] Takahiko Nakagawa et al., "A causal role for uric acid in fructose-induced metabolic syndrome" Am J Physiol Renal Physiol 290: F625–F631, 2006.

[16] George A Bray et al., "Consumption of high-fructose corn syrup in beverages may play a role in the epidemic of obesity" Am J Clin Nutr 2004;79:537–43

19. 양치기 소년 · 합성감미료의 민얼굴

[1] A. L. Gittleman, Fast Track Detox Diet, Broadway, 2005, p.56

[2] Swithers SE et al., "A role for sweet taste: calorie predictive relations in energy regulation by rats." Behav Neurosci. 2008Feb;122(1):161-73.

[3] Mark A. Hyman, "Systems biology: the gut-brain-fat cell connection and obesity." Altern Ther Health Med. 2006 Jan-Feb;12(1):10-6.

[4] Just T et al., "Cephalic phase insulin release in healthy humans after taste stimulation?" Appetite. 2008 Nov;51(3):622-7.

[5] Eliasson B et al., "Cephalic phase of insulin secretion in response to a meal is unrelated to family history of type 2 diabetes." PLoS One. 2017 Mar 13;12(3):e0173654.

[6] Richard F. Heller et al., Carbohydrate Addicted Kids, Harper Perennial, 1997, p.67

[7] C. R. Hart, The Insulin-Resistance Diet, McGraw-Hill, p.96

[8] Kushagra Mathur et al., "Effect of artificial sweeteners on insulin resistance among type-2 diabetes

mellitus patients" J Family Med Prim Care. 2020 Jan 28;9(1):69-71.

[9] 위와 같음

[10] Jotham Suez et al., "Artificial sweeteners induce glucose intolerance by altering the gut microbiota" Nature. 2014 Oct 9;514(7521):181-6.

[11] Jagan Nadipelly et al., "Role of Artificial Sweeteners in Development of Type 2 Diabetes Mellitus (DM): A Review" Texila International Journal of Basic Medical Science, Volume 2, Issue 2, Dec 2017

20. 아노미의 씨앗 · 합성감미료 형제들의 난폭성

[1] Swithers SE, "Artificial sweeteners produce the counterintuitive effect of inducing metabolic derangements." Trends Endocrinol Metab. 2013 Sep;24(9):431-41.

[2] 1)Xiaoming Bian et al., "Gut Microbiome Response to Sucralose and Its Potential Role in Inducing Liver Inflammation in Mice" Front Physiol. 2017;8:487.
2)Soffritti M. et al., "Sucralose administered in feed, beginning prenatally through lifespan, induces hematopoietic neoplasias in male swiss mice" Int J Occup Environ Health. 2016 Jan;22(1):7-17.

[3] Susan S. Schiffman et al., "Sucralose, A Synthetic Organochlorine Sweetener: Overview of Biological Issues" Journal of Toxicology and Environmental Health, Part B. 2013 Sep. 16(7):399–451.

[4] Karstadt, M. L. "Testing Needed for Acesulfame Potassium, an Artificial Sweetener". Environmental Health Perspectives. 2006;114(9):A516–A517.

[5] Atrayee Bandyopadhyay et al., "Genotoxicity Testing of Low-Calorie Sweeteners: Aspartame, Acesulfame-K, and Saccharin" Drug and Chem Tox, Volume 31, 2008 - Issue 4 : 447-457

[6] Wei-na Cong et al., "Long-Term Artificial Sweetener Acesulfame Potassium Treatment Alters Neurometabolic Functions in C57BL/6J Mice" PLoS One. 2013; 8(8): e70257.

[7] Ruth Winter, A Consumer's Dictionary of Food Additives, Three Rivers Press, 2009, p.54

[8] 1)https://cspinet.org/new/201312311.html
2)https://www.westonaprice.org/health-topics/modern-foods/sugar-free-blues-everything-you-wanted-to-know-about-artificial-sweeteners/#saccharin

[9] https://cspinet.org/new/201312311.html

[10] 바니 하리, 김경영 역, 내 몸을 죽이는 기적의 첨가물, 동녘라이프, 2020, p.48-51

[11] https://www.westonaprice.org/health-topics/modern-foods/sugar-free-blues-everything-you-wanted-

to-know-about-artificial-sweeteners/#saccharin

[12] Zorawar Singh, "Toxicological Aspects of Saccharin" Food Biology 2013, 2(1):04-07

[13] Will Clower, The Fat Fallacy, Three Rivers Press, 2003, p.196-201

[14] Doris Sarjeant et al., Hard to Swallow, Alive Books, 1999, p.23

[15] Russell L. Blaylock, Excitotoxins, Health Press, 1997, p.38-39

[16] 위와 같음

[17] Stephanie Schleidt et al., "Effect of an Aspartame-Ethanol Mixture on Daphnia magna Cardiac Activity" The Premier Journal for Undergraduate Publications in the Neurosciences 2009 : 1-9

21. 전통의 우월성 · 물엿과 조청의 차이

[1] https://www.healthline.com/nutrition/glucose-syrup#health-effects

[2] 김은진, 유전자 조작 밥상을 치워라!, 도솔출판사, 2009, p.106-107

[3] 渡辺雄二, 食品添加物の危険度がわかる事典, ベストセラーズ, 2005, p.19-21

[4] 1)Vittorio Silano et al., "Safety evaluation of the food enzyme a-amylase from the genetically modified Pseudomonas fuorescens strain BD15754" EFSA Journal 2020;18(3):6043

2)Kay Parker et al., "High fructose corn syrup: Production, uses and public health concerns" Biotechnol. Mol. Biol. Rev. Vol. 5(5), p.71-78

3)渡辺雄二, 食品添加物の危険度がわかる事典, ベストセラーズ, 2005, p.19-21

[5] 위와 같음

[6] Denise L. Hofman et al., "Nutrition, Health, and Regulatory Aspects of Digestible Maltodextrins" Crit Rev Food Sci Nutr. 2016 Sep 9; 56(12): 2091–2100.

[7] Omotayo O. Erejuwa et al., "Honey - A Novel Antidiabetic Agent" Int. J. Biol. Sci. 2012; 8(6):913-934.

[8] Omotayo O. Erejuwa et al., "Oligosaccharides Might Contribute to the Antidiabetic Effect of Honey: A Review of the Literature" Molecules 2012, 17, 248-266

[9] Omotayo O. Erejuwa et al., "Honey - A Novel Antidiabetic Agent" Int. J. Biol. Sci. 2012; 8(6):913-934.

[10] 박찬영, 양념은 약이다, 국일미디어, 2010, p.139-142

22. 천생연분 · 조물주의 배려 물질, 섬유질

[1] Yoona Kim et al., "Polyphenols and Glycemic Control."Nutrients 2016, 8, 17; 1-27

[2] Mark A. Hyman, "Systems biology: the gut-brain-fat cell connection and obesity." Altern Ther Health Med. 2006 Jan-Feb;12(1):10-6.

[3] S. S. Lorenzani, Dietary Fiber, Keats Publishing, 1988, p.12-13

[4] S. S. Lorenzani, Dietary Fiber, Keats Publishing, 1988, p.22-23

[5] Martin O. Weickert et al., "Cereal Fiber Improves Whole-Body Insulin Sensitivity in Overweight and Obese Women" Diabetes Care 2006 Apr; 29(4): 775-780.

[6] Sharon S Elliott et al., "Fructose, weight gain, and the insulin resistance syndrome" Am J Clin Nutr 2002;76:911–22.

[7] G Riccardi et al., "Effects of dietary fiber and carbohydrate on glucose and lipoprotein metabolism in diabetic patients" Diabetes Care. 1991 Dec;14(12):1115-25.

[8] Eunyoung Park et al., "Strawberry Polyphenols and Insulin Resistance: a dose-response study in Obese Individuals with Insulin Resistance." The FASEB Journal vol. 29 no. 1 Supplement 259.3: April 2015

[9] https://www.insider.com/eating-too-much-fruit-side-effects-2017-10

23. 친숙한 사이 · 청량음료보다 더 나쁜 주스

[1] パーボ エイローラ, 大沢博 訳, 低血糖症, ブレーン出版(株), 1996, p.16-18

[2] Shane Landon, "Fruit juice nutrition and health" Food Australia 59 (11) - November, 2007, p.535

[3] https://delishkitchen.tv/articles/218

[4] https://www.npr.org/sections/thesalt/2017/09/01/545336956/

[5] 1)Leandro JG et al., "Exogenous citrate impairs glucose tolerance and promotes visceral adipose tissue inflammation in mice." Br J Nutr. 2016 Mar 28;115(6):967-973.
2)Jessica RistowBranco et al., "Dietary citrate acutely induces insulin resistance and markers of liver inflammation in mice" Jour. of Nutri. Biochem., 8 August 2021, 108834

[6] Iliana E. Sweis et al., "Potential role of the common food additive manufactured citric acid in eliciting significant inflammatory reactions contributing to serious disease states: A series of four case reports" Toxicology Reports Volume 5, 2018, Pages 808-812

[7] https://allergy-symptoms.org/citric-acid-allergy/

[8] Maeve Shannon et al., "In vitro bioassay investigations of the endocrine disrupting potential of steviol glycosides and their metabolite steviol, components of the natural sweetener Stevia" Mol Cell Endocrinol. 2016 May 15;427:65-72.

[9] https://diabetestalk.net/popular/diet-drinks-and-food-actually-trigger-weight-gain-and-diabetes-says-new-study

[10] Iryna Liauchonak et al., "Non-Nutritive Sweeteners and Their Implications on the Development of Metabolic Syndrome" Nutrients. 2019 Mar; 11(3): 644.

[11] Michelle D. Pang et al., "The Impact of Artificial Sweeteners on Body Weight Control and Glucose Homeostasis" Front Nutr. 2020; 7: 598340. Published online 2021 Jan 7.

[12] https://www.heart.org/en/news/2020/05/13/even-1-sugary-drink-a-day-could-boost-heart-disease-stroke-risk-in-women

24. 법고창신 · 착한 비농축 '스트레이트 주스'

[1] https://delishkitchen.tv/articles/218

[2] 원태진, 잘못된 식생활이 성인병을 만든다, 형성사, 2002, p.97-99

[3] パーボ エイローラ, 大沢博 訳, 低血糖症, ブレーン出版(株), 1996, p.17

[4] Soh JY et al., "Anaphylaxis to galacto-oligosaccharides - an evaluation in an atopic population in Singapore." Allergy.2015Aug;70(8):1020-3.

25. 존철살인의 경구 · '면책특권'을 누리는 향료

[1] https://www.livescience.com/65313-propionate-tied-to-insulin-resistance.html

[2] Lim S et al., "Persistent organic pollutants, mitochondrial dysfunction, and metabolic syndrome." Ann N Y Acad Sci. 2010Jul;1201:166-76.

[3] Ben F. Feingold, Why Your Child Is Hyperactive, Random House, 1975, p.123-124

[4] 服部幸応, 大人の食育, 日本放送出版協会, 2004, p.24

[5] Ben F. Feingold, Why Your Child Is Hyperactive, Random House, 1975, p.137, 164

[6] M. Marraudino et al., "Metabolism Disrupting Chemicals and Alteration of Neuroendocrine Circuits Controlling Food Intake and Energy Metabolism" Front Endocrinol (Lausanne). 2018; 9: 766.

[7] Casey Seidenberg, "What does 'natural flavors' really mean?" The Washington Post, July 25, 2017, Wellness·Perspective

[8] 服部幸応, 大人の食育, 日本放送出版協会, 2004, p.136

26. 착시와 난센스 · 착색료의 속살

[1] 渡辺雄二, コンビニ時代の食品添加物, 芽ばえ社, 2001, p.21-23

[2] Doris Sarjeant et al., Hard to Swallow, Alive Books, 1999, pp.7-18

[3] Doris Sarjeant et al., Hard to Swallow, Alive Books, 1999, p.11

[4] Karen Lau et al., "Synergistic Interactions between Commonly Used Food Additives in a Developmental Neurotoxicity Test" Toxicological Sciences 90(1), 178–187 (2006)

[5] 1)M. M. Elghazaly et al., "Adverse Effect of Mixture of Food Additives on Some Biochemical Parameters in Male Albino Rats" Jour. of Adv. in Bio. 13 (2020) ISSN: 2347-6893

2)M. Y. Ali et al., "Effect of Food Colorants and Additives on the Hematological and Histological Characteristics of Albino Rats" Toxicol. Environ. Health. Sci. Vol. 11(2), 155-167, 2019

[6] B J Freedman, "A dietary free from additives in the management of allergic disease" Clin Allergy. 1977 Sep;7(5):417-21.

[7] 1)http://www.hani.co.kr/arti/science/science_general/902496.html

2)Safi U. Khan et al., "Effects of Nutritional Supplements and Dietary Interventions on Cardiovascular Outcomes An Umbrella Review and Evidence" Ann Intern Med. 2019 August 06; 171(3): 190–198.

[8] Olli P. Heinonen et al., "The effect of vitamin E and beta carotene on the incidence of lung cancer and other cancers in male smokers" N Engl J Med 1994 Apr 14;330(15):1029-35

[9] Goran Bjelakovic et al., "Mortality in Randomized Trials of Antioxidant Supplements for Primary and Secondary Prevention Systematic Review and Meta-analysis" JAMA, February 28, 2007—Vol 297, No. 8 : 842-857

[10] Laura D. K. Thomas et al., "Ascorbic Acid Supplements and Kidney Stone Incidence Among Men: A Prospective Study." JAMA Intern Med. 2013 Mar 11;173(5):386-8.

[11] http://www.theguardian.com/science/2008/feb/29/vitamins.cancer

[12] Mark J Bolland et al., "Effect of calcium supplements on risk of myocardial infarction and cardiovascular events: meta-analysis" BMJ 2010;341:c3691

[13] B. R. 클레멘트, 김소정 역, 천연 vs 합성 똑소리 나는 비타민 선택법, 전나무숲, 2009, p.7-13

[14] B. R. 클레멘트, 김소정 역, 천연 vs 합성 똑소리 나는 비타민 선택법, 전나무숲, 2009, p.56, 75-77

[15] 服部幸応, 大人の食育, 日本放送出版協会, 2004, p.25

27. 제왕의 꼬리 · MSG가 해롭지 않다고?

[1] 1)Tonkla Insawang et al., "Monosodium glutamate (MSG) intake is associated with the prevalence of metabolic syndrome in a rural Thai population." Insawang et al. Nutrition & Metabolism 2012, 9:50
2)S. P. Konrad et al., "Monosodium glutamate neonatal treatment induces cardiovascular autonomic function changes in rodents." CLINICS 2012;67(10):1209-1214

[2] Hiroshi Ohguro et al., "A high dietary intake of sodium glutamate as flavoring (ajinomoto) causes gross changes in retinal morphology and function." Experimental Eye Research, Volume 75, Issue 3, September 2002, Pages 307-315

[3] Mila Bojanović et al., "Study on adrenal gland morphology in mice treated with monosodium glutamate" Medicine and Biology Vol.14, No 3, 2007, pp. 128 - 132

[4] John F. B. Morrison et al., "Sensory and autonomic nerve changes in the monosodium glutamate-treated rat: a model of typeII diabetes" Exp Physiol 93.2 pp 213–222

[5] Baad-Hansen L et al., "Effect of systemic monosodium glutamate (MSG) on headache and pericranial muscle sensitivity." Cephalalgia. 2010 Jan ; 30(1):68-76.

[6] Ka He et al., "Consumption of monosodium glutamate in relation to incidence of overweight in Chinese adults: China Health and Nutrition Survey (CHNS)" Am J Clin Nutr 2011;93:1328–36.

[7] Signora´ Peres Konrad et al., "Monosodium glutamate neonatal treatment induces cardiovascular autonomic function changes in rodents." CLINICS 2012;67(10):1209-1214

[8] Amod Sharma et al., "Monosodium Glutamate (MSG) Consumption Is Associated with Urolithiasis and Urinary Tract Obstruction in Rats" PLOS ONE September 2013 | Volume 8 | Issue 9 | e75546

[9] Quines CB et al., "Monosodium glutamate, a food additive, induces depressive-like and anxiogenic-like behaviors in young rats." Life Sci. 2014 Jun 27;107(1-2):27-31.

[10] Gudiño-Cabrera G et al., "Excitotoxicity triggered by neonatal monosodium glutamate treatment and blood-brain barrier function." Arch Med Res.2014Nov;45(8):653-9.

[11] Zeinab A. Hassan et al., "The Effects of Monosodium Glutamate on Thymic and Splenic Immune Functions and Role of Recovery (Biochemical and Histological study)" J Cytol Histol, Volume 5, Issue 6, 1000283

[12] Amod Sharma, "Monosodium glutamate-induced oxidative kidney damage and possible mechanisms:

a mini-review" Sharma Journal of Biomedical Science (2015) 22:93

[13] Piyanard Boonnate et al., "Monosodium Glutamate Dietary Consumption Decreases Pancreatic β-Cell Mass in Adult Wistar Rats" PLoS ONE 10(6): e0131595. doi:10.1371

[14] Julio Cesar Rojas-Castaneda et al., "Neonatal exposure to monosodium glutamate induces morphological alterations in suprachiasmatic nucleus of adult rat", Int. J. Exp. Pathol. (2016), 97, 18–26

[15] Anca Zanfirescuj et al., "Chronic Monosodium Glutamate Administration Induced Hyperalgesia in Mice", Nutrients 2018, 10, 1; doi:10.3390/nu10010001

[16] Jin L et al., "Monosodium glutamate exposure during the neonatal period leads to cognitive deficits in adult Sprague-Dawley rats." Neurosci Lett. 2018 Aug 24;682:39-44.

[17] Fatin Farhana Jubaidi et al., "Monosodium glutamate daily oral supplementation: study of its effects on male reproductive system on rat model" Syst Biol Reprod Med. 2019 Jun;65(3):194-204.

[18] Suzan M Hazzaa et al., "Monosodium glutamate induces cardiac toxicity via oxidative stress, fibrosis, and P53 proapoptotic protein expression in rats" Environ Sci Pollut Res Int. 2020 Jun;27(16):20014-20024.

[19] Anil Kumar Reddy et al., "Histomorphometric study on effects of monosodium glutamate in liver tissue of Wistar rats" J Basic Clin Physiol Pharmacol. 2021 Feb 11.

[20] Mary G. Enig, Know Your Fats, Bethesda Press, 2006, p.191-192

[21] Adrienne Samuels, "The toxicity/safety of processed free glutamic acid(MSG): A study in suppression of information" Accountability in Research (1999) Vol 6, pp. 259-310.

[22] Adrienne Samuels, "The toxicity/safety of processed free glutamic acid(MSG): A study in suppression of information" Accountability in Research (1999) Vol 6, pp. 259-310.

[23] A E Hirata et al., "Monosodium glutamate (MSG)-obese rats develop glucose intolerance and insulin resistance to peripheral glucose uptake" Braz J Med Biol Res. 1997 May;30(5):671-4.

[24] 安部司, なにを食べたらいいの, 新潮社, 2009, p.72

[25] http://www.westonaprice.org/health-topics/new-propaganda-about-msg/

[26] Debby Anglesey, Battling the 'MSG Myth', Front Porch Productions, 2007, p.9-11

[27] 1)https://chefcreate.jp/how-to-make-umami1-424
2)https://tabi-labo.com/65961/lecordonbleu

28. 거북한 레토릭 · 인공 된장, 단백가수분해물의 정체

[1] 安部司, 食品の裏側, 東洋経済, 2005, p.158-159

[2] 安部司, なにを食べたらいいの, 新潮社, 2009, p.74-75

[3] 安部司, なにを食べたらいいの, 新潮社, 2009, p.75

[4] Seung Jun Kwack et al., "Study on the Reproductive and Developmental Toxicity of 3-MCPD", J. Toxicol. Pub. Health Vol. 20, No. 2, p.131-136 (2004)

[5] http://health.chosun.com/site/data/html_dir/2020/10/13/2020101301522.html

[6] https://www.fda.gov/food/ingredientspackaginglabeling/foodadditivesingredients/ucm328728.htm

[7] http://www.truthinlabeling.org/nomsg.html

[8] 安部司, 食品の裏側, 東洋経済, 2005, p.163-165

29. 권리와 의무 · 가짜 간장 vs. 진짜 간장

[1] Bai Qin Lee et al., "3-Chloropropane-1,2-diol (3-MCPD) in Soy Sauce:A Review on the Formation, Reduction, and Detection of This Potential Carcinogen" Comprehensive Reviews in Food Science and Food Safety, Vol.14, 2015:48-66

[2] 위와 같음

[3] http://news.khan.co.kr/kh_news/khan_art_view.html?artid=201502101628145&code=900303

[4] Charlotte Vallaeys et al., "Toxic Chemicals: Banned In Organics But Common in Natural Food Production" Cornucopia Institute, Nov. 2010, p.4

[5] http://it.chosun.com/news/article.html?no=2712571&sec_no=336

[6] 중앙일보, 2020.10.14. (수) [28~29]

[7] 小熊哲哉, "醤油と味噌の微生物(身近で活躍する有用微生物)", モダンメディア 61巻10号, 2015, 298-304

30. 퇴보의 현장 · 단무지 연노랑의 이면

[1] Ozaki A et al., "Genotoxicity of gardenia yellow and its components." Food Chem Toxicol. 2002;40(11):1603-10

[2] Yamano T et al., "Hepatotoxicity of gardenia yellow color in rats." Toxicol Lett. 1988 Nov;44(1-

2):177-82.

[3] Doris Sarjeant et al., Hard to Swallow, Alive Books, 1999, p.52

31. 블랙홀 · 산도조절제와 식초

[1] http://www.munhwa.com/news/view.html?no=2017081001071221326001

[2] 채널A, '이영돈 PD의 먹거리 X파일' 68회, 2013-05-24, 23:00

[3] Carol S. Johnston et al., "Vinegar Improves Insulin Sensitivity to a High-Carbohydrate Meal in Subjects With Insulin Resistance or Type 2 Diabetes", Diabetes Care, Vol.27, No.1, January 2004, pp.281-282

[4] 1)박찬영, 양념은 약이다, 국일미디어, 2010, p.120
2)S. Kivity et al., "Late asthmatic response to inhaled glacial acetic acid", Thorax 1994;49:727-728

[5] Ruth Winter, A Consumer's Dictionary of Food Additives, Three Rivers Press, 2009, p.55

[6] http://digitalchosun.dizzo.com/site/data/html_dir/2018/09/17/2018091711137.html

32. 과유불급 · 인산염의 '반건강' 본색

[1] 하정철 등, "시중 유통 중인 베이킹파우더·당면 제품 등의 알루미늄 함량 높아 섭취 주의", 한국소비자원 보도자료, 2015년12월16일(수)

[2] Pricilla Costa Ferreira et al., "Aluminum as a risk factor for Alzheimer's disease", Rev Latino-am Enfermagem 2008 janeiro-fevereiro; 16(1):151-7

[3] Catherine M Sullivan et al., "Phosphorus Containing Food and The Accuracy of Nutrient Databases: Implications for Renal Patients", J Ren Nutr. 2007 September; 17(5): 350–354

[4] Eiji Takeda et al., "Increasing Dietary Phosphorus Intake from Food Additives: Potential for Negative Impact on Bone Health", American Society for Nutrition. Adv. Nutr. 5: 92–97, 2014

[5] 위와 같음

[6] Regis G Rosa et al., "Mood disorder as a manifestation of primary hypoparathyroidism: a case report" J Med Case Rep. 2014; 8: 326.

[7] Na Kyung Lee et al., "Endocrine regulation of energy metabolism by the skeleton", Cell. 2007 August 10; 130(3): 456–469

[8] http://news.sbs.co.kr/section_news/news_read.jsp?news_id=N1000776300

[9] H. Jin et al., "High Dietary Inorganic Phosphate Increases Lung Tumorigenesis and Alters Akt

Signaling", Am. J. Respir. Crit. Care Med. 2009; 179: 59-68

[10] Robert N. Foley et al., "Serum Phosphorus Levels Associate with Coronary Atherosclerosis in Young Adults", J Am Soc Nephrol 20: 397–404, 2009

[11] Alex R Chang et al., "High dietary phosphorus intake is associated with all-cause mortality: results from NHANES III", Am J Clin Nutr 2014;99:320–7

[12] Lewis L. Haut et al., "Renal toxicity of phosphate in rats", Kidney International, Vol. 17 (1980), p.722-731

33. 모순과 기만 · 어묵과 게맛살의 아킬레스건

[1] https://www.sisain.co.kr/news/articleView.html?idxno=24448

[2] 郡司和夫, 食品のカラクリ, 宝島社, 2008, p.131

[3] 磯部昌策, 食品を見分ける, 岩波書店, 2000, p.7-9, 80-82

[4] Benoit Chassaing et al., "Dietary emulsifiers impact the mouse gut microbiota promoting colitis and metabolic syndrome" Nature. 2015 March 5; 519(7541): 92–96.

[5] 위와 같음

[6] S. Bhattacharyya et al., "Exposure to the common food additive carrageenan leads to glucose intolerance, insulin resistance and inhibition of insulin signalling in HepG2 cells and C57BL/6J mice", Diabetologia (2012) 55:194–203

[7] 위와 같음

[8] 1)Doris Sarjeant et al., Hard to Swallow, Alive Books, 1999, p.41
2)Shari Lieberman, The Gluten Connection, Rodale Inc., 2007, p.140

[9] Doris Sarjeant et al., Hard to Swallow, Alive Books, 1999, p.41

[10] Joanne K. Tobacman, "Review of Harmful Gastrointestinal Effects of Carrageenan in Animal Experiments", Environmental Health Perspectives, Volume 109, Number 10, October 2001, p.983-994

[11] Ruth Winter, A Consumer's Dictionary of Food Additives, Three Rivers Press, 2009, p.142

[12] The Cancer Council New South Wales, Position Statement, "Soy, Phyto-oestrogens and Cancer", Sep. 2006, 1-10

34. 짝퉁의 망령 · 눈과 코를 속이는 가공우유

[1] 1)T. K. Thorning et al., “Milk and dairy products: good or bad for human health? An assessment of the totality of scientific evidence” Food Nutr Res. 2016 Nov 22;60:32527
2)https://www.nutritionadvance.com/is-milk-good-or-bad-for-you/

[2] Sara Holmberg et al., “High dairy fat intake related to less central obesity: A male cohort study with 12 years' follow-up” Scandinavian Journal of Primary Health Care, 2013; 31: 89–94

[3] Nicole E De Long et al., “Early-life Chemical Exposures and Risk of Metabolic Syndrome” Diabetes Metab Syndr Obes. 2017 Mar 21;10:101-109.

35. 불후의 햄버거 · 플라스틱 유지

[1] https://www.westonaprice.org/health-topics/know-your-fats/why-butter-is-better/

[2] Ann L. Gittleman, Eat Fat Lose Weight, McGraw-Hill, 1999, p.38

[3] Steven Hamley, “The effect of replacing saturated fat with mostly n-6 polyunsaturated fat on coronary heart disease: a meta-analysis of randomised controlled trials” Nutr J. 2017 May 19;16(1):30.

[4] B. M. Kochikuzhyil, “Effect of saturated fatty acid-rich dietary vegetable oils on lipid profile, antioxidant enzymes and glucose tolerance in diabetic rats”, Indian J Pharmacol. 2010 Jun; 42(3): 142–145

[5] 1)Mary G. Enig, Know Your Fats, Bethesda Press, 2006, p.215-216
2)Jian Rong Han et al., “Effects of dietary medium-chain triglyceride on weight loss and insulin sensitivity in a group of moderately overweight free-living type 2 diabetic Chinese subjects” Metabolism. 2007 Jul;56(7):985-91.

[6] 1)https://mb.com.ph/2020/08/30/lauric-acid-derivatives-show-efficacy-vs-covid-19-virus/
2)https://www.ift.org/iftnext/2020/april/researchers-think-coconut-oil-may-help-treat-covid-19-patients

[7] Mary G. Enig, Know Your Fats, Bethesda Press, 2006, p.215, 261

[8] Mary G. Enig, Know Your Fats, Bethesda Press, 2006, p.77-78, 187

[9] https://www.hsph.harvard.edu/nutritionsource/food-features/coconut-oil/

[10] https://www.healthline.com/health/beauty-skin-care/what-is-lauric-acid

[11] Mary G. Enig, Know Your Fats, Bethesda Press, 2006, p.215

[12] Mary G. Enig, Know Your Fats, Bethesda Press, 2006, p.218

[13] Mary G. Enig, Know Your Fats, Bethesda Press, 2006, p.258

[14] https://www.healthline.com/nutrition/butter-vs-margarine#what-are-butter-and-margarine

[15] Kalyana Sundram, Tilakavati Karupaiah and KC Hayes, "Letter to the editor: reply to Destaillats, interesterified fats to replace trans fat", Nutr Metab (Lond). 2007; 4: 13.

[16] 위와 같음

[17] Ann L. Gittleman, Eat Fat Lose Weight, McGraw-Hill, 1999, p.9

[18] Robert DeMaria, Dr. Bob's Trans Fat Survival Guide, Drugless Healthcare Solutions, 2005, p.67, 115

[19] 1)https://www.westonaprice.org/health-topics/know-your-fats/interesterification/

2)Kalyana Sundram et al., "Stearic acid-rich interesterified fat and trans-rich fat raise the LDL/HDL ratio and plasma glucose relative to palm olein in humans" Nutrition & Metabolism 2007, 4:3

[20] J. フィネガン, 今村光一 訳, 危険な油が病気を起こしてる, 中央アート出版, 2002, p.37-38, 58-60

[21] http://www.bantransfats.com/diabetes.html

[22] http://h21.hani.co.kr/arti/special/special_general/14869.html

[23] Ann L. Gittleman, Eat Fat Lose Weight, McGraw-Hill, 1999, p.46-48

[24] https://www.youtube.com/watch?v=mYyDXH1amic

[25] J. フィネガン, 今村光一 訳, 危険な油が病気を起こしてる, 中央アート出版, 2002, p.58-62

[26] Mary G. Enig, Know Your Fats, Bethesda Press, 2006, p.226-227

[27] 1)Ann L. Gittleman, Eat Fat Lose Weight, McGraw-Hill, 1999, p.108-110

2)Masohan A et al., "Estimation of trace amounts of benzene in solvent-extracted vegetable oils and oil seed cakes." Analyst. 2000 Sep;125(9):1687-9.

[28] http://consumergarden.or.kr/kor/business/business-1.html?pmode=view&viewno=1253

[29] 1)Mike Foale, The coconut odyssey : the bounteous possibilities of the tree of life, Australian Centre for International Agricultural Research, Canberra 2003, p.90, 115-116

2)http://www.centrafoods.com/blog/at-a-glance-coconut-oil-grades

3)http://www.centrafoods.com/blog/virgin-vs-extra-virgin-coconut-oil-whats-the-difference

[30] 1)Osaretin J Odia et al., "Palm oil and the heart: A review" World J Cardiol 2015 March 26; 7(3): 144-149

2)https://naijagists.com/unrefined-palm-oil-cure-covid-19/

36. '비호감' 전시장 · 우유 없는 '첨가물 치즈'

[1] 1)https://www.westonaprice.org/support-study-raw-milk-cheese/
2)https://www.urmc.rochester.edu/encyclopedia/content.aspx?ContentTypeID=1&ContentID=4062

[2] Mozaffarian D. et al., "Trans-palmitoleic acid, metabolic risk factors, and new-onset diabetes in U.S. adults: a cohort study." Ann Intern Med. 2010 Dec 21;153(12):790-9.

[3] https://www.fda.gov/consumers/consumer-updates/problems-digesting-dairy-products

[4] Jennie B. Miller et al., The New Glucose Revolution, Marlowe & Company, 2003, p.66

[5] https://www.mcgill.ca/oss/article/food-health-uncategorized/plastic-cheese-and-fake-mayo

[6] https://www.ytn.co.kr/_ln/0103_201202160934487404

37. '웃픈' 현실 · 짝퉁 코코아버터가 만든 콤파운드 초콜릿

[1] http://www.latimes.com/la-oe-may19apr19-story.html

[2] Mary G. Enig, Know Your Fats, Bethesda Press, 2006, p.114

[3] http://www.latimes.com/la-oe-may19apr19-story.html

[4] https://www.cadbury.com.au/About-Chocolate/What-is-Chocolate.aspx

[5] Soheila Zarringhalami et al., "Production of Cocoa Butter Replacer by Dry Fractionation, Partial Hydrogenation, Chemical and Enzymatic Interesterification of Tea Seed Oil" Food and Nutrition Sciences, 2012, 3, 184-189

[6] https://www.researchgate.net/publication/289108066_Cocoa_butter_alternative_fats

[7] 위와 같음

[8] http://www.latimes.com/la-oe-may19apr19-story.html

[9] 1)https://knowledge.ulprospector.com/1085/fbn-cocoa-butter-alternatives-chocolate/
2)http://www.washingtonpost.com/wp-dyn/content/article/2007/08/07/AR2007080700236.html

[10] https://www.cadbury.com.au/About-Chocolate/What-is-Chocolate.aspx

[11] https://www.latimes.com/la-oe-may19apr19-story.html

[12] https://www.cadbury.com.au/About-Chocolate/What-is-Chocolate.aspx

[13] Debi Lawson, "Love Chocolate? Brief History and Benefits of Chocolate", PhillyFIT July/August 2008, 20-21

[14] Syed Raza Shah et al., "Use of dark chocolate for diabetic patients: a review of the literature and current evidence" J Community Hosp Intern Med Perspect. 2017 Sep 19;7(4):218-221.

[15] http://news.bbc.co.uk/2/hi/health/7018055.stm

[16] Thozhukat Sathyapalan et al., "High cocoa polyphenol rich chocolate may reduce the burden of the symptoms in chronic fatigue syndrome." Nutr J. 2010 Nov 22;9:55.

[17] http://news.mk.co.kr/newsRead.php?year=2012&no=295666(매일경제, "다크초콜릿 사라진다")

38. 번거로움의 가치 · 국민과자의 '반건강적인' 자화상

[1] http://www.brandstock.co.kr/webdoc/app/doc.php?menu_name=bs_main

[2] J. フィネガン, 今村光一 訳, 危険な油が病気を起こしてる, 中央アート出版, 2002, pp.37-38, 58-60

[3] http://news.kbs.co.kr/news/view.do?ncd=2976363

39. 위험한 믹스 · 고당분·고지방의 상징, 커피믹스

[1] https://news.sbs.co.kr/news/endPage.do?news_id=N1001594379&plink=OLDURL

[2] Ashley N. Gearhardt et al., "Can Food be Addictive? Public Health and Policy Implications" Addiction. 2011 July ; 106(7): 1208–1212.

[3] Hyo-Jin Kim et al., "Instant coffee consumption may be associated with higher risk of metabolic syndrome in Korean adults" Diabetes Res Clin Pract. 2014 Oct;106(1):145-53.

[4] S. Moreno-Fernández et al., "High Fat/High Glucose Diet Induces Metabolic Syndrome in an Experimental Rat Model" Nutrients 2018, 10, 1502; doi:10.3390/nu10101502

[5] L Niu et al., "A High-sugar High-fat Diet Induced Metabolic Syndrome Shows some Symptoms of Alzheimer's Disease in Rats" J Nutr Health Aging. 2016;20(5):509-13.

[6] KBS-1TV, <생로병사의 비밀>, 제85회

[7] Ashley N. Gearhardt et al., "Can Food be Addictive? Public Health and Policy Implications" Addiction. 2011 July ; 106(7): 1208–1212.

[8] G. B. Keijzers et al., "Caffeine can decrease insulin sensitivity in humans", Diabetes Care. 2002 Feb;25(2):364-9.

[9] Yoona Kim et al., "Polyphenols and Glycemic Control", Nutrients 2016, 8, 17; doi:10.3390/nu8010017

[10] Eunyoung Park et al., "Strawberry Polyphenols and Insulin Resistance: a dose-response study in Obese Individuals with Insulin Resistance", April 2015 The FASEB Journal vol.29 no.1 Supplement 259.3

[11] https://www.lorecentral.org/2017/08/diet-high-fat-sugar-reduce-benefits-polyphenols-micronutrients-antioxidant-activity.html

[12] Nehlig A. et al., "Caffeine and the central nervous system: mechanisms of action, biochemical, metabolic and psychostimulant effects", Brain Res Brain Res Rev.1992 May-Aug;17(2):139-70.

[13] Russell L. Blaylock, Excitotoxins, Health Press, 1997, p.18-20

[14] Russell L. Blaylock, Excitotoxins, Health Press, 1997, p.70-71

[15] Gracie Fisk et al., "Energy drink-induced cardiomyopathy" BMJ Case Reports CP 2021;14:e239370.

[16] http://www.nytimes.com/2012/10/23/business/fda-receives-death-reports-citing-monster-energy-a-high-caffeine-drink.html?_r=0

네 번째 이야기 – 내 몸을 지키는 식생활

40. 칵테일 효과 · '신경독성 첨가물'의 교활성

[1] https://bebrainfit.com/neurotoxins-foods/

[2] Heitor A. Paula Neto et al., "Effects of Food Additives on Immune Cells As Contributors to Body Weight Gain and Immune-Mediated Metabolic Dysregulation" Front Immunol. 2017 Nov 6;8:1478.

[3] Karen Lau et al., "ynergistic Interactions between Commonly Used Food Additives in a Developmental Neurotoxicity Test", Toxicological Sciences, Volume 90, Issue 1, 1 March 2006, Pages 178–187

[4] 위와 같음

[5] 위와 같음

[6] http://www.yakup.com/news/index.html?mode=view&cat=11&nid=168280

[7] Bonaccorsi G. et al., "Benzene in soft drinks: a study in Florence (Italy)", Ig Sanita Pubbl.2012 Jul-Aug;68(4):523-32.

[8] 1)http://shindonga.donga.com/3/all/13/107946/1
2)http://shindonga.donga.com/3/all/13/107946/2

[9] T. Ohta, "Mutagenic activity of a mixture of heterocyclic amines at doses below the biological threshold level of each." Genes Environ., 28, 181-184. (2006)

[10] Takehiko Nohmi, "Thresholds of Genotoxic and Non-Genotoxic Carcinogens", Toxicol. Res. Vol.

34, No. 4, pp. 281-290 (2018)
[11] https://www.yakup.com/pharminfo/pharminfo2003-02-2.php

41. 코로나의 '절친' · 리콜 대상 제1호, 가공육

[1] https://news.joins.com/article/23658350
[2] Richard H. Adamson et al., "The Finding of N-Nitrosodimethylamine in Common Medicines" The Oncologist 2020;25:460–462
[3] Paula Jakszyn et al., "Nitrosamine and related food intake and gastric and oesophageal cancer risk: A systematic review of the epidemiological evidence", World J Gastroenterol 2006 July 21; 12(27): 4296-4303
[4] http://www.dailypharm.com/Users/News/NewsView.html?ID=259738&REFERER=NP
[5] https://cen.acs.org/pharmaceuticals/pharmaceutical-chemicals/NDMA-contaminant-found-multiple-drugs/98/i15
[6] 중앙SUNDAY, 451호(2015.11.1~2), FOCUS 11
[7] Paula Jakszyn et al., "Nitrosamine and related food intake and gastric and oesophageal cancer risk: A systematic review of the epidemiological evidence", World J Gastroenterol 2006 July 21; 12(27): 4296-4303
[8] Ustyugova IV et al., "Nitrates/nitrites alter human lymphocyte proliferation and cytokine production", Arch Environ Contam Toxicol. 2002 Oct;43(3):270-6.
[9] Doris Sarjeant et al., Hard to Swallow, Alive Books, 1999, p.89
[10] Ming Tong et al., "Nitrosamine Exposure Causes Insulin Resistance Diseases : Relevance to Type 2 Diabetes Mellitus, Non-Alcoholic Steatohepatitis, and Alzheimer's Disease", J Alzheimers Dis. 2009 ; 17(4): 827–844.
[11] 위와 같음
[12] Suzanne M de la Monte et al., "Nitrosamine exposure exacerbates high fat diet-mediated type 2 diabetes mellitus, non-alcoholic steatohepatitis, and neurodegeneration with cognitive impairment" Molecular Neurodegeneration volume 4, Article number: 54 (2009)
[13] http://news.joins.com/article/11753621
[14] Tannenbaum SR et al., "Inhibition of nitrosamine formation by ascorbic acid", Am J Clin Nutr. 1991 Jan;53(1 Suppl):247S-250S

[15] Rita Elkins, Fiber Facts, Woodland Publishing, 1999, p.9-10

[16] Mitsuo Namiki et al., "Formation of Ethylnitrolic Acid by the Reaction of Sorbic Acid with Sodium Nitrite", Agricultural and Biological Chemistry, 39:6, 1335-1336, 1975

[17] http://imnews.imbc.com/replay/2013/nwtoday/article/3212663_18590.html

[18] 1)https://news.northwestern.edu/stories/2021/07/coffee-veggies-covid-19/
2)https://www.mbn.co.kr/news/life/4551177

42. 중요한 지표 · 당지수(GI)

[1] Heitor A. Paula Neto et al., "Effects of Food Additives on Immune Cells As Contributors to Body Weight Gain and Immune-Mediated Metabolic Dysregulation" Front Immunol. 2017 Nov 6;8:1478.

[2] J. Gutteridge, "Free Radicals and Food Additives", Postgrad Med J. 1993 Mar; 69(809): 250.

[3] http://www.gisymbol.com/faq/#1502437401943-e762dbde-f59b

[4] Jennie B. Miller et al., The New Glucose Revolution, Marlowe & Company, 2003, p.29-49

[5] Jennie B. Miller et al., The New Glucose Revolution, Marlowe & Company, 2003, p.31

[6] Jennie B. Miller et al., The New Glucose Revolution, Marlowe & Company, 2003, p.33

43. 신기한 물질 · 불가사의한 인슐린의 세계

[1] 丸山工作, 新インスリン物語, 東京化学同人, 1992, p.119

[2] Walter C. Willett, Eat, drink, and be healthy, Simon & Schuster Source, 2001, p.90-94

44. 꽃길 · 당지수와 저인슐린 다이어트

[1] Juanola-Falgarona M et al., "Effect of the glycemic index of the diet on weight loss, modulation of satiety, inflammation, and other metabolic risk factors: a randomized controlled trial." Am J Clin Nutr. 2014 Jul;100(1):27-35.

[2] 橋本三四郎, 減インスリンダイエット, マキノ出版, 2002, p.35-38

[3] 나가타 다카유키, 정은영 역, 저인슐린 다이어트, 국일미디어, 2003, p.47-51

[4] Susan B Roberts, "Glycemic index and satiety" Nutr Clin Care. Jan-Apr 2003;6(1):20-6.

[5] 村上健太郎 外、「食物繊維摂取量およびグライセミック・インデックス（GI)と肥満度との関連：18~20歳の女子学生3931人の横断研究」、東京大学大学院医学系研究科、2008年3月。

[6] Larsen TM et al., "Diets with high or low protein content and glycemic index for weight-loss

maintenance." N Engl J Med. 2010 Nov 25;363(22):2102-13.

[7] Juanola-Falgarona M et al., "Effect of the glycemic index of the diet on weight loss, modulation of satiety, inflammation, and other metabolic risk factors: a randomized controlled trial." Am J Clin Nutr. 2014 Jul;100(1):27-35.

45. 밀월 관계 · 생활습관병의 시발점, 고당지수 식품

[1] Choi Y et al., "Glycaemic index and glycaemic load in relation to risk of diabetes-related cancers: a meta-analysis." Br J Nutr. 2012 Dec 14;108(11):1934-47.

[2] https://www.gisymbol.com/why-follow-a-low-gi-diet/

[3] Hosseininasab M et al., "Low-Glycemic-Index Foods Can Decrease Systolic and Diastolic Blood Pressure in the Short Term." Int J Hypertens. 2015;2015:801268.

[4] Goff LM et al., "Low glycaemic index diets and blood lipids: a systematic review and meta-analysis of randomised controlled trials." Nutr Metab Cardiovasc Dis. 2013 Jan;23(1):1-10.

[5] Philippou E et al., "Preliminary report: the effect of a 6-month dietary glycemic index manipulation in addition to healthy eating advice and weight loss on arterial compliance and 24-hour ambulatory blood pressure in men: a pilot study." Metabolism. 2009 Dec;58(12):1703-8.

[6] Pavel Grasgruber et al., "Food consumption and the actual statistics of cardiovascular diseases: an epidemiological comparison of 42 European countries" Food Nutr Res. 2016; 60: 10.3402/fnr.v60.31694.

[7] Maki KC et al., "Dietary substitutions for refined carbohydrate that show promise for reducing risk of type 2 diabetes in men and women." J Nutr. 2015 Jan;145(1):159S-163S.

[8] Thomas D et al., "Low glycaemic index, or low glycaemic load, diets for diabetes mellitus." Cochrane Database Syst Rev. 2009 Jan 21;(1):CD006296.

[9] https://www.gisymbol.com/why-follow-a-low-gi-diet/

[10] S. Y. Kim et al., "Dietary Habits Are Associated With School Performance in Adolescents" Medicine (Baltimore). 2016 Mar; 95(12): e3096.

[11] https://www.gisymbol.com/wp-content/uploads/2017/11/Glycemic-Index-Foundation-GI-Pregnancy-2017.pdf

[12] Moore LJ et al., "Effect of the glycaemic index of a pre-exercise meal on metabolism and cycling time trial performance." J Sci Med Sport. 2010 Jan;13(1):182-8.

[13] https://care.diabetesjournals.org/content/suppl/2008/09/18/dc08-1239.DC1

46. 한계와 보완 · 당부하지수(GL)

[1] Jennie B. Miller et al., The New Glucose Revolution, Marlowe & Company, 2003, p.260

[2] https://lpi.oregonstate.edu/mic/food-beverages/glycemic-index-glycemic-load

[3] K. Karst, The Metabolic Syndrome Program, Wily, 2006, p.61-62

[4] Evert, A. B.; Boucher, J. L.; Cypress, M.; Dunbar, S. A.; Franz, M. J.; Mayer-Davis, E. J.; Neumiller, J. J.; Nwankwo, R. et al. (2013). "Nutrition Therapy Recommendations for the Management of Adults With Diabetes". Diabetes Care 37 (Supplement_1): S120–S143.

[5] 1)Salmeron J, Willett WC et al., "Dietary fiber, glycemic load, and risk of NIDDM in men" Diabetes Care 20(4), 1997 Apr, p.545-50.

2)Salmeron J et al., "Dietary fiber, glycemic load, and risk of non-insulin-dependent diabetes mellitus in women" JAMA 277(22), 1997 Jun 11, p.1761-2.

3)Liu S, Willett WC et al., "A prospective study of dietary glycemic load, carbohydrate intake, and risk of coronary heart disease in US women" Am J Clin Nutr 71(6), 2000 Junm, p.1455-61.

47. 금상첨화 · 알쏭달쏭한 식품 감자, 알고 먹기

[1] https://fdc.nal.usda.gov/ndb/search/list

[2] 1)https://fdc.nal.usda.gov/ndb/search/list

2)Faride Hesam et al., "Evaluation of antioxidant activity of three common potato (Solanum tuberosum) cultivars in Iran" Avicenna J Phytomed. 2012 Spring; 2(2): 79–85.

[3] https://www.hsph.harvard.edu/nutritionsource/2014/01/24/the-problem-with-potatoes/

[4] 1)https://www.berkeleywellness.com/healthy-eating/food/article/dont-drop-potato

2)Borch D et al., "Potatoes and risk of obesity, type 2 diabetes, and cardiovascular disease in apparently healthy adults: a systematic review of clinical intervention and observational studies." Am J Clin Nutr. 2016. 104(2):489-98.

[5] https://leafyplace.com/types-of-potatoes/

[6] Henry CJ et al., "Glycaemic index values for commercially available potatoes in Great Britain." Br J Nutr. 2005 Dec;94(6):917-21.

[7] 위와 같음

[8] Fernandes G et al., "Glycemic index of potatoes commonly consumed in North America." J Am Diet Assoc. 2005 Apr;105(4):557-62.

[9] M.G. Sajilata et al., "ResistantStarch—A Review" Comprehensive Reviews in Food Science and Food Safety, Vol. 5, 2006, p. 1−17.

[10] Robertson MD et al., "Insulin-sensitizing effects of dietary resistant starch and effects on skeletal muscle and adipose tissue metabolism." Am J Clin Nutr. 2005 Sep;82(3):559-67.

[11] https://www.gisymbol.com/sugars-and-starches/

[12] 1)https://lpi.oregonstate.edu/mic/food-beverages/glycemic-index-glycemic-load
2)Jiansong Bao et al., "Prediction of postprandial glycemia and insulinemia in lean, young, healthy adults: glycemic load compared with carbohydrate content alone" Am J Clin Nutr 2011;93:984−96.

[13] CJK Henry et al., "The impact of the addition of toppings/fillings on the glycaemic response to commonly consumed carbohydrate foods" European Journal of Clinical Nutrition 60, 763−769 (2006)

[14] https://www.gisymbol.com/what-affects-the-gi-value/

[15] https://news.joins.com/article/22598643

[16] CJK Henry et al., "The impact of the addition of toppings/fillings on the glycaemic response to commonly consumed carbohydrate foods" European Journal of Clinical Nutrition 60, 763−769 (2006)

[17] A. W. Thorburn et al., "Salt and the glycaemic response." Br Med J (Clin Res Ed). 1986 Jun 28; 292(6537): 1697−1699.

[18] https://www.gisymbol.com/what-affects-the-gi-value/

[19] 1)Jennie B. Miller et al., The New Glucose Revolution, Marlowe & Company, 2003, p.44-45
2)https://www.gisymbol.com/what-about-glycemic-load/

48. 표리부동 · 정제당의 난잡한 당지수

[1] Jennie B. Miller et al., The New Glucose Revolution, Marlowe & Company, 2003, p.44

[2] https://www.health.harvard.edu/heart-health/abundance-of-fructose-not-good-for-the-liver-heart

[3] Jiansong Bao et al., "Prediction of postprandial glycemia and insulinemia in lean, young, healthy adults: glycemic load compared with carbohydrate content alone" Am J Clin Nutr 2011;93:984−96.

[4] Sharon S Elliott et al., "Fructose, weight gain, and the insulin resistance syndrome" Am J Clin Nutr

2002;76:911–22.

49. 복마전 · 고문 끝에 태어난 튀김식품

[1] J. フィネガン, 今村光一 訳, 危険な油が病気を起こしてる, 中央アート出版, 2002, p.90

[2] J. フィネガン, 今村光一 訳, 危険な油が病気を起こしてる, 中央アート出版, 2002, p.44-45

[3] Ahmad Esmaillzadeh et al., "Consumption of Hydrogenated Versus Nonhydrogenated Vegetable Oils and Risk of Insulin Resistance and the Metabolic Syndrome Among Iranian Adult Women" Diabetes Care 2008 Feb; 31(2): 223-226.

[4] 今村光一, いまの食生活では早死にする, タッツの本, 2002, p.130-131

[5] 1)https://www.livescience.com/55267-why-does-oil-go-rancid.html
2)https://www.omilights.com/how-safe-is-the-use-of-reheated-cooking-oil/

[6] https://seniorstoday.in/food/the-truth-about-deep-frying-food

50. '콜라보' · 인스턴트 라면의 피할 수 없는 숙명

[1] 1)World Health Organization. Reducing salt intake in populations. Report of WHO Forum and Technical Meeting. Paris: 2006.
2)Xiao-Qin Wang et al., "Review of salt consumption and stomach cancer risk: Epidemiological and biological evidence" World J Gastroenterol. 2009 May 14; 15(18): 2204–2213.

[2] Ogihara T et al., "High-salt diet enhances insulin signaling and induces insulin resistance in Dahl salt-sensitive rats." Hypertension. 2002 Jul;40(1):83-9.

[3] 鶴見隆史, 新食物養生法, 第三書館, 1998, p.167-168

[4] Graudal NA et al., "Effects of low sodium diet versus high sodium diet on blood pressure, renin, aldosterone, catecholamines, cholesterol, and triglyceride." Cochrane Database Syst Rev. 2011 Nov 9;(11):CD004022.

[5] 이철희 등, "나트륨 섭취량 감소 정책의 비용편익 분석", 대한지역사회영양학회지 17(3) : 341~352, 2012

[6] 白澤卓二, 長生きの秘密はインスリンをあげない朝食にあった, 德間書店, 2007, p.68-69

[7] https://lpi.oregonstate.edu/mic/health-disease/high-blood-pressure#potassium

[8] Whelton PK et al., "Effects of oral potassium on blood pressure. Meta-analysis of randomized controlled clinical trials." JAMA. 1997 May 28;277(20):1624-32.

[9] Takehide Ogihara et al., "High-Salt Diet Enhances Insulin Signaling and Induces Insulin Resistance in Dahl Salt-Sensitive Rats" Hypertension. 2002 Jul;40(1):83-9.

[10] https://lpi.oregonstate.edu/mic/minerals/magnesium

[11] W. J. Fawcett et al., "Magnesium: physiology and pharmacology" British Journal of Anaesthesia 83 (2): 302–20 (1999)

[12] 함경식 외, 우리 몸 살리는 천연 미네랄 소금 이야기, 동아일보사, 2008, p.53-57

51. 불미스러운 기록 · 라면에 김치를 곁들이는 센스

[1] 大沢博, 食原性症候群, ブレーン出版, 1995, p.82-87

[2] A. L. Gittleman, Fast Track Detox Diet, Broadway, 2005, p.41-43, 61-63

[3] https://www.instantnoodles.org/jp/noodles/report.html

52. 유유상종 · 코로나19에 대한 '창과 방패', 들깨와 생선

[1] http://koreanfood.rda.go.kr/kfi/fct/fctFoodSrch/list <콩, 소고기 생것>

[2] https://mk.co.kr/news/world/view/2019/05/290353/

[3] 1)Vijay Jayagopal et al., "Beneficial Effects of Soy Phytoestrogen Intake in Postmenopausal Women With Type 2 Diabetes" Diabetes Care 2002 Oct; 25(10): 1709-1714.
2)https://doi.org/10.1016/B978-0-12-814639-2.00033-2 (Effects of the Soybean Flour Diet on Insulin Secretion and Action)

[4] https://www.healthline.com/nutrition/foods/soybeans

[5] Sujatha Rajaram et al., "Nuts, body weight and insulin resistance" British Journal of Nutrition (2006), 96, Suppl. 2, S79–S86

[6] Sujatha Rajaram et al., "Nuts, body weight and insulin resistance" British Journal of Nutrition (2006), 96, Suppl. 2, S79–S86

[7] Benjamin B. Albert et al., "Higher omega-3 index is associated with increased insulin sensitivity and more favourable metabolic profile in middle-aged overweight men" Sci Rep 4, 6697 (2014) (https://www.nature.com/articles/srep06697#citeas)

[8] 아트미스 P. 시모포로스, 홍기훈 역, 오메가 다이어트, 도서출판 따님, 2003, p.122-129

[9] E A F Herbst et al., "Omega-3 supplementation alters mitochondrial membrane composition and respiration kinetics in human skeletal muscle" J Physiol. 2014 Mar 15;592(6):1341-52.

[10] https://ods.od.nih.gov/factsheets/Omega3FattyAcids-HealthProfessional/#h5

[11] Philippe Guesnet et al., "Docosahexaenoic acid (DHA) and the developing central nervous system (CNS) - Implications for dietary recommendations" Biochimie. 2011 Jan;93(1):7-12.

[12] 1)Joanne Bradbury, "Docosahexaenoic Acid (DHA): An Ancient Nutrient for the Modern Human Brain" Nutrients. 2011 May; 3(5): 529–554.
2)Haider S. et al., "Effects of walnuts (Juglans regia) on learning and memory functions." Plant Foods Hum Nutr. 2011 Nov;66(4):335-40.

[13] Donald Hathaway et al., "Omega 3 Fatty Acids and COVID-19: A Comprehensive Review" Infect Chemother. 2020 Dec; 52(4): 478–495.

[14] 위와 같음

[15] https://www.healthline.com/nutrition/vitamin-f

[16] J. S. Lytle et al., "Stability of a commercially prepared fish oil (omega-3 fatty acid) laboratory rodent diet" Nutr Cancer. 1992;17(2):187-94.

[17] J. フィネガン, 今村光一 訳, 危険な油が病気を起こしてる, 中央アート出版, 2002, p.41-45

[18] Mary G. Enig, Know Your Fats, Bethesda Press, 2006, p.130

[19] Akriti Dhyani, "A Review on Nutritional Value, Functional Properties and Pharmacological Application of Perilla (Perilla Frutescens L.)" Biomedical & Pharmacology Journal, June 2019. Vol. 12(2), p.649-660

[20] Tao Zhang et al., "High-fat diet from perilla oil induces insulin resistance despite lower serum lipids and increases hepatic fatty acid oxidation in rats" Lipids Health Dis. 2014; 13: 15.

[21] Benjamin B. Albert et al., "Higher omega-3 index is associated with increased insulin sensitivity and more favourable metabolic profile in middle-aged overweight men" Scientific Reports volume 4, Article number: 6697 (2014)

[22] https://www.superfoods.or.jp/スーパーフードとは-2/

[23] https://www.medicalnewstoday.com/articles/316569#foods-to-eat

53. 충분히 자주 · 내 몸에 대한 봉사, 물 마시기

[1] 1)Guin Van, Why Fat Sticks, Author House, 2006, p.79
2)김현원, 생명의 물 기적의 물, 동아일보사, 2008, p.46-47

[2] http://kormedi.com/1213940/

[3] Michelle Boone et al., "Physiology and pathophysiology of the vasopressin-regulated renal water reabsorption" Pflugers Arch - Eur J Physiol (2008) 456:1005–1024

[4] M. Thibonnier, "Vasopressin, the antidiuretic hormone" Presse Med. 1987 Mar 21;16(10):481-5.

[5] https://diabetestalk.net/diabetes/what-should-a-diabetic-drink-if-they-are-dehydrated

[6] https://well.blogs.nytimes.com/2012/01/16/really-the-claim-drinking-water-can-help-lower-the-risk-of-diabetes/

[7] Ronan Roussel et al., "Low Water Intake and Risk for New-Onset Hyperglycemia" Diabetes Care. 2011 Dec; 34(12): 2551–2554.

[8] 위와 같음

[9] Bailey Jean Fisher et al., "Relieving Dry Mouth: Varying Levels of pH Found in Bottled Water" Compend Contin Educ Dent. 2017 Jul;38(7):e17-e20.

[10] https://edition.cnn.com/2020/05/13/health/sugary-drinks-cardiovascular-disease-wellness/

[11] <먹는샘물 등의 세부 표시기준> 제12호(표시금지), 가목

[12] 위와 같음

[13] http://www.hani.co.kr/arti/society/society_general/361206.html

54. 되도록 멀리 · 음주, 특히 과음·폭음은 금물

[1] Lando L.J. Koppes et al., "Moderate Alcohol Consumption Lowers the Risk of Type 2 Diabetes" A meta-analysis of prospective observational studies, Diabetes Care 2005 Mar; 28(3): 719-725.

[2] Craig Knott et al., "Alcohol Consumption and the Risk of Type 2 Diabetes: A Systematic Review and Dose-Response Meta-analysis of More Than 1.9 Million Individuals From 38 Observational Studies" Diabetes Care 2015 Sep; 38(9): 1804-1812.

[3] Nobuko Seike et al., "Alcohol consumption and risk of type 2 diabetes mellitus in Japanese: a systematic review" Asia Pac J Clin Nutr 2008;17 (4):545-551

[4] Claudia Lindtner et al., "Binge Drinking Induces Whole-Body Insulin Resistance by Impairing Hypothalamic Insulin Action" Sci Transl Med. 2013 January 30; 5(170)

[5] https://www.yalemedicine.org/news/alcohol-liver

[6] Ji Yeon Kim et al., "Chronic alcohol consumption potentiates the development of diabetes through pancreatic β-cell dysfunction" World J Biol Chem. Feb 26, 2015; 6(1): 1-15

[7] Nicole E De Long et al., "Early-life Chemical Exposures and Risk of Metabolic Syndrome" Diabetes

Metab Syndr Obes. 2017 Mar 21;10:101-109.

[8] https://business.nikkei.com/atcl/skillup/15/111700008/021700015/?P=1

55. 무조건 멀리 · 코로나 바이러스의 날개, 담배

[1] http://www.yakup.com/news/index.html?mode=view&cat=11&nid=171670

[2] Yoav Arnson et al., "Effects of tobacco smoke on immunity, inflammation and autoimmunity" J Autoimmun. 2010 May;34(3):J258-65.

[3] https://www.fda.gov/tobacco-products/health-information/cigarette-smoking-risk-factor-type-2-diabetes#references

[4] 오정은, "성인 남성에서 흡연과 대사증후군의 연관성" Korean J Obes 2014 June;23(2):99-105

[5] Joseph L. Borowitz et al., "Nicotine and Type 2 Diabetes" Toxicological Sciences, Volume 103, Issue 2, June 2008, p.225–227

[6] Janice M. Leung et al., "COVID-19 and Nicotine as a Mediator of ACE-2" Eur Respir J. 2020 Jun; 55(6): 2001261.

[7] https://www.yna.co.kr/view/AKR20200525045600017

[8] https://www.cdc.gov/tobacco/data_statistics/fact_sheets/secondhand_smoke/health_effects/index.htm

[9] https://www.hhs.gov/sites/default/files/consequences-smoking-consumer-guide.pdf

[10] Joseph L. Borowitz et al., "Nicotine and Type 2 Diabetes" Toxicological Sciences, Volume 103, Issue 2, June 2008, p.225–227

[11] https://news.joins.com/article/23925878

56. 최고의 선물 · 스트레스 해소엔 운동이 최고

[1] https://www.hankyung.com/society/article/2017063056221

[2] Tanja C. Adam et al., "Cortisol Is Negatively Associated with Insulin Sensitivity in Overweight Latino Youth" J Clin Endocrinol Metab. 2010 Oct; 95(10): 4729–4735.

[3] Li Li et al., "Acute Psychological Stress Results in the Rapid Development of Insulin Resistance" J Endocrinol. 2013 May; 217(2): 175–184.

[4] Yu-Xiang Yan et al., "Investigation of the Relationship Between Chronic Stress and Insulin Resistance in a Chinese Population" J Epidemiol 2016;26(7):355-360

[5] Barr J. et al., "Nicotine induces oxidative stress and activates nuclear transcription factor kappa B in

rat mesencephalic cells." Mol Cell Biochem. 2007 Mar;297(1-2):93-9.

[6] Parrott, A. C., "Does cigarette smoking cause stress?" American Psychologist, 1999 Oct;54(10):817-820.

[7] Claudia Lindtner et al., "Binge drinking induces whole-body insulin resistance by impairing hypothalamic insulin action" Sci Transl Med. 2013 Jan 30;5(170):170ra14.

[8] Paljärvi T. et al., "Binge drinking and depressive symptoms: a 5-year population-based cohort study." Addiction. 2009 Jul;104(7):1168-78.

[9] Sue Pearson et al., "Depression and insulin resistance: cross-sectional associations in young adults" Diabetes Care. 2010 May;33(5):1128-33.

[10] https://www.medicalnewstoday.com/articles/301721.php#1

[11] Donga E. et al., "A single night of partial sleep deprivation induces insulin resistance in multiple metabolic pathways in healthy subjects." J Clin Endocrinol Metab. 2010 Jun;95(6):2963-8.

[12] Holloszy JO. et al., "Effects of exercise on glucose tolerance and insulin resistance. Brief review and some preliminary results." Acta Med Scand Suppl. 1986;711:55-65.

에필로그

[1] http://news.kbs.co.kr/news/view.do?ncd=4318281&ref=A

[2] C. R. Hart, The Insulin-Resistance Diet, McGraw-Hill, 2008, p.ix-x

[3] K. Karst, The Metabolic Syndrome Program, Wily, 2006, p.21

[4] 1)Lars Lien et al., "Consumption of Soft Drinks and Hyperactivity, Mental Distress, and Conduct Problems Among Adolescents in Oslo, Norway" Am J Public Health. 2006;96:1815–1820.
2)McCann D. et al., "Food additives and hyperactive behaviour in 3-year-old and 8/9-year-old children in the community: a randomised, double-blinded, placebo-controlled trial." Lancet. 2007 Nov 3;370(9598):1560-7.

[5] Hamid Y. Dar et al., "Immunomodulatory Effects of Food Additives." Int J Immunother Cancer Res. 2017; 3(1): 019-031.

[6] https://www.poilane.com/en/categorie-produit/breads-en/

[7] Center for Science in the Public Interest, Eat Real Recipes From Some Of America's Best Chefs, Food Day, Oct. 24, 2012

[8] 한국보건산업진흥원, 생애의료비 추정 및 특성 분석, 보건산업브리프 Vol.100(2013.11.18.) p.3

I 별표 I 주요 식품의 당지수와 당부하지수

[1] 1)대한당뇨병학회, 당뇨병 식품교환표 활용지침 제3판, 골드기획, 2010, p.77

2)Jennie B. Miller et al., The New Glucose Revolution, Marlowe & Company, 2003, p.263-329

3)https://care.diabetesjournals.org/content/suppl/2008/09/18/dc08-1239.DC1

4)https://academic.oup.com/ajcn/article/93/5/984/4597984

찾아보기

[사]

[아]

[자]

[차]

안병수의
호르몬과 맛있는 것들의 비밀

초판 1쇄 발행 2022년 01월 20일
초판 5쇄 발행 2023년 05월 30일

지은이 안병수
펴낸이 이종문(李從聞)
펴낸곳 국일미디어
등 록 제406-2005-000025호
주 소 경기도 파주시 광인사길 121 파주출판문화정보산업단지(문발동)
서울시 중구 장충단로 8가길 2(장충동 1가, 2층)

영업부 **Tel** 031)955-6050 | **Fax** 031)955-6051
편집부 **Tel** 031)955-6070 | **Fax** 031)955-6071

평생전화번호 0502-237-9101~3

홈페이지 www.ekugil.com
블 로 그 blog.naver.com/kugilmedia
페이스북 www.facebook.com/kugilmedia
이 메 일 kugil@ekugil.com

※ 값은 표지 뒷면에 표기되어 있습니다.
※ 잘못된 책은 구입하신 서점에서 바꿔드립니다.

ISBN 978-89-7425-023-2(13590)